学术引领系列

国家科学思想库

中国学科发展战略

轨道交通工程

国家自然科学基金委员会
中国科学院

科学出版社
北京

内 容 简 介

本书围绕我国经济建设和社会可持续发展对轨道交通工程学科提出的重大需求，根据轨道交通工程学科的发展规律和特点，从轨道交通车辆工程、牵引供电及传动系统、轨道交通基础结构、轨道交通通信信号、轨道交通运输组织、城市轨道交通、磁浮交通七个方面阐述轨道交通工程学科的科学意义与战略价值，预测我国轨道交通工程学科的发展态势，评估其国际水平和地位，提出轨道交通工程学科领域的关键科学问题、发展思路、发展目标和重要研究方向，进而更好地支撑轨道交通事业的健康快速发展，助力我国"交通强国"等国家发展战略和"一带一路"倡议的实施。

本书为相关领域战略与管理专家、科技工作者、企业研发人员及高校师生提供了研究指引，为科研管理部门提供了决策参考，也是社会公众了解轨道交通工程学科发展现状及趋势的重要读本。

图书在版编目（CIP）数据

轨道交通工程 / 国家自然科学基金委员会，中国科学院编. —北京：科学出版社，2024.1
（中国学科发展战略）
ISBN 978-7-03-076665-6

Ⅰ. ①轨… Ⅱ. ①国… ②中… Ⅲ. ①城市铁路-轨道交通 Ⅳ. ①U239.5

中国国家版本馆 CIP 数据核字（2023）第 192396 号

丛书策划：侯俊琳　牛　玲
责任编辑：张　莉　赵晓廷 / 责任校对：韩　杨
责任印制：师艳茹 / 封面设计：黄华斌　陈　敬　有道文化

科学出版社 出版
北京东黄城根北街 16 号
邮政编码：100717
http://www.sciencep.com

北京中科印刷有限公司 印刷
科学出版社发行　各地新华书店经销

*

2024 年 1 月第 一 版　开本：720×1000　1/16
2024 年 1 月第一次印刷　印张：22 3/4
字数：390 000
定价：148.00 元
（如有印装质量问题，我社负责调换）

中国学科发展战略
联合领导小组

组　　长：常　进　窦贤康
副组长：包信和　高瑞平
成　　员：高鸿钧　张　涛　裴　钢　朱日祥　郭　雷
　　　　　杨　卫　王笃金　周德进　王　岩　姚玉鹏
　　　　　董国轩　杨俊林　谷瑞升　张朝林　王岐东
　　　　　刘　克　刘作仪　孙瑞娟　陈拥军

联合工作组

组　　长：周德进　姚玉鹏
成　　员：范英杰　孙　粒　郝静雅　王佳佳　马　强
　　　　　王　勇　缪　航　彭晴晴　龚剑明

中国学科发展战略·轨道交通工程

项 目 组

组　　长：翟婉明

成　　员：钱清泉　秦顺全　赖远明　余志武　何　川
　　　　　杜心言　王开云　罗世辉　何正友　蔡成标
　　　　　彭其渊　郭　进　赵春发

学术秘书：陈再刚

编 写 组

组　　长：翟婉明

主要成员（以姓氏笔画为序）：

　　　　　王小敏　王开云　文　超　麦瑞坤　杜心言
　　　　　李中浩　李文胜　何　川　何正友　余志武
　　　　　张亚东　陈再刚　罗世辉　赵春发　邰春海
　　　　　郭　进　彭其渊　赖远明

总　序

白春礼　杨　卫

17世纪的科学革命使科学从普适的自然哲学走向分科深入，如今已发展成为一幅由众多彼此独立又相互关联的学科汇就的壮丽画卷。在人类不断深化对自然认识的过程中，学科不仅仅是现代社会中科学知识的组成单元，同时也逐渐成为人类认知活动的组织分工，决定了知识生产的社会形态特征，推动和促进了科学技术和各种学术形态的蓬勃发展。从历史上看，学科的发展体现了知识生产及其传播、传承的过程，学科之间的相互交叉、融合与分化成为科学发展的重要特征。只有了解各学科演变的基本规律，完善学科布局，促进学科协调发展，才能推进科学的整体发展，形成促进前沿科学突破的科研布局和创新环境。

我国引入近代科学后几经曲折，及至上世纪初开始逐步同西方科学接轨，建立了以学科教育与学科科研互为支撑的学科体系。新中国建立后，逐步形成完整的学科体系，为国家科学技术进步和经济社会发展提供了大量优秀人才，部分学科已进入世界前列，有的学科取得了令世界瞩目的突出成就。当前，我国正处在从科学大国向科学强国转变的关键时期，经济发展新常态下要求科学技术为国家经济增长提供更强劲的动力，创新成为引领我国经济发展的新引擎。与此同时，改革开放30多年来，特别是21世纪以来，我国迅猛发展的科学事业蓄积了巨大的内能，不仅重大创新成果源源不断产生，而且一些学科正在孕育新的生长点，有可能引领世界学科发展的新方向。因此，开展学科发展战略研究是提高我国自主创新能力、实现我国科学由"跟跑者"向"并行者"和"领跑者"转变的一项基础工程，对于更好把握世界科技创新发展趋势，发挥科技创新在全面创新中的引领作用，具有重要的现实意义。

学科发展战略研究的核心是结合科学技术和经济社会的发展需求，在分析科学前沿发展趋势的基础上，寻找新的学科生长点和方向。在这个过程中，战略科学家的前瞻引领作用十分重要。科学史上这样的例子比比皆是。在1900年8月巴黎国际数学家代表大会上，德国数学家戴维·希尔伯特发表了题为"数学问题"的著名讲演，他根据过去特别是19世纪数学研究的成果和发展趋势，提出了23个最重要的数学问题，即"希尔伯特问题"。这些"问题"后来成为许多数学家力图攻克的难关，对现代数学的研究和发展产生了深刻的影响。1959年12月，美国物理学家、诺贝尔奖得主理查德·费曼在加利福尼亚理工学院举行的美国物理学会年会上发表了题为"物质底层大有空间——一张进入物理新领域的请柬"的经典讲话，对后来出现的纳米技术作出了天才的预见。

学科生长点并不完全等同于科学前沿，其产生和形成不仅取决于科学前沿的成果，还决定于社会生产和科学发展的需要。1841年，佩利戈特用钾还原四氯化铀，成功地获得了金属铀，可在很长一段时间并未能发展成为学科生长点。直到1939年，哈恩和斯特拉斯曼发现了铀的核裂变现象后，人们认识到它有可能成为巨大的能源，这才形成了以铀为主要对象的核燃料科学的学科生长点。而基本粒子物理学作为一门理论性很强的学科，它的新生长点之所以能不断形成，不仅在于它有揭示物质的深层结构秘密的作用，而且在于其成果有助于认识宇宙的起源和演化。上述事实说明，科学在从理论到应用又从应用到理论的转化过程中，会有新的学科生长点不断地产生和形成。

不同学科交叉集成，特别是理论研究与实验科学相结合，往往也是新的学科生长点的重要来源。新的实验方法和实验手段的发明，大科学装置的建立，如离子加速器、中子反应堆、核磁共振仪等技术方法，都促进了相对独立的新学科的形成。自20世纪80年代以来，具有费曼1959年所预见的性能、微观表征和操纵技术的仪器——扫描隧道显微镜和原子力显微镜终于相继问世，为纳米结构的测量和操纵提供了"眼睛"和"手指"，使得人类能更进一步认识纳米世界，极大地推动了纳米技术的发展。

作为国家科学思想库，中国科学院学部的基本职责和优势是为国家科学选择和优化布局重大科学技术发展方向提供科学依据、发挥学术引领作用，国家自然科学基金委员会（以下简称基金委）则承担着协调学科发展、夯实学科基础、促进学科交叉、加强学科建设的重大责任。继基金委和中国科学院于2012年成功地联合发布"未来10年中国学科发展战略研究"报告之后，双方签署了共同开展学科发展战略研究的长期合作协议，通过联合开展学科发展战略研究的长效机制，共建共享国家科学思想库的研究咨询能力，切实担当起服务国家科学领域决策咨询的核心作用。

基金委和中国科学院共同组织的学科发展战略研究既分析相关学科领域的发展趋势与应用前景，又提出与学科发展相关的人才队伍布局、环境条件建设、资助机制创新等方面的政策建议，还针对某一类学科发展所面临的共性政策问题，开展专题学科战略与政策研究。自2012年开始，平均每年部署10项左右学科发展战略研究项目，其中既有传统学科中的新生长点或交叉学科，如物理学中的软凝聚态物理、化学中的能源化学、生物学中生命组学等，也有面向具有重大应用背景的新兴战略研究领域，如再生医学、冰冻圈科学、高功率、高光束质量半导体激光发展战略研究等，还有以具体学科为例开展的关于依托重大科学设施与平台发展的学科政策研究。

学科发展战略研究工作沿袭了由中国科学院院士牵头的方式，并凝聚相关领域专家学者共同开展研究。他们秉承"知行合一"的理念，将深刻的洞察力和严谨的工作作风结合起来，潜心研究，求真唯实，"知之真切笃实处即是行，行之明觉精察处即是知"。他们精益求精，"止于至善"，"皆当至于至善之地而不迁"，力求尽善尽美，以获取最大的集体智慧。他们在中国基础研究从与发达国家"总量并行"到"贡献并行"再到"源头并行"的升级发展过程中，脚踏实地，拾级而上，纵观全局，极目迥望。他们站在巨人肩上，立于科学前沿，为中国乃至世界的学科发展指出可能的生长点和新方向。

各学科发展战略研究组从学科的科学意义与战略价值、发展规律和研究特点、发展现状与发展态势、未来5～10年学科发展的关键科学问题、发展思路、发展目标和重要研究方向、学科发展的有效资助机制与政策建议等方面进行分析阐述。既强调学科生长点的科学意义，也考虑其重要的社会价值；既着眼于学科生长点的前沿性，也兼顾其可能利用的资源和条件；既立足于国内的现状，又注重基础研究的国际化趋势；既肯定已取得的成绩，又不回避发展中面临的困难和问题。主要研究成果以"国家自然科学基金委员会——中国科学院学科发展战略"丛书的形式，纳入"国家科学思想库——学术引领系列"陆续出版。

基金委和中国科学院在学科发展战略研究方面的合作是一项长期的任务。在报告付梓之际，我们衷心地感谢为学科发展战略研究付出心血的院士、专家，还要感谢在咨询、审读和支撑方面做出贡献的同志，也要感谢科学出版社在编辑出版工作中付出的辛苦劳动，更要感谢基金委和中国科学院学科发展战略研究联合工作组各位成员的辛勤工作。我们诚挚希望更多的院士、专家能够加入到学科发展战略研究的行列中来，搭建我国科技规划和科技政策咨询平台，为推动促进我国学科均衡、协调、可持续发展发挥更大的积极作用。

前　言

本书系国家自然科学基金委员会和中国科学院联合资助的"轨道交通工程"学科发展战略研究成果总结。轨道交通是国家重要基础设施和交通运输的大动脉，世界各国都高度重视轨道交通的发展。进入 21 世纪以来，我国轨道交通取得了举世瞩目的重大成就，在高速铁路、重载铁路、城市轨道交通和磁浮交通四大领域发展迅猛，特别是中国高铁已成为一张亮丽的国家名片。轨道交通的迅猛发展，缩短了人们的时空距离，改善了人们的生活方式，极大地促进了社会进步和经济发展。

轨道交通工程是一门多学科交叉的综合性学科，涉及的专业主要有机车车辆工程、铁道工程、桥梁工程、隧道工程、铁道电气工程、信息与控制工程、岩土工程、环境工程、交通运输工程等。轨道交通的发展，不仅带动了信息、材料、能源、制造等领域高新技术的进步与发展，而且促进了制造业、建筑业、能源工业、旅游业等行业的繁荣发展；同样，这些领域和行业的理论创新与技术进步也促进了轨道交通的大发展。当前，轨道交通不仅延续着半个世纪以来的高速化、重载化、电气化技术革新之路，而且新时期的绿色、环保、智能、可持续等社会经济发展理念使得公众对轨道交通安全、可靠、舒适、环保的期望不断提高，促使铁路运输必须持续吸收和利用高新科技成果，不断提高轨道交通工程建设与运营水平。然而，由于建设和运营经验不足，加上基础研究薄弱，轨道交通跟不上市场快速发展的需求，在建设、运营过程中不断出现安全隐患，甚至恶性事故时有发生，仍面临着诸多的工程与科技难题，给现代轨道交通的健康发展带来了极大的挑战。

本书着重围绕我国经济建设和社会可持续发展对轨道交通工程学科提出的重大需求，根据轨道交通工程学科的发展规律和特点，从轨道交通车辆工程、牵引供电及传动系统、轨道交通基础结构、轨道交通通信信号、轨道交通运输组织、城市轨道交通、磁浮交通七个方面阐述轨道交通工程学科领域的科学意义与战略价值，预测我国轨道交通工程学科的发展态势，评估其国际水平和地位，提出轨道交通工程学科领域的关键科学问题、发展思路、发展目标和重要研究方向，进而更好地支撑轨道交通事业的健康快速发展，助力我国"交通强国"等国家战略和"一带一路"倡议的实施。

中国科学院技术科学部于2014年6月启动了"轨道交通工程及其动力学学科发展战略研究"项目，2017年1月该项目进一步升级为国家自然科学基金委员会和中国科学院联合资助的"轨道交通工程"学科发展战略研究项目，项目负责人为翟婉明院士。项目组由来自西南交通大学、同济大学、中南大学、北京交通大学、浙江大学、兰州交通大学、中国科学院寒区旱区环境与工程研究所、中国国家铁路集团有限公司（简称中国铁路）、中国中车股份有限公司（简称中国中车）、中国中铁股份有限公司（简称中国中铁）、中国城市轨道交通协会等单位长期从事轨道交通工程领域各分支学科研究的权威专家和中青年学者组成。项目组依托轨道交通工程动力学学科创新引智基地、教育部轨道交通工程动力学国际合作联合实验室等平台，通过主办中国科学院学部"轨道交通工程"科学与技术前沿论坛以及国际轨道交通学术会议（International Conference on Rail Transportation，ICRT），开展专题研讨，文献分析与现场调研等，广泛吸纳领域内专家的意见与建议，保证了本书内容的科学性与前瞻性。

"轨道交通工程"学科发展战略研究项目的专题研讨、研究报告撰写及修改过程，得到了我国相关领域的众多院士和专家的鼎力支持与帮助，他们提出了许多宝贵的意见与建议。项目组咨询专家和顾问专家为本书的撰写、修改与审阅付出了大量的心血和智慧，对提高研究报告的质量做出了重要贡献，在此谨表衷心感谢。

由于"轨道交通工程"学科发展战略研究覆盖的内容浩瀚如海，以及项目组人员的知识和视野有限，难免存在不足之处，敬请广大读者批评指正。

翟婉明

中国科学院院士

美国国家工程院外籍院士

西南交通大学首席教授

2023 年 8 月

摘　要

　　轨道交通，通常是指以电能为动力，在地面或者地下沿固定的专用轨道运行的一类交通工具或运输系统。按服务范围，轨道交通可分为国家铁路系统、城际铁路系统和城市轨道交通三大类。国家铁路系统主要包括高速客运铁路、重载货运铁路和普速铁路。城际铁路系统是以城际运输为主的轨道交通客运系统。城市轨道交通的形式多样，技术指标差异大，很难严格分类，按照技术原理、外观造型和运输能力等可分为地铁系统、轻轨系统、单轨系统、有轨电车、磁浮系统、自动导向轨道系统和市域快速轨道系统等。如今，随着中国城镇化率的不断提高，城市人口大量快速聚集，交通运输面临的拥堵问题日益严重，对客运量大、运行速度快、便捷高效的交通体系的需求越来越迫切。轨道交通以其特有的运能大、全天候运行、安全性高、成本低、节能环保等优势，已成为四大交通（铁路、公路、航空、水运）中最经济、最有效、最环保的运输方式，是解决我国交通需求矛盾的优先发展方向。在《国家中长期科学和技术发展规划纲要（2006—2020年）》中，我国将交通运输业列为重点领域，并将高速轨道交通列为优先主题。

　　21世纪以来，中国高速铁路、重载铁路、城市轨道交通和磁浮交通发展迅猛，取得了举世瞩目的重大成就。轨道交通的迅猛发展，缩短了人们的时空距离，改善了人们的生活水平，极大地促进了社会进步和经济发展。轨道交通的发展，不仅带动了信息、材料、能源、制造等领域高新技术的进步与发展，而且促进了制造业、建筑业、能源工业、旅游业等行业的繁荣发展；同时，这些领域和行业的理论创新与技术进步也促进了轨道交通的大发展。当前，轨道交通不仅延续着半个世纪以来的高速化、重载化、电气化的技术革新之路，而且新时期的绿色、环保、智能、可持续等社会经济发展理念使得公众对轨道交通安全、可靠、舒适、环保的期望不断提高，促使铁路运输必须持续吸收和利用高新科技成果，不断提高轨道交通工程建设与运营水平。现代轨道交通将在今后相当长的一段时期中，对我国的社会进步和城市化进程发挥重要的推动作用。轨道交通学科发展是支撑现代轨道交通工程建设、保障运营安全与可持续发展的重要基础。

然而，由于建设和运营经验不足，加上基础研究薄弱，轨道交通跟不上市场快速发展的需求，在建设、运营过程中不断出现安全隐患，甚至恶性事故时有发生，对现代轨道交通的健康发展产生了极大的负面影响，研究建立和完善现代轨道交通工程安全保障体系的必要性与紧迫性日益显现。总之，当前我国轨道交通发展仍面临着诸多的科技难题与挑战，亟须厘清其中的关键科学与技术问题，把握前沿发展方向，规划布局，并推进关键基础理论和技术研究，从而更好地支撑轨道交通事业的健康快速发展。

《中国学科发展战略·轨道交通工程》根据轨道交通工程学科的发展规律和特点，从轨道交通车辆工程、牵引供电及传动系统、轨道交通基础结构、轨道交通通信信号、轨道交通运输组织、城市轨道交通、磁浮交通七个方面阐述轨道交通工程学科领域的科学意义与战略价值，预测我国轨道交通工程学科的发展态势，评估其国际水平和地位，提出轨道交通工程学科领域的关键科学问题、发展思路、发展目标和重要研究方向，从而为我国轨道交通工程的健康稳定发展奠定坚实的科学基础。

一、轨道交通车辆工程

轨道交通车辆主要涉及高速列车、重载列车和城市轨道交通车辆等几种主要类型。其中，以高速动车组为代表的高速列车是进行高速客运的主要运载工具，长编组、大轴重的单元列车和组合列车已成为运输大宗货物的重载列车常用编组模式，快捷及高速货运动车组等快捷货运装备是我国铁路综合运输的重要发展方向，地铁车辆、轻轨车辆则构成了城市轨道交通车辆的主干部分。轨道交通车辆工程的研究范畴是与运送客流类型、车辆运行的地域跨度及货物运输能力需求等紧密关联的。

轨道交通车辆工程领域的重点研究方向包括：①基于大系统耦合动力学的优化控制，高速列车设计—制造—运营维护（简称运维）全生命周期性能优化，高速列车耦合振动特性与振动传递机制，高速列车及其耦合系统服役性能演变规律，基础结构性能演变对高速行车安全平稳性的影响及其控制，基于多相流的高速列车流固耦合动力学及流固耦合振动行为，高频强振动条件下牵引电机、轴承与齿轮的运动行为、失效机制、评估方法及阈值，高速列车振动噪声及其控制，高速列车服役性能的在线监测技术；②重载列车与线路基础结构动态相互作用，大轴重新型货车设计，大功率机车关键技术，重载列车纵向冲动控制及智能操纵，重载货车状态修，时速 160 km 货运列车关键技术，时速 250 km 及以上货运动车组关键技术；③轮轨磨损机理及控制技术、减振降噪技术、轻量化技术、新型转向架技术、智能运营维护技术等。

轨道交通车辆工程领域的前沿科技问题包括：①高速列车系统服役性能演变机理，高速轮轨系统耦合作用机制及匹配机理，高速列车蛇行运动机理及安全控制，高速铁路基础结构劣化状态下的行车安全控制，高速列车脱轨机理与评判准则；②长大货运列车轮轨动态性能匹配及低动力作用，新型货车转向架与车体设计技术，大轴重与大功率机车设计技术，列车纵向动力学控制及智能操纵，货运列车的智能状态维修；③轮轨异常磨损机理，多样化条件下的车线耦合作用机制，车辆服役状态智能感知方法，面向绿色环保的城市轨道交通车辆设计方法，面向多样化需求的新型导向技术。

二、牵引供电及传动系统

牵引供电及传动系统是轨道交通电能及动力的源泉，是轨道交通系统关键子系统之一，其稳定、可靠、高效运行是保障轨道交通快速发展的前提。近年来，牵引供电领域的专家学者集中解决了供电可靠性问题，但缺乏对运行质量、能效的研究，未考虑效益、效率的提升。综合来看，高铁牵引供电的安全可靠方向已有较好的研究基础，且有学者已经将研究视野转移至高铁供电的节能高效领域。为建设更高速便捷、更安全可靠、更智能高效、更低碳环保、更可持续化的高速铁路，需要越来越多的专家学者将视角转移至节能高效、智能化和新型供电技术等新兴领域来开展研究，为我国高铁供电技术创新并持续引领世界、保障我国高铁安全可靠高效运行奠定理论基础。

高铁牵引供电系统方面需关注与注意的问题主要有以下六点：①高铁牵引供电系统能耗、高效、节能环保等方面的问题尚待研究；②新能源是国家战略和必然趋势，新能源资源丰富，符合高铁线路分布特点且未得到综合利用；③高铁供电模式没有革新和突破，新的供电模式需要启动研究；④互联网、信息融合、大数据等信息技术的飞速发展适合解决高铁供电问题，可应用互联网思维来降低能耗，增加能效；⑤新材料、新技术发展迅速，新材料、新装备的运用能够有效提高牵引供电系统的可靠性，节能增效；⑥特殊艰险山区、高原等极弱电网条件下如何使牵引供电系统安全可靠、稳定高效、节能环保地运行。

未来牵引供电及传动系统领域的重点研究方向包括：①高速铁路供电节能与能效提升技术，主要包含"车-网-地"一体化的能耗、品质、新能源、储能和"源-网-荷-储"高铁能源互联网两方面；②新型供电技术，主要包含非接触牵引供电系统基础理论与关键问题、中高压直流牵引供电技术；③牵引供电与电力传动系统耦合机理，具体包括车网耦合机理、弓网耦合机理、车轨耦合机理、电磁耦合机理；④高铁综合接地系统建模以及高铁牵引供电故障预测与健康管理（prognostic and health management，PHM）；⑤高速铁路供电大数据与智能化，主要包含高铁供电大数据挖掘与深度学习理论和方法、智能牵引供电、电力电子化多流制牵引传动系统基础理论研究。

三、轨道交通基础结构

轨道交通基础结构主要包括轨道、路基、桥梁、隧道等，主要承担轨道交通装备承载和导向功能，直接关系到轨道交通工程质量、投资、运输效益、安全和服务质量的所有建（构）筑物和固定设备，其特点是投资大、建设工期长、系统复杂、综合性强，对沿线规划和布局影响大。在"海洋强国""西部大开发"等一系列国家战略，以及高铁"走出去"和"一带一路"倡议的驱动下，轨道交通基础结构向自然环境更为复杂的地区进行拓展与延伸已是大势所趋，并呈现标准高、线路长、规模大、桥隧比高等鲜明特点。复杂地形地质条件与自然条件给轨道交通基础结构建设带来了巨大的挑战，也对养护技术提出了更高的要求。

为适应未来轨道交通列车的高速度、高密度、高载重、高安全性、高舒适性等特点，未来轨道交通基础结构建设应具有的技术特征主要为：精细化选线、精确化地质探测、结构全生命周期设计、机械化信息化施工、网络化监控、智能化防灾，实现基础结构人性化、低碳化、经济性建设与养护，以及低噪声运行的高标准环境要求。总体而言，国内外轨道交通基础结构前沿越来越重视"全生命周期"理念，在此理念的支持下，开展勘察、设计、施工、监控、材料、装备与服役期管理的研究。交叉创新是世界各国科研计划的重要特色，引入了智能检测、环保材料、自动化装备等多个学科的先进技术并进行原始创新，形成轨道交通基础结构的新技术与装备，这也是国内外未来轨道交通基础结构的主要趋势和难点问题。

轨道交通基础结构领域的重点研究方向主要有：①冰川泥石流、冻土、斜坡岩屑流等地质灾害防灾减灾技术；②绿色、长寿命新型水泥基材料理论与技术；③轨道交通工程高性能无机-有机复合修复材料理论与技术；④长寿命防水防腐功能材料以及吸能降噪功能材料理论与技术；⑤时速 400 km 级高速铁路路基与轨道结构基础理论与设计方法；⑥重载铁路路基与轨道服役性能演变和劣化防控基础研究；⑦城市轨道交通路基与轨道运营维护和性能提升技术；⑧跨海桥梁结构建造与防灾技术；⑨艰险山区大跨桥梁结构建造与防灾技术；⑩大跨度桥梁铺设无砟轨道关键技术；⑪千米级缆索承重桥梁的结构体系及设计关键技术；⑫艰险困难山区深长隧道全生命周期设计、施工与养护技术；⑬大型及复杂水下（海底）隧道建设关键技术；⑭复杂环境作用下城市地下结构的长期安全性及其预测方法。

轨道交通基础结构领域的前沿科技问题主要有：①高寒艰险山区铁路基础结构建养技术问题；②特殊条件下轨道交通大型与重要结构物安全保障技术问题；③轨道交通基础结构全生命周期信息物理技术问题；④轨道交通线路绿色施工环保技术问题；⑤轨道交通基础结构服役性能检测与状态评估技术问题；⑥高速铁路大规模特长隧道群防灾救援技术问题。

四、轨道交通通信信号

铁路通信信号技术是信息技术和控制技术在轨道交通运输生产过程中的具体应用，在现代轨道交通运输领域发挥着十分关键的作用。现代铁路通信信号技术是实现列车有效控制、提高铁路通过能力、向运输人员提供实时信息的必备手段，铁路通信信号技术通过提供安全可靠的调度指挥、列车运行控制、调度通信、信息管理等业务，保障铁路的行车安全，提高运输效率，为旅客提供优质服务。铁路通信信号系统已由过去的铁路运输的"眼睛"和"耳朵"变成了铁路运输的"中枢神经"，发挥着越来越重要的作用。在现代铁路运输系统中，由铁路通信与信号构成的信息与控制系统，在铁路运输中占有非常重要的地位，其发展水平已成为铁路现代化的重要标志之一。目前，我国铁路无线通信研发和应用走在世界前列。

轨道交通通信信号未来发展的总体趋势表现在：①铁路信号控制、调度指挥和通信间的关联更加紧密，信息共享与智能协同程度将不断增强，铁路调度指挥与信号控制技术将逐步实现一体化；②铁路通信信号技术将更加关注客户需求，以提供更加优质的运输服务为目标，实现更多的用户服务功能；③人工智能、物联网、大数据等前沿赋能技术将广泛应用于铁路通信信号领域，为铁路运输提供更加安全、高效、准时的服务，进一步降低建设和运维成本，大幅提升决策、运营和维护水平，降低能源消耗，为客户和旅客提供更好的体验。

轨道交通通信信号的重点研究方向有：①下一代列控系统关键

技术；②铁路信号智能化技术；③铁路信号综合智能化监测技术；④铁路通信智能化技术；⑤铁路通信信号大数据应用技术。

其中蕴含的前沿科技问题主要有：①基于移动闭塞的高速铁路列控系统；下一代智能轨道交通指挥与控制系统；轨道交通和高速跨国联运互联互通；超高导向运输运行控制系统；以轨道交通为核心的综合交通智能指挥控制系统；②智能化、网络化的通信系统关键技术；多网络、多技术融合的泛在网技术研究。

五、轨道交通运输组织

当前新形势下，我国轨道交通发展处于发展模式调整的重要时期，主要体现在四个方面。第一，综合交通建设是发展目标。路网规模不断扩大的同时，干线铁路、高速铁路、城际/市域铁路、城市轨道交通呈现融合之势，综合交通网络逐步成形，互联互通将是改善交通状况的必备条件，将机场、干线/高速铁路、城际/市域铁路、城市轨道交通、公路客运甚至城市公交高效地结合起来，将是未来领域发展的重要方向。第二，高效物流需要高新技术支撑。国内物流业的高速发展，对货物时效性的要求更高，铁路运输不受气候等非人为因素的影响，具有优势。建立配备中长途、重载的专用货运路网，利用客运专线及高铁线的高速货运网，考虑与航空运输的无缝对接、与港口的连接、与短途货运的连接，特别是利用既有的客运专线/高铁线发展快速货运需要考虑货运站台、货运车辆、运输管理办法以及线路使用效率等，需要整个领域协调共同发展。第三，可持续发展势在必行。节能环保技术市场需求旺盛，混合动力、氢能源、超级电容、纯电池驱动等技术正在引领新一轮技术潮流。新能源、超级电容等新技术的发展，可能会影响轨道交通领域的发展状况，如超级电容、纯电池等如果可满足车辆长时间的应用，那么将会影响整个行业的发展，路网建设、车辆技术、运用组织管理等均需重新进行发展规划。第四，专业技术需要创新发展。随着计算机、网络、智能化、信息化、传感等的普及，卫星定位技术的发展给轨道交通专有技术创新提供了强有力的支撑平台。

总体来说，根据轨道交通发展的任务和目标，我国轨道交通运输组织的重点研究方向可从客运系统和货运系统两方面进行归纳。

（1）客运系统。该系统应重点关注路网建设、运能挖潜、市场营销三个层面的研究。其一，在快速客运网基本建成的背景下，需系统梳理影响网络整体效应发挥的干线缺失路段、"断头"路段、能力"卡脖子"路段及点线能力不相匹配等问题，开展客运网络适应性研究，以不断建设和完善路网。同时，基于企业视角，对快速客运网如何适度拓展覆盖需进行量化论证，以确保投资取得合理收益。其二，在"建设路网"任务基本完成、"用好路网"任务日益迫切的背景下，应着眼于由多条平行走廊构成（如进出关通道）或由高速铁路及既有线构成（如京沪通道）的客运通道及客运专线两个层面，深入研究其运输能力综合利用问题，以充分挖掘客运网络潜能。其三，着眼于挖掘客运市场增长点，应注重开展客运营销发展方向的研究。

（2）货运系统。该系统应重点关注网络完善、节点整合、市场拓展三个层面的课题研究。其一，结合在建项目及拟建计划，系统梳理影响货运网络整体效应发挥的能力匹配、标准协调、点线配套等问题，开展货运网络适应性研究，充分挖掘配套项目，不断完善路网。同时基于企业视角，对货运网络如何适度拓展覆盖进行量化论证，以确保投资取得合理收益。其二，在推进路网建设的同时，应关注和开展包含铁路物流中心、散货物流基地、一般货运站点等多个层次的铁路货运基础设施发展与整合研究，以提升铁路对货运市场的适应能力，提升市场份额和效益。其三，在煤炭、矿石等大宗货物运量的增长随国家产业结构调整可能后继乏力的背景下，应着力挖掘集装箱运输和铁水联运两大极具增长潜力的市场板块，开展铁水联运存在问题及解决措施的研究及铁路集装箱运输发展方向的研究。

当前，轨道交通运输组织发展面临的问题中所蕴含的前沿科技问题主要有：铁路客运网络拓展覆盖技术；铁路列车运行图编制系统关键技术；高速铁路调度指挥智能化理论与优化技术；基于运到时限的铁路货物运输系统关键技术；高速铁路调度风险实时监测预警系统；高速铁路行车人员工作状态实时评估及疲劳机理；基于大数据分析的高铁网络通过能力瓶颈致因分析与运用效率提升关键技术；城市轨道交通大客流传播机理及应急组织策略。

六、城市轨道交通

城市轨道交通是轨道交通工程学科领域的重要组成部分。与其他种类的城市公共交通系统相比，城市轨道交通具有运量大、速度快、安全、准点、保护环境、节约能源和用地等特点，并且与城市化进程密切相关。世界各国普遍认识到：解决城市交通问题的根本出路在于优先发展以轨道交通为骨干的城市公共交通系统。城市轨道交通建设已经成为我国大中型城市解决居民出行，改善公共交通问题，实现城市绿色、环保和可持续发展的重要手段。

国际上城市轨道交通技术水平不断提升，不少技术日臻完善，并且得到广泛的应用。我国城市轨道交通起步较晚，实现关键核心技术国产化成为我国发展为城市轨道交通先进国家的标志，关键技术亟待攻克和提高。我国城市轨道交通早期建设并投入运营的地铁系统建设存在设备较老、系统配置不完善、建设标准较低的问题，导致一系列的安全隐患。用于地铁建设的盾构等设施设备，以及运营用的车辆、通信信号、控制等系统来源于不同的国家和地区，近期建设的城市轨道交通项目，虽然设备国产化率不断提高，但尚未形成统一的标准。这对建设和运维都会造成安全隐患。

当前，从全球范围看，新技术、新产业、新业态蓬勃兴起，科学技术越来越成为推动经济社会发展的主要力量。面对新一轮科技革命与产业变革带来的机遇和挑战，世界主要国家和地区均采取政府手段促进科技创新驱动经济发展，着重弥补基础研究和产业化研究（应用研究）的创新薄弱环节，构建新型创新平台是重要举措之一。

城市轨道交通的前沿科技问题主要有：适应资源共享、网络化运营、降低运维成本的互联互通技术问题；基于全生命周期的系统安全可靠性技术；车辆高品质（高安全、高可用、高舒适）的低地板技术、转向架技术、轻量化技术；基于通信的列车自动控制（communication based train control，CBTC）系统技术、全自动无人驾驶系统技术；第五代移动通信技术（5G）毫米波大规模无线天线通信技术；城市轨道交通数字化建设与评估技术、基于大数据的建筑信息模型（building information model，BIM）系统、运营管理信息化模式；轨道交通网络化运营监控技术；利用互联网、物联网、大数据、智能终端等综合技术的系统智能化。

城市轨道交通的重点研究方向有：城市轨道交通网络化运输组织；城市轨道交通路网运营安全保障；新一代城市轨道交通列车运行控制；城市轨道交通基础设施全息化移动检测与运营维护；城市轨道列车运行状态全息检测与故障诊断；城市轨道交通电力系统运行安全关键技术集成及示范。

七、磁浮交通

磁浮交通是利用无机械接触的电磁力支承、导向和牵引列车运行的新型轨道交通制式，它避免了由机械接触导致的传统轨道交通的一些弊端，具有加/减速快、噪声低、污染少、土地利用率高、运行安全舒适等优点，具备了未来绿色交通的几乎所有优点。不同于传统的高速列车、重载列车和地铁列车具有相同的轮轨制式，磁浮列车按照不同的悬浮方式可分为常导电磁悬浮（electro magnetic suspension，常导EMS）、超导电动悬浮（electro dynamic suspension，超导EDS）、永磁电动悬浮和高温超导磁悬浮（high-temperature superconducting magnetic levitation，HTSML）四种类型。它们在悬浮机理、车轨关系和核心技术等方面有着显著的区别，本质上是四种不同制式的非接触式轨道交通。由于磁悬浮方式的多样性和复杂性，国内外专家学者在磁浮交通发展路径和目标抉择上有明显的分歧。系统地梳理不同方式磁浮交通所蕴含的关键科学和技术问题，可为我国布局磁浮交通基础研究和技术开发提供决策依据。

磁浮交通的未来发展趋势主要有：①新型城镇化为中低速磁浮交通发展提供了发展空间，提升时速100 km级低速磁浮交通的技术竞争力与系统成熟度，发展时速160 km级和200 km级中速常导磁浮交通是当前的发展方向；②磁悬浮是下一代高速轨道交通的最可行制式，发展时速600 km级高速磁浮交通技术，实现区域城市群 1～2 h 同城化效应，是实现"交通强国"战略的突破口之一；③开展低真空管（隧）道磁悬浮交通技术基础理论与前沿技术研究，为未来超高速轨道交通提供技术储备。

磁浮交通领域涉及的前沿科技问题主要有：①高速及超高速磁浮列车-电磁悬浮系统-轨道桥梁系统-空气流场耦合动力学行为与控制技术；②磁悬浮方式及悬浮架结构创新设计理论与方法；③低成本、长寿命磁浮道岔设计与制造；④中低速及高速磁浮交通系统运维理论与方法；⑤超高速真空管道交通的基础科学问题。

Abstract

Rail transit is a kind of vehicle or transportation system which uses electric energy as driving force and runs along the dedicated tracks on or under the ground. It can be divided into three categories according to its service scope, namely the national railway system, intercity rail system, and urban rail transit. The national railway system mainly includes high-speed passenger railway, heavy-haul freight railway, and conventional railway. Intercity rail system is a passenger transport system of rail transit between cities. It is difficult to classify the urban rail transit strictly due to its various forms and considerable differences in the technical indicators. According to the technical principle, appearance molding, and transportation capacity, it can be divided into several forms, such as the subway system, light rail system, monorail system, tram, maglev system, automated guideway transit system, and urban rail rapid transit system. Nowadays, with the continuous improvement of the urbanization rate and the rapid aggregation of the urban population in China, the problem of traffic congestion is increasingly serious. Therefore, the demand for a convenient and efficient transportation system with a large passenger volume and fast operation speed is urgently needed. Rail transit, with its unique advantages of large capacity, all-weather operation, high safety, low cost, energy conservation, and environmental protection, has become the most economical, effective, and environmental friendly mode of transportation among the four major transportation systems (namely railway, highway, aviation and water transport). The rail transit is the prior development orientation to solve the contradiction against China's transportation demand. Consequently, the transportation industry has been listed as a key field in China, and the high-speed rail transit has been a priority theme in the *Outline of the National Medium-and Long-term Planning for Development of Science and Technology (from 2006 to 2020)*.

Since the 21st century, Chinese high-speed railway, heavy-haul railway, urban rail transit, and maglev transportation have developed rapidly and made remarkable achievements. With the rapid development of the rail transit, the space-time distances between people are shortened and people's living standards are improved, so that social progress and economic development are greatly promoted. Development of rail transit not only drives the progress and development of advanced technologies in fields such as information, materials, energy, manufacturing, but also promotes the prosperity and development of manufacturing, construction, energy industry, tourism, and other industries. Similarly, the theoretical innovation and technological progress in these fields and industries also promote the great development of railway. Currently, rail transit continues to go along the road of technological innovation in the development of high-speed, heavy-haul, and electrification in half a century. Besides, due to the socio-economic development philosophy of green, environmental protection, intelligent, and sustainable development, the public's expectations for safety, reliability, comfort, and environmental protection in rail transit are constantly growing, which will force railway transportation to continuously absorb and utilize the achievements of the advanced science and technology to constantly improve the construction and operation of rail transit engineering. Modern rail transit will play a crucial role in promoting China's social progress and urbanization for a considerable period to come. The development of rail transit discipline is an important foundation to support the construction of modern rail transit engineering and to guarantee the safety of operation and sustainable development.

However, due to the lack of experience in construction and operation and the weak basic research, it cannot keep up with the demands of rapid development in rail transit. There are potential safety hazards, and even serious accidents constantly happening during the process of construction and operation. A great negative impact is exerted on the healthy development of modern rail transit. Therefore, the necessity and urgency of establishing and perfecting the safety guarantee system of modern rail transit engineering are becoming more and more apparent. In all, development of the rail transit in China is still facing many problems and challenges in science and technology. It is urgent to clarify the key matter of science and technology, grasp the cutting-edge development orientation, plan the layout and promote the key basic theory and technology research, so as to better support the healthy and rapid development of rail transit.

The *Strategies for Academic Discipline Development in China: Rail Transit Engineering* expounds the scientific significance and strategic value of rail transit engineering according to the developing law and characteristics of rail transit engineering disciplines from seven aspects, namely vehicle engineering of rail transit, traction power supply and transmission system, infrastructure of rail transit, rail transit communication and signal, transportation organization of rail transit, urban rail transit, and maglev transportation. Accordingly, the development trend of the rail transit engineering discipline in China is forecasted, and its international level and status are evaluated. The key scientific problems, developing strategies, developing goals, and important research directions in the field of rail transit engineering are put forward to lay a solid scientific foundation for its healthy and stable development in China.

1. Vehicle engineering of rail transit

Rail transit vehicles mainly involve high-speed trains, heavy-haul trains, urban rail transit vehicles, and other main types. Among them, the high-speed train represented by high-speed electric multiple units is the main vehicle for high-speed passenger transport. Long train formation, heavy axle load trains, and multiple units trains have gradually become the common formation mode of heavy-haul trains for bulk cargo transportation. Express freight equipment, such as the rapid and high-speed freight multiple units, is an important development orientation of integrated railway transportation in China. Subway and light rail vehicles constitute the main body of the urban rail transit vehicles. The research scope of rail transit vehicle engineering is closely related to the type of passenger flow, regional span of vehicle operation, and demand on freight transportation capacity.

The key research directions in the field of rail transit vehicle engineering are as follows. (1) Optimization and control based on large-scale system coupled dynamics; design-manufacturing-maintenance whole life cycle performance optimization of high-speed train; coupled vibration characteristics and vibration transmission mechanism of high-speed train; service performance evolution laws of high-speed train and its coupling system; effect of infrastructure performance evolution on safety and stability of high-speed vehicle and corresponding control; fluid-structure interaction dynamics and vibration behavior of high-speed train based on multiphase flow; motion behaviors, failure mechanism, evaluation method and the corresponding thresholds of the traction motor, bearings and gears under high frequency and intensified vibration conditions; vibration and noise control of high-speed train; online condition monitoring technologies for high-speed train service performance. (2) Dynamic interactions between the heavy-haul train and track and/or infrastructure; design of new wagons with heavy axle load; key technology of high-power locomotive; longitudinal impulse control and intelligent manipulate of the heavy-haul train; condition-based maintenance of heavy-haul wagons; key technologies of freight train with speed grade of 160 km/h; key technologies of high-speed freight EMU with speed grade above 250 km/h; (3) wheel-rail wear mechanism and control technologies; vibration and noise reduction technologies; lightweight technologies; new type bogie technologies; intelligent operation and maintenance technologies.

The frontier science and technology in the field of rail transit vehicle engineering are as follows. (1) Service performance evolution mechanism of high-speed train system; high-speed wheel-rail system coupled interaction mechanism and matching method; hunting motion mechanism and safety control of high-speed train; high-speed train running safety control under the infrastructure degradation; high-speed derailment mechanism and evaluation criterion. (2) Wheel-rail dynamic performance matching and low dynamic interactions of a long formation heavy-haul train; design technologies of bogie and car body in new type wagons; locomotive design technologies with heavy axle load and high power; train longitudinal dynamics control and intelligent operation; condition-based intelligent maintenance of freight train. (3) Wheel-rail abnormal wear mechanism, vehicle-track coupled mechanism under diversified conditions, intelligent sensing method for vehicle service condition, urban vehicle design method with regard to environment protection, new type steering technology meeting the requirement of diversification.

2. Traction power supply and transmission system

Traction power supply and transmission system is the source of electric energy and power. It is one of the key subsystems of the rail transit system, of which the stable, reliable and efficient operation is the premise for guaranteeing the rapid development of the rail transit. In recent years, experts and scholars in the field of traction power supply have concentrated on solving the reliability problem of the power supply. However, there is a lack of research on the operating quality and energy efficiency, and the improvement of benefit and efficiency was not considered. From a comprehensive perspective, the safe and reliable direction of high-speed traction power supply has a solid research foundation, and some scholars have shifted their research horizons to the energy-saving and efficient field. For developing a faster, more convenient, safe and reliable, more intelligent and efficient, low-carbon and environmental protection, more sustainable high-speed railway, perspectives from an increasing number of experts and scholars are needed to transfer to the emerging fields, such as energy-saving and efficient, smarter, and new technologies of power supply, which can lay theoretical foundations for power supply of Chinese high-speed railway and to achieve technology innovation, and continuously lead the world and guarantee the operation with safety, reliability, and efficiency.

In terms of the traction power supply system of high-speed railway, the following six problems should be paid attention to. (1) The problems about the energy consumption, high efficiency, energy saving and environmental protection of traction power supply system in high-speed railways remain to be studied. (2) New energy with abundant resources is the national strategy and inevitable trend, which conforms to the distribution characteristics of high-speed railway lines and have not been comprehensively utilized. (3) There is no innovation and breakthrough in the power supply mode of high-speed railways, therefore, the new power supply mode should be studied. (4) The rapid development of the internet and technologies of big data are suitable for solving the problems of power supply in high-speed railways. Internet thinking can be employed to reduce energy consumption and increase the energy efficiency. (5) The reliability, energy saving, and efficiency of the traction power supply system can be effectively improved by the rapid development of new materials and technologies as well as their applications. (6) How to make the operation of the traction power supply system safe and reliable, stable and efficient, energy saving and environmental protection under the extremely weak power grid conditions, such as special dangerous mountainous area and plateau?

The key research directions in the field of traction power supply and transmission in the future include: (1) improvement of technologies in energy saving and energy efficiency of the power supply systems in high-speed railways, which mainly include two aspects, namely, the energy consumption, quality, new energy, and energy storage of the vehicle-catenary-ground integration system and source-catenary-load-storage energy internet of high-speed railways; (2) new technology of power supply, which mainly includes the basic theory and key problems of non-contact traction power supply system, and the traction power supply technology with medium and high voltage direct currents; (3) the coupled mechanism between the traction power supply and power transmission system, which mainly includes the vehicle-catenary coupling, pantograph-catenary coupling, vehicle-track coupling, and electromagnetic coupling; (4) ground connection system modeling and prognosis and health management of the traction power supply in high-speed trains; (5) big data and intelligentize of the power supply in high-speed railways, which mainly include the big data mining, theory and methods of deep learning, intelligent traction power supply, and basic theory research of the traction transmission system on power electronic multi-current.

3. Infrastructure of rail transit

Infrastructure of rail transit mainly includes track, subgrade, bridge, tunnel, and so on. It undertakes the bearing and guiding functions for rail transit equipment and is directly related to whole buildings and fixtures in terms of rail transit engineering, investment, transportation efficiency, safety, and service quality. And it is characterized by large investment, long period of construction, complicated systems, and strong comprehensiveness, which will exert a great influence on planning and layout along the track. Driven by a series of national strategies, such as Marine Potestatem, China Western Development, and China's High-Speed Railway "Go Global", and the Belt and Road Initiative, it is a general trend for infrastructure in rail transit to expand and extend to such regions with more complicated natural environment, which has the distinctive characteristics of high standard, long lines, large scale, and high ratio of bridge to tunnel. Complex terrain and geological conditions and natural conditions bring great challenges to the construction of the rail transit infrastructure and also put forward higher requirements for maintenance technology.

To adapt to the characteristics of high speed, high density, high load, high safety, and high comfort of the future rail transit trains, the technical characteristics of the future infrastructure construction should be mainly as follows: elaborate railway alignment design; accurate geological detection; whole life cycle design of structure; construction combined with mechanization and information; network monitoring; intelligent disaster prevention; achievement of construction and maintenance of infrastructure characterized by humanized, low carbon, and economy; as well as the environmental requirements with high standards on low noise operation. In general, the forefront of the rail transit infrastructure at home and abroad pays more and more attention to the concept of "full life cycle". With the support of this concept, researches on reconnoiters, design, construction, monitoring, materials, equipment, and management of service life are carried out. Cross-innovation is an important feature of scientific research programs of various countries in the world. Advanced technologies of intelligent detection, environmental protection materials, automotive equipment, and other disciplines are introduced and original innovations are made to form new technologies and equipment of rail transit infrastructure. This is also the main trend and difficult problem of infrastructure in future rail transit at home and abroad.

The key research directions of infrastructure in the field of rail transit mainly include: (1) geological disaster prevention and mitigation technologies, such as glacier debris flow, frozen soil, slope debris flow, and so on; (2) theory and technology of new material of cement with green and long service life; (3) theory and technology of inorganic-organic composite repair materials with high performance for rail transit engineering; (4) theory and technology of materials with long life waterproof and anticorrosive functions, and with energy absorption and noise reduction functions; (5) basic theory and design method of subgrade and track structures of the high-speed railway with the design speed of 400 km/h; (6) basic research on the evolution of service performance, and deterioration prevention and control for the subgrade and track in heavy-haul railways; (7) technology for operation maintenance and performance improvement of subgrade and track in urban rail transit; (8) technology of construction and disaster prevention for cross-sea bridge structure; (9) technology of construction and disaster prevention for large span bridges in mountainous areas with complex geological conditions; (10) key technology of ballastless track laying for large span bridge; (11) key technology of structural system and design of kilometer-grade cable bearing bridge; (12) technology of life-cycle design, construction, and maintenance of long tunnels in mountainous areas with complicated geological conditions; (13) key technologies for construction of large and complicated underwater tunnel; (14) long-term safety and prediction method of the urban underground structure under complex environment.

The frontier matters of science and technology in the field of the rail transit infrastructure mainly include: (1) problems about construction and maintenance of railway infrastructure in alpine mountainous areas with complex geological conditions; (2) technical problems of safety guarantee for large and important structures of rail transit under special conditions; (3) technical problems about information and physical for the life cycle of rail transit infrastructure; (4) technology problems about environmental protection of green construction for rail transit line; (5) technical problems about service performance detection and state assessment of the rail transit infrastructure; (6) technical problems about disaster prevention and rescue of a group of large-scale super-long tunnels in high-speed railways.

4. Rail transit communication and signal

Rail transit communication and signal (RTCS) technology plays a key role in the modern rail transportation, and it is the specific application of information and control technology in the production process of rail transportation. It is also an essential means to realize the effective control of trains, improve the railway passing capacity, and provide real-time information for transport staff. Meanwhile, by providing safe and reliable dispatching command, operation control, dispatching communication, information management and other services, RTCS technology can be used to ensure railway safety, improve transportation efficiency, and provide high-quality service for passengers. The function of RTCS system has changed from the "eyes" and "ears" to the "central nerve" and plays a more and more important role in rail transportation. The information and control system consisting of two parts, namely the railway communication and the railway signal, occupies a very important position in the modern railway transportation system and its development level is one of the important signs in the modernization process of railway. It is worth mentioning that the research and application of the railway wireless communication in China are both on the forefront of the world.

The overall development trend of the RTCS can be summarized as follows. (1) The correlations among railway signal control, dispatching command and communication will become more closely; the degree of synergy between the information sharing and the intelligent collaboration will increase continually; and the integration between the train dispatch command and the signal control technology will be achieved gradually. (2) To provide more high-quality services in transportation and achieve more service functions, the needs of customer will be the focus of railway communication and signaling technology. (3) Due to application of the cutting-edge enabling technologies into the RTCS field, such as artificial intelligence, internet of things and big data, the railway transportation will be more safe, efficient and punctual, and in turn, there will be lower construction and operations costs, higher levels of decision-making, operations and maintenance, less energy consumption, and a better customer and passenger experience in railway transportation.

The cutting-edge scientific and technological issues contained in RTCS mainly include: (1) the control system of the high-speed train based on the moving block technology; the command and control system of the next-generation intelligent rail transit; the interconnection between rail transit and high-speed cross-border transport; the control system of transportation and operation with ultra-high orientation; the intelligent command and control system of integrated traffic with the core of rail transit; (2) the key technologies of intelligent and networked communication system; the research about ubiquitous network technology with multi-networks and multi-technology.

The major research directions of RTCS include: (1) the key technologies of the next-generation train control system; (2) the intelligent technology in railway signal; (3) the comprehensive intelligent monitoring technology in railway signal; (4) the intelligent technology in railway communication; (5) application technology of big data in RTCS.

5. Transport organization of rail transit

Nowadays, the development of the rail transit in China is in an important period for adjusting the development mode, which can be mainly reflected in the following four aspects. (1) The development goal is to construct the comprehensive transportation. As the scale of the road network expands continually, interconnection of the rail transit networks will become a prerequisite for improving the traffic conditions because the comprehensive transportation network takes shape gradually under the integrative trend of the main line railway, high-speed railway, intercity/commuter railways and urban rail transit. The efficient combination of airport, main lines/high-speed railways, intercity/commuter railways, urban rail transit, road passenger transport and even city bus will become an important development direction in the future. (2) The high efficient logistics are supported by the advanced technology. The railway transportation has advantages to meet the higher requirements to timeliness for goods delivery due to the rapid development of the domestic logistics industry because it is not affected by non-human factors such as climate. Moreover, the harmonious development of the entire rail transit field is important for the establishment of railway transportation, mainly including the establishment of special road network for freight equipped with medium-long distance heavy haul, the high-speed freight network utilizing passenger dedicated lines and high-speed rail lines, the seamless connections of the freight network with air transport, port transport and short-distance freight. Especially, the importance of the harmonious development of the entire rail transit field is more prominent in the development of fast freight utilized existing passenger dedicated line/high-speed rail line because it needs to consider the freight platforms, freight vehicles, transportation management method, utilization efficiency of the rail line and so on. (3) The sustainable development is imperative. The market demand of energy saving and environmental protection technologies is huge and a new round of technological trend is being led by the hybrid power, the hydrogen energy, the super capacitors and the drive technology with pure battery. The development status of the rail transit field may be affected by the development of new energy, super capacitors and other new technologies. For example, development of the entire industry of the rail transit will be re-planned in terms of road network construction, vehicle technology, application organization and management, and so on, when super capacitors, pure battery and other technologies can meet the long-term time application of vehicles. (4) Innovative development is required for the professional technology. The innovative development of the professional technology in rail transit is provided with a strong support platform by the popularization of computer, network, intelligence, informatization, sensor and so on, as well as the development of technology for satellite positioning.

In all, the key research directions of the rail transportation organization in China can be summarized as the passenger transport system and the freight transport system according to the development tasks and goals of the rail transit.

(1) For the passenger transport system, three key research directions should be focused, namely the construction of road network, the mining about the transportation potential, and the marketing management. Firstly, under the background that rapid passenger transport network is basically completed, in order to continuously build and improve the railway network, it needs to study the adaptability of the passenger transport network based on systematically sorting out the problems that affect the overall effect of the network, such as missing sections of the main lines, broken ends sections, weak capacity sections, and mismatched capacity between points and lines. Meanwhile, it is necessary to conduct quantitative verification on how to appropriately expand the coverage for the express passenger transport network from the perspective of the enterprise in order for that the investment of enterprises will obtain reasonable returns. Secondly, under the background that the task of "building a railway network" has been basically completed and the task of "making good use of the railway

network" has become increasingly urgent, in order to fully excavate the potential of the passenger transport network, it should thoroughly study the comprehensive utilization of its transportation capacity for passenger channels and passenger dedicated lines, consisted with multiple parallel corridors (such as entry and exit passages) or high-speed railways and existing lines (such as Beijing-Shanghai Expressway). Thirdly, the research about the development direction for the marketing of passenger transportation should be developed in order to tap the growth points of the market of the passenger transportation.

(2) For the freight transport system, three key research directions should be focused. They are network improvement, node integration, and market expansion. Firstly, combined the constructing projects and the proposed plans, in order to fully excavate supporting projects and continuously improve the railway network, it needs to research the adaptability of freight network based on systematically sorting out the problems that affect the overall effect of the freight network, such as ability matching, coordinated matching, point and line matching. Meanwhile, it is necessary to conduct quantitative demonstrations on how to appropriately expand the coverage of the express freight transport network from the perspective of the enterprise in order that the investment of the enterprises will obtain reasonable revenue. Secondly, when advancing the construction of the railway network, it should pay attention to and carry out researches about the development and the integration of the infrastructure in railway freight with multiple levels, such as railway logistics center, bulk cargo flow base, general freight station and so on, in order to promote the adaptability, market share and benefit of railways on the freight market. Thirdly, under the background that the growth of bulk cargo such as coal and ore may continue to be weak caused by the adjustment of the national industrial structure, the two major market segments of the container transportation and the combined transportation with rail transportation and waterway transportation

have great growth potential and should be tapped. Meanwhile, the studies about the problems and solutions of the combined transportation and the development direction of the container transportation in railway should be carried out.

Currently, the cutting-edge scientific and technological problems in the development of the transport organization of rail transit mainly include: the study about expanding coverage technology in the railway passenger transport network; the key technology about the compilation system of railway operation diagram; the intelligent theory and optimization technology about the dispatch and command of high-speed railway; the key technology about the railway freight transportation system based on transportation time limit; the research and development of real-time monitoring and warning system for dispatching risks in high-speed railway; the researches about real-time evaluation of the working status and tired mechanism for the drivers of high-speed railway; the researches about the reasons for the passing capacity bottleneck and the key technologies for improving the application capacity of high-speed railway based on big data analysis; the researches about the transmission mechanism and emergency organization strategy with large passenger flow in urban rail transit.

6. Urban rail transit

The urban rail transit is an important part of the subject field for the rail transit engineering. Compared with other types of urban public transportation systems, it has the advantages of large carrying capacity, high speed, safety, punctuality, environmental protection, energy saving, land saving and so on. Moreover, it is closely related to the process of urbanization. The countries around the world have generally recognized that the prior development of urban public transportation system with the rail transit as the backbone is the fundamental way to solve urban transportation problems. The urban rail transit construction is already an important method to solve the travel of residents, improve public transportation problems, realize urban greenness, protect environmental, and maintain sustainable development in large and medium-size cities in China.

The technical level of urban rail transit in the world continues to grow, of which many technologies are improved and widely used. Due to the late development of the urban rail transit in China, the localization of key technologies is a symbol of the development of China into an advanced country in urban rail transit. However, some key technologies also need to be overcomed and improved urgently. The early construction and operation of the subway system in China's urban rail transit has faced some problems, such as the outdated equipment, imperfect system configuration, and lower construction standards. They have led to a series of potential safety hazards. Moreover, the shield machine and other facilities used for the construction of subway, the operating vehicles, communication signals and control systems coming from different countries. The unified standard has not yet formed in the construction, operation and maintenance of urban rail transit although the localization rate of the equipment has continued to increase in the recent urban rail transit projects. All of these will cause safety hazards to the construction and maintenance of urban rail transit.

Currently, scientific technology has increasingly become the main force to promote the development of the economic and the social with the booming of new technologies, new industries, and new formats in the global. The major countries in the world have adopted the government measures to promote technological innovation in order to drive economic development and to remedy the weak part in the innovation between basic research and industrialization research (applied research) when facing the opportunities and challenges brought by the new round of technological revolution and industrial transformation. Meanwhile, the establishment of new innovation platform is one of the important measures.

The cutting-edge scientific and technological issues in urban rail transit mainly include: the interconnection technology problems of resource sharing, network operation, as well as lower operation and maintenance costs; system safe and reliability technologies based on the whole life cycle; low-floor technology, bogie technology, and lightweight technology for high-quality vehicles (with high safety, high availability, high comfort); communication based train control system; unmanned driving system technology with fully automatic; communication technology with wireless antenna and 5G millimeter wave large-scale; construction and evaluation technologies of urban rail transit with digital; building information model based on big data; information technology for operation and management; monitoring technology for rail transit network operation; system intelligence using comprehensive technologies such as the Internet, internet of things, big data, and smart terminal.

The key research directions of the urban rail transit mainly include: network transport organization of urban rail transit; operational safety guarantee of urban rail transit network; operation control of new generation urban rail transit trains; holographic mobile detection and operation and maintenance of urban rail transit infrastructure; holographic detection and fault diagnosis of urban rail train operation state, integration and demonstration of key technologies for operational safety of power system in urban rail transit.

7. Maglev transportation

The maglev transportation is a new type of rail transportation system that utilizes electromagnetic force without mechanical contact to support, guide, and drag trains. It can avoid some of the disadvantages in traditional rail transit caused by mechanical contact and has all the characteristics of green transportation in future, such as fast acceleration/deceleration process, low noise, less pollution, high land utilization rate, safe and comfortable in operation process and so on. According to different methods of levitation, maglev trains can be divided into electromagnetics suspension, superconducting electro dynamics suspension, permanent magnet electro dynamics suspension and high-temperature superconducting magnetic levitation. These are different from the traditional high-speed trains, heavy-haul trains and subway trains which have same wheel-rail system. They are essentially four different types of rail transit with non-contact due to the significant differences in suspension mechanism, vehicle-track relationship and key technology. Experts and scholars in the world have obvious differences in the development path and target selection of maglev transportation due to the diversity and complexity of methods in magnetic levitation. Therefore, it is necessary to systematically sort out the key scientific and technological issues contained in different modes of maglev transportation in order to provide decision basis on the basic research and technological development of maglev transportation in China.

The future development trends of the maglev transportation mainly include: (1) there is already space for the development of low-speed and medium-speed maglev transportation due to the new urbanization. Therefore, the technical competitiveness and system maturity for low-speed maglev transportation with a speed of 100 km/h can be improved and the electromagnetic suspension with medium-speed from 160 km/h to 200 km/h can be developed; (2) magnetic levitation is the most feasible system for the next generation high-speed rail transit. Meanwhile, the development of high-speed maglev transportation technology with a speed of 600 km/h can achieve the urbanization effect in regional urban agglomerations within one to two hours and is one of the breakthroughs in the strategic development of China's strength in transportation; (3) the development of basic theory and cutting-edge technology research about maglev transportation with low-vacuum tube (tunnel) can provide technical reserves for ultra-high-speed rail transportation in future.

The cutting-edge scientific and technological issues involved in maglev transportation mainly include: (1) coupling dynamic behavior and control technology of the "high-speed and ultra-high-speed maglev train-electromagnetic levitation system-track bridge system-air flow field"; (2) innovative design theory and method about magnetic levitation and levitation frame structure; (3) design and manufacture of maglev turnout with low-cost and long-life; (4) operation and maintenance theory and method in medium-low-speed and high-speed maglev transportation system; (5) basic scientific problems about pipeline transportation with ultra-high-speed and vacuum.

目　录

总序 ··· i
前言 ··· v
摘要 ··· ix
Abstract ·· xxi

第一章　轨道交通工程学科概论 ································· 1

第一节　科学意义与战略价值 ···································· 1
第二节　学科发展规律与特点 ···································· 4
一、轨道交通的定义与内涵 ·· 4
二、轨道交通的特点 ·· 5
三、轨道交通涉及的专业门类与人才需求 ······················· 7

第三节　学科发展现状和趋势 ···································· 9
一、轨道交通车辆 ··· 9
二、牵引供电及传动系统 ·· 11
三、轨道交通基础结构 ··· 13
四、轨道交通通信信号 ··· 14
五、轨道交通运输组织 ··· 15
六、城市轨道交通 ··· 15
七、磁浮交通 ·· 16

第四节　学科发展面临的问题及建议 ·························· 20
一、资助机制建议 ··· 21
二、政策建议 ·· 22
本章参考文献 ·· 23

第二章　轨道交通车辆工程 ··· 24

第一节　概述 ··· 24

第二节 国内外研究现状、面临的问题及未来发展趋势 ·············25
    一、国内外研究现状 ···25
    二、面临的问题 ···45
    三、未来发展趋势 ···50
第三节 重点研究方向与前沿科技问题 ······························54
    一、重点研究方向 ···54
    二、前沿科技问题 ···60
本章参考文献 ···65

第三章 牵引供电及传动系统 ···68

第一节 概述 ··68
第二节 国内外研究发展现状和趋势 ·································69
    一、安全可靠领域的发展现状及趋势 ·····························69
    二、节能增效领域的发展现状及趋势 ·····························80
    三、大数据与智能化领域的发展现状及趋势 ·······················89
    四、新型供电技术的发展现状及趋势 ·····························97
    五、新能源、新材料、新技术的应用 ····························107
    六、特殊艰险山区、薄弱地区的供电安全保障技术 ················112
第三节 重点研究方向与前沿科技问题 ·····························113
    一、牵引供电及传动学科前沿和热点技术集合 ····················113
    二、牵引供电及传动学科发展目标和思路分析 ····················118
    三、未来重点研究方向 ···122
本章参考文献 ··126

第四章 轨道交通基础结构 ···129

第一节 概述 ···129
    一、寒区冻害方面 ···130
    二、工程材料方面 ···130
    三、路基方面 ···131
    四、轨道方面 ···131
    五、桥梁方面 ···132

  六、隧道方面 …………………………………………………… 132
第二节　国内外研究现状、面临的问题及未来发展趋势 ………… 133
  一、国内外研究现状 …………………………………………… 133
  二、面临的问题 ………………………………………………… 145
  三、未来发展趋势 ……………………………………………… 148
第三节　重点研究方向与前沿科技问题 ……………………………… 150
  一、重点研究方向 ……………………………………………… 150
  二、前沿科技问题 ……………………………………………… 155
本章参考文献 …………………………………………………………… 157

第五章　轨道交通通信信号 …………………………………… 159

第一节　概述 …………………………………………………………… 159
第二节　国内外研究发展现状和趋势 ………………………………… 159
  一、国内轨道交通通信信号的研究发展现状 ………………… 159
  二、国外轨道交通通信信号的研究发展现状 ………………… 161
  三、轨道交通通信信号未来发展趋势 ………………………… 162
第三节　重点研究方向与前沿科技问题 ……………………………… 168
  一、轨道交通通信信号重点研究方向 ………………………… 168
  二、轨道交通通信信号前沿科技问题 ………………………… 171
本章参考文献 …………………………………………………………… 173

第六章　轨道交通运输组织 …………………………………… 174

第一节　概述 …………………………………………………………… 174
  一、轨道交通运输的发展背景 ………………………………… 174
  二、轨道交通运输组织的特点及面临的问题 ………………… 176
第二节　国内外轨道交通运输组织的发展现状及趋势 ……………… 179
  一、国外轨道交通运输组织的发展现状及趋势 ……………… 179
  二、我国轨道交通运输组织的发展现状及趋势 ……………… 180
第三节　重点研究方向与前沿科技问题 ……………………………… 184
  一、轨道交通运输组织的重点研究方向 ……………………… 184
  二、轨道交通运输组织的前沿科技问题 ……………………… 188
本章参考文献 …………………………………………………………… 191

第七章　城市轨道交通 ... 193

第一节　概述 ... 193
一、城市轨道交通的定义及分类 ... 194
二、世界城市轨道交通的发展历程 ... 198
三、我国城市轨道交通的发展概况 ... 200
四、城市轨道交通行业的特点 ... 201
五、我国城市轨道交通技术装备的发展概况 ... 204
六、城市轨道交通在轨道交通学科中的地位和作用 ... 205
七、城市轨道交通建设进程中遇到的主要问题 ... 208
八、城市轨道交通学科领域的需求 ... 213

第二节　国内外研究发展现状和趋势 ... 215
一、城市轨道交通关键技术的发展状况与趋势 ... 215
二、我国城市轨道交通创新平台建设情况 ... 236
三、我国城市轨道交通人才队伍建设及发展情况 ... 240

第三节　重点研究方向与前沿科技问题 ... 242
一、我国城市轨道交通发展面临的关键问题 ... 242
二、我国城市轨道交通学科发展重点研究方向与前沿科技问题 ... 245

本章参考文献 ... 253

第八章　磁浮交通 ... 255

第一节　概述 ... 255
一、磁浮交通的特点与分类 ... 256
二、磁浮交通的技术优势 ... 259
三、磁浮交通的发展需求分析 ... 264

第二节　国内外研究现状、面临的问题及发展趋势 ... 267
一、中低速磁浮交通的发展概况 ... 268
二、高速磁浮交通的发展概况 ... 272
三、超高速真空管道磁浮交通的研究现状 ... 279
四、存在问题和发展趋势 ... 286

第三节　重点研究方向与前沿科技问题 …………………………… 299
　　一、重点研究方向 …………………………………………………… 299
　　二、前沿科技问题 …………………………………………………… 300
本章参考文献 ………………………………………………………… 301

关键词索引 ……………………………………………………… 305

第一章
轨道交通工程学科概论

第一节 科学意义与战略价值

轨道交通，通常是指以电能为动力，在地面或者地下沿固定的专用轨道运行的一类交通工具或运输系统[1]。轨道交通的形式多样，技术指标差异大，很难严格分类，按照其服务范围、运营速度、技术原理和运输能力等可分为高速客运铁路、重载货运铁路、普速客货混运铁路、地铁、轻轨、单轨、有轨电车、磁浮交通、自动导向轨道系统和市域快速轨道系统[2]。轨道交通以其特有的运能大、全天候运行、安全性高、成本低、节能环保等优势，已成为四大交通方式（铁路、公路、航空、水运）中最经济、最有效、最环保的运输方式，是解决我国交通需求矛盾优先发展的首选方式。《国家中长期科学和技术发展规划纲要（2006—2020年）》将交通运输业列为重点领域，并将高速轨道交通列为优先主题[3]。2017年10月，党的十九大做出了建设交通强国的重大决策部署，明确提出："加强应用基础研究，拓展实施国家重大科技项目，突出关键共性技术、前沿引领技术、现代工程技术、颠覆性技术创新，为建设科技强国、质量强国、航天强国、网络强国、交通强国、数字中国、智慧社会提供有力支撑。"[4]2019年9月，中共中央、国务院印发了《交通强国建设纲要》，提出到2035年基本建成交通强国，到本世纪中叶，全面建成人民满意、保障有力、世界前列的交通强国[5]。《交通强国建设纲要》在"基础设施布局完善、立体互联"部分指出，"建设城市群一体化交通网，推进干线铁路、城际铁路、市域（郊）铁路、城市轨道交通融合发展，完善城市群快速公路网络，加强公路与城市道路衔接"；在"交通装备先进适用、完备可控"部分指出"加强新型载运工具研发。实现3万吨级重载列车、时速250公里级高速轮轨货运列车等方面的重大突破"；在"科技创新富有活力、智慧引领"部分指出"合理统筹安排时速600公里级高速磁悬浮系统、时速400公里级高速轮轨（含可变轨距）客运列车系统、低真空管（隧）道高速列车等技术储备研发"[5]。2020年8月，中国铁路发布了《新时代交通强国铁路先行规划纲要》，明确提出：到2035年，率先建成服务安全优质、保障坚强有力、实力国际领先的现代化铁路强国。全国铁路网20万公里左右，其中高铁7万公里左右。20万人口以上城市实现铁路覆盖，其中50万人口以上城市高铁通达[6]。我国的"科技强国""交通强国"战略和"一带一路"倡议凸显了铁路是国家战略性、先导性、关键性重大基础设施，是国民经济大动脉、重大民生工程和综合交通运输体系骨干，在经济社会发展中的地位和作用至关重要。

我国幅员辽阔，人口众多，自然条件复杂多样，区域经济发展差异大，优先发展轨道交通是我国经济社会发展的需要。21世纪以来，我国大力发展高速铁路，取得了令世人瞩目的成就。截至2020年底，中国铁路营业里程已达14.63万km，其中高速铁路运营里程3.8万km，高居世界第一位[2]。我国高速铁路发展不仅带动了信息、材料、能源、制造等领域高新技术的进步与发展，还促进了制造业、建筑业、能源工业、旅游业等行业的繁荣发展；同时，这些领域和行业的理论创新与技术进步也促进了铁路的大发展。高速铁路已成为我国国民经济和社会发展的重大需求与战略性新兴产业，是一张亮丽的国家名片[7]。

近10年来，我国城市轨道交通建设处于急速发展期，城市轨道交通网络规模和运营里程持续保持高增长势头。截至2020年底，中国（不含港澳台地区）共有45个城市开通城市轨道交通运营线路，总长度达7978.19 km，其中地铁6302.79 km，占比79.00%[8]。首先，城市轨道交通的建设与发展推动着城镇化的进程和城市繁荣，城镇化是我国实现工业化和建设小康社会的重要内容，城市公交特别是城市轨道交通建设是城市建设的基础，有利于人们的出行和经济、文化活动的开展，缩短了城镇之间的时空距离，推动了城镇工商业和经济文化的全面发展与繁荣。其次，城市轨道交通的建设与发展有利于发挥大城市的辐射功能，轨道交通能带动周边城镇甚至一个区域的共同发展，使其形成"一小时经济圈"，强化互利互补，促进共同繁荣，北京、深圳、香港和其他大城市，以及珠江三角洲（简称珠三角）、长江三角洲（简称长三角）轨道交通的发展充分印证了这一点。发展轨道交通还可以有效缓解大城市交通拥堵。城市轨道交通发展有利于节能减排，对于大电力系统供电且容量相对有限的城市轨道交通牵引负荷，采用城市轨道交通电力牵引一般可视为污染物零排放的绿色交通。显然，增加轨道交通在城市公共交通总量中的比例，将有效减少污染物排放，改善城市空气质量，有利于环保。因此，发展轨道交通符合中国经济社会发展的需要，对构建现代综合交通运输体系、实施可持续发展战略、建设创新型国家具有重要作用[9]。

我国煤炭资源区域分布不均，北多南少，西多东少，煤炭消费大都集中在南方地区和东部沿海地区，发展重载铁路对我国开发国土资源具有重要的战略意义[10]。20世纪90年代以来，我国相继建成大秦铁路、包神铁路、神朔铁路、朔黄铁路、瓦日铁路（山西中南部铁路通道）和浩吉铁路（蒙华铁路）等重载铁路。其中，瓦日铁路是我国首条一次性建成的轴重30 t重载铁路，浩吉铁路是世界上一次性建成并开通运营里程最长的重载铁路。我国重载铁路已经实现了列车最大牵引重量从3500 t到3万t、最大轴重由25 t到30 t的技术跨越。我国重载铁路在牵引重量、轴重、行车速度上都将逼近或超越世界水平，"北煤南运、西煤东调"的格局基本形成，煤运专线年运量将持续增长，远超国外纪录。我国重载铁路发展为铁路沿线地区带来了巨大的经济效益，对保障国家能源安全、助力中西部地区经济发展等都具有十分重要的意义。

自1825年英国建成世界上首条铁路以来，轮轨铁路以结构简洁、运量大、速度快、运营成本低等优点得到广泛应用，在世界轨道交通运输体系中占据了绝对的主导地位。但是，21世纪以来，新科技革命与产业变革蓄势待发，人们对轨道交通的需求也日趋多元化，深度融合新一代信息技术、新能源技术、新材料技术、人工智能、物联网等新兴技术，升级改造传统轮轨技术、研发新型轨道交通技术已成为新一轮轨道交通技术竞争的焦点[11]。氢能源列车、混合动力列车、磁悬浮列车、超高速真空管道交通、智慧铁路等多种颠覆性轨道交通技术探索风起云涌。因此，完善铁路科技创新机制，强化轨道交通前沿关键科技研发，建设一批具有国际影响力的实验室、试验基地、技术创新中心等创新平台，推进新兴技术赋能铁路发展，是我国全面建成人民满意、保障有力、世界前列的交通强国的重要保障。

第二节　学科发展规律与特点

东汉刘熙在《释名》中写道："道者，蹈也；路者，露也。"其意为："道路是经过人们踩踏而成的。"这种小路就是原始的交通，即交通之始。"交通"的英文单词 transport 来源于古拉丁文 trans（英文 across）和 portare（英文 to carry）的组合，意为携带人、物和信息从一地到另一地。

交通运输是社会发展的基础，经常被比喻为一个城市、一个国家的血液循环系统，是社会生产、流通、分配、消费以及人们工作、交往、旅游的先决条件。交通运输文明发展历史与人类社会的发展历史相依相随，交通运输的发展水平又与社会科学技术的发展程度息息相关，与人类活动范围的大小正相关。

一、轨道交通的定义与内涵

运载人和物的车辆在特定的轨道上行走，轨道起支撑、传递车辆载荷和导向作用的交通手段称为轨道交通。轨道交通是一种独立的有轨交通系统，它可以提供资源节约利用、环境舒适、节能减排、安全快捷的大容量运输服务，能够按照设计能力正常运行，与其他交通工具互不干扰，具有强大的运输能力、较高的服务水平和显著的资源环境效益。

使用轨道运输的原因是明显的：把较少的材料做成轨道，轨道面提供了一个较为平整的、硬度较高的车轮滚动面，并且可以把运输重物的质量通过轨道分散地分布在地面上。

人们常把担当长大运输的铁路称为大铁路（或称干线铁路）；将城市中使用车辆在固定轨道上运行并主要用于城市客运的交通系统称为城市轨道交通；在我国，随着区域经济和城市群的发展，人们又把连接城市间的快速轨道交通或铁路客运专线称为"城际铁路"，如京津城际铁路、沪宁高铁等。

轨道交通是人类第一次交通革命的产物，从乔治·斯蒂芬森（George Stephenson）拉响第一列火车汽笛开始已经过去 200 多年，交通工具发生了翻天覆地的变化，人类已经登上了月球。在汽车、飞机飞速发展下的轨道交通并没有停止前进的步伐，特别是高铁缩短了大城市间的通行时间，快速、大运量的城市地铁、轻轨在城市交通中发挥着越来越重要的作用。

18世纪的英国工业革命是技术发展史上的一次飞跃，它开创了以机器代替手工工具的新时代。产业革命从工作机开始，以动力机为标志，运输机为其主要应用之一。蒸汽机火车、内燃机汽车的出现和发展是现代交通运输发展的两个重要的里程碑。

英国人用蒸汽机大大推进了陆上运输。斯蒂芬森火车的鸣叫，召唤了"铁路时代"的到来。正是他，使世界真正认识到铁路运输的巨大优越性。从此"巨龙"奔驶在地球各地，极大地促进了世界经济的发展。

经过一个多世纪的发展，轨道交通经历了从畜力、蒸汽机车、内燃机车牵引发展到电力机车，由单一的轮轨制式发展到胶轮、独轨多种形式，从轮轨接触走行到非接触磁浮高速走行的过程，轨道交通运输形式因技术进步而出现了多种类型和丰富的形式。

现代轨道交通历经三次技术革命以后，已演变为集机械工程、土木工程、材料工程、电力电子、自动控制、信息与通信等众多高新技术于一体的复杂系统。轨道交通的内涵也得以延伸，几乎涵盖了所有的学科和技术门类，轨道交通装备的研发、制造和运维水平已成为衡量一个国家和地区科技创新能力的重要指标。

二、轨道交通的特点

乘客在选择交通方式时，主要考虑的是速达性、准时性、便利性、舒适性、安全性和经济性。因此，为了解决大城市的交通难题，必须走资源节约、环境友好的可持续发展之路，坚持"公交优先"的方针，发展以城市轨道交通为主干、道路公共交通为基础、出租车为补充的大城市公共交通系统，尽可能将使用私人交通工具的市民吸引到公共交通上来，这是20世纪世界各国发展城市交通的共同经验，也已成为人们的共识[12, 13]。

轨道交通有多种形式，其经济技术特征因各自的运能、速度、工程造价、营运费用及环境影响的不同而各不相同，从而可以满足不同城市或地区对交通运输的不同需求。其共同的技术经济特征主要表现在以下几个方面。

（1）大运量。城市轨道交通的列车行车时间间隔短、运行速度快、列车编组辆数多且密度大，因而具有较大的运输能力。一般市郊铁路的单行高峰每小时的运输能力最大可达到6万～8万人次，地铁可达到3万～8万人次，轻轨一般在1万～3万人次，有轨电车能达到1万人次，都远远超过了公共汽车等其他运输工具的运输能力。

（2）快速。城市轨道交通在专用行车轨道上运行，不受其他交通工具或行人的干扰，车辆可以有较高的运行速度和启动、制动加速度，而且由于普遍采用高站台，旅客乘降、换乘便捷，大大缩短了站停时间，从而缩短了旅客出行的总时间。

（3）准时。轨道交通使用专用行车通道，不受道路堵塞、恶劣气候等影响和干扰，可以全天候运行，实行按图行车，时间保证的可靠性强、准确性高。

（4）安全。与其他交通工具相比，轨道交通运行在专用线路上，不受恶劣气候及其他交通工具的干扰，且普遍采用自动化程度高的通信信号控制设备，因此极少发生交通事故，安全性非常高。

（5）低运营成本。轨道交通采用先进的电力牵引技术，且轮轨摩擦阻力较小，运营费用低，这也是政府选择交通运输方式的重要决策依据。

（6）污染小。轨道交通采用电力牵引技术，与公共汽车相比，基本不产生废气污染，而且有利于减少小汽车及公共汽车的数量，从而减少废气的排放量。由于线路（如地铁）和车辆普遍采用了降噪措施，因此噪声对环境的污染也可以得到有效控制。

（7）占地少。大城市人口集中、土地昂贵、地面拥挤。城市轨道交通可以通过对地下和地上空间的利用与开发，不占或少占地面街道，能有效缓解汽车等地面交通工具发展造成的道路拥挤和堵塞，有利于城市空间的科学合理利用。同时，可以缓解城市中心城区的拥挤、堵塞状态，提高土地利用价值，增加城市景观。

（8）舒适度高。轨道交通运行不受其他交通工具的干扰，其车辆运行特性较好，车辆、车站一般都装有空调、通风、电梯、自动售票等各种服务设施，旅客的乘车环境比公共汽（电）车要好且舒适。

不仅如此，轨道交通还具有固定性、长期性、先导性等特点。随着我国可持续发展战略的实施，人们对修建轨道交通的意义有了新的认识：一是认识到轨道交通规划对城市规划、建设的导向作用；二是认识到发展轨道交通有利于环境建设和节能减排。

与此同时，我们也要看到，与其他交通工具相比，轨道交通有一次性建设投资大、建设周期长、工程质量要求高、设备技术复杂、路网结构一旦形成后不易调整和变更等特点，对其规划、建设的前期工作要求高。因此，一定要有战略考虑，使规划建设的前期工作做细、做实、做深入，如此才能保证其发挥最大效益。

三、轨道交通涉及的专业门类与人才需求

轨道交通是一个集土建工程、铁道工程、车辆工程、通信信号工程、系统控制工程、供配电工程、运输工程、运营管理等于一体的复杂而又高度集约的综合性系统工程。

轨道交通工程学科是一门集多对象、多领域、多学科于一体的辐射范围广泛的学科,其主要研究对象为铁路交通、城市轨道交通(地铁、轻轨、市郊铁路、有轨电车等)、磁浮交通等。它将机械、力学、材料、电力电子、通信、电气、控制、交通运输等多学科衔接起来形成系统性的知识体系,涉及铁道车辆工程、铁道工程、隧道工程、桥梁工程、铁道电气工程、信息与控制工程、岩土工程、环境工程、交通运输工程等专业领域。

当前,为贯彻国家的"公交优先"战略方针,我国的轨道交通还将继续稳步发展,为支撑轨道交通事业的现代化创新格局,需要不断研发具有我国自主知识产权的高新技术。为此,我国轨道交通行业迫切需要培养大批具有专业理论与技能的人才,以满足轨道交通的建设发展、运营管理和技术创新的需要。目前,轨道交通急需的人才有下列几种。

(一)轨道交通运营管理人才

轨道交通需要大量能从事轨道交通运营管理、调度、行车值班等工作的高等应用型专门人才。然而,目前轨道交通运营管理人才非常紧缺,与产业发展不相吻合。从事智慧轨道交通线路规划、工程设施和控制系统运营与管理方面工作的高等应用型人才,应掌握运筹学、系统工程、运输经济学、管理学、计算机应用等专业知识,具备现代轨道交通线路规划、运输管理、设备操作与管理和运输指挥等工作经验。

(二)轨道交通车辆技术人才

轨道交通车辆技术人才是负责轨道交通车辆驾驶、运用与管理、车辆故障诊断处理、车辆保养与维护方面的一线工程技术人才。该类人才需掌握机械设计、工程力学、车辆构造与原理、车辆电力牵引与控制、故障诊断与维修、车辆电气辅助系统等专业知识。

(三)铁道工程人才

铁道工程涉及线路规划、设计、工务管理、线路日常维护等环节,直接

影响轨道交通的顺畅与安全，相关人才的重要性不言而喻。一名合格的铁道工程工作者主要从事轨道交通规划、交通工程设计、工务管理等方面的工作，应掌握土木工程、力学、测量学、运输规划、计算机应用等知识，具备轨道交通线路规划、设计、检测、故障分析与处置等能力，有从事轨道交通工务管理和线路维护等方面的工作经验。

（四）轨道交通通信信号人才

轨道交通通信信号人才是保证轨道交通通信信号正常工作的高级工程技术人才。此类人才需要具有研发能力，集控制科学与工程、信息与通信工程、计算机科学与技术三类专业知识于一身，还需要掌握数据的采集、传输与处理，以及电子设备与信息系统等方面的基本理论和技术，接受过电子与信息工程分析、设计与实践等方面的基本训练，掌握现代轨道交通列车运行自动控制系统、现代通信系统的分析和应用技术。

（五）轨道交通机电设备人才

轨道交通中的机电设备包含自动售检票系统、电梯和自动扶梯、暖通和环控、给排水、消防安全、屏蔽门等设施。轨道交通机电设备人才是为轨道交通运营环节保驾护航的应用型工程技术人才。这类人才需掌握工程制图、工程力学、电工技术、微机原理及应用、机械设计基础、电力拖动原理、电梯与自动扶梯、变配电技术、机电设备、空气调节、供热工程、通风工程和给排水工程等专业知识。

（六）供电工程与接触网人才

供电工程与接触网人才是指能从事轨道交通变电系统的设计、安装、调试、维护与维修、变配电等工种的高级应用型人才。此类人才需掌握电路、电子技术基础、计算机技术、电力电子技术、高低电压电器、电力系统故障分析、电气测量技术、机电保护技术、高低压柜的设计与安装、电力工程等专业知识。

党的十九大报告提出：加强应用基础研究，拓展实施国家重大科技项目，突出关键共性技术、前沿引领技术、现代工程技术、颠覆性技术创新，为建设科技强国、质量强国、航天强国、网络强国、交通强国、数字中国、智慧社会提供有力支撑[4]。为了实现"交通强国"这一目标，必须有一流的创新型交通专业人才，这就需要建设好高等院校的交通学院，因为这是建设世界一流交通学科以及培养一流交通科技人才的基础和前提。交通运输主要包括公路和城市道路运输、铁路运输、水运运输、航空运输和管道运输 5 个方面，因此国内交通运输类专业主要包括公路、铁路、航空和水运等方向。轨道交通工程学科随着国内外轨道交通的不断兴建延伸而成为一个新的热门学科，社会对轨道交通工程专业人才的需求也在不断增加。目前，我国高校一般采用专业类招生，经过 1~2 年基础课程学习后，再分专业进行培养。

目前国内设置有轨道交通工程专业的院校较多，主要为具有铁路背景的学校，如西南交通大学、北京交通大学、中南大学、兰州交通大学、石家庄铁道大学、华东交通大学等，以及一些近年来新创办轨道交通工程专业的院校。依托轨道交通类国家重点学科和国家特色专业，我国高校以行业先进技术为引领，鼓励教师积极将高水平的科研成果和前沿技术带入课堂与实验室，转化为课堂教学内容和实验教学内容，建设一批与前沿技术接轨的特色专业课程群。以精品教材建设为核心，吸收最新科技成果和前沿理论，不断加强轨道交通特色系列教材建设，编写《铁路行车组织》《铁路选线设计》《车辆工程》《铁道工程》《轨道牵引电气化》等特色专业系列教材，保持专业课程教材内容和教学内容的先进性。

第三节 学科发展现状和趋势

轨道交通工程学科主要分为七个专门领域，分别为轨道交通车辆、牵引供电及传动系统、轨道交通基础结构、轨道交通通信信号、轨道交通运输组织、城市轨道交通以及磁浮交通，本节将总结介绍各领域的发展现状和趋势。

一、轨道交通车辆

轨道交通车辆作为轨道交通运输的运载工具，在旅客运送和货物运输中发挥着举足轻重的作用。现代轨道交通运载技术的发展进一步丰富了轨道交通车辆工程的研究内涵。截至目前，轨道交通车辆涉及高速列车、重载列车和城市轨道交通车辆等几种主要类型。其中，高速列车是进行高速客运的运载工具，长编组、大轴重的单元列车和组合列车渐已成为运输大宗货物的重载列车常用编组模式，地铁车辆、轻轨车辆则构成了城市轨道交通车辆的主干部分。

（一）高速列车

中国新一代的高速列车［中国铁路（China Railway，CR）系列、中国铁路高速（China Railway High-speed，CRH）系列等］已经成为高速铁路车辆新技术的典型代表。实际上，除日本在积极研发新一代新干线列车、拓展海外市场外，其他国家和地区的主要厂家都将面临可以预见的世界高速列车巨大的市场需求和残酷的技术竞争。随着中国高速铁路技术的迅猛发展，其性价比的优势使其逐渐成为世界许多国家渴望的产品，日本、韩国的高速铁路车辆的保有量也在不断增加，亚洲的高速铁路市场和线路的综合总量已经处于世界领先地位。在亚洲高速铁路市场出现异乎寻常的高速增长的同时，2020年欧洲也开始加大其高速铁路网规划布局，预计其新增高速铁路线路约10 000 km。在现有技术的基础上，随着大数据、信息融合等先进电子信息技术的快速发展，未来高速列车的发展将逐渐趋于智能化和谱系化。智能化高速列车是未来的重要发展趋势，结合高速列车运行安全性评估、关键部件失效性评估、服役性能评估的系列模型库，对列车的服役可靠性进行评估，预测影响高速列车运行安全性的潜在因素，为高速列车全生命周期管理和最优化设计提供依据。在决策知识库和安全评估模型的基础上，结合动态数据与历史数据的融合结果，建立相应的决策方法库和推理机制。同时研究决策标准库的表达方式，开发多系统交叉的专家知识库，研制决策支持专家系统，并制定专家系统与应用管理平台的数据接口，全面为智能列车安全决策服务。深入落实高速列车谱系化设计理念，依据不同需求设计不同系列的列车，形成基于不同需求的高速列车产品谱系，设计出多种不同功能或相同功能、不同性能的系列列车。可以同时满足车辆的功能属性和环境属性，一方面，可以缩短车辆研发与制造周期，增加列车系列，提高产品质量，快速应对市场变化；另一方面，可以减小或消除对环境的不利影响，方便产品的重用、升级、维修和产品废弃后的拆卸、回收和处理。

（二）重载列车

重载铁路作为我国大宗货物运输的重要手段和途径，自20世纪80年代开始就受到国家的高度重视。我国由最初在既有线上通过技术改造开行牵引重量为5000 t左右的重载列车，逐步发展为通过新建大秦铁路专用运煤通道的重载运输方式，并不断利用新的技术和试验手段，进一步扩大大秦铁路的运能。大秦铁路自开行以来，由最初开行牵引质量为5000～6000 t的单编重载单元列车，成功发展到了牵引重量为2万t的重载组合列车，年运输量由2002年的1.03亿t达到了2011年的4.4亿t，打破了重载铁路年货物运输量的世界纪录。作为我国第一条电气化重载铁路运煤专线，大秦铁路三十余年的发展也促进了中国铁路货运技术装备的进步。为进一步提高铁路货运效率，综合考虑国内外重载货车的现状，我国确定了未来大轴重通用铁路开行27 t轴重通用货车、新建重载运煤专线开行30 t轴重专用货车的目标，并以此为依据按30 t轴重的标准设计建造晋中南运煤通道。我国重载列车技术的未来发展趋势体现为大功率重载机车、大轴重重载货车、重载列车同步操纵以及重载列控技术。

（三）城市轨道交通车辆

随着城市化进程的不断加快，如今我国大部分城市都面临交通拥堵、环境污染严重以及交通安全等问题。因此，建立完善的城市轨道交通系统是缓解大中城市交通拥堵状况的一个有效措施。城市轨道交通具有节能、省地、全天候、少污染等优点，被誉为绿色环保交通体系，还具有运量大、方便、快捷、准时、舒适、安全等特点。与传统的道路公共交通工具相比，现代城市轨道交通在行车密度、旅行速度、载客能力以及疏通客流能力方面有着独特的优越性。现代城市轨道交通主要有地铁、轻轨、市郊铁路、有轨电车以及悬浮列车等多种类型。地铁产业已成为中国一个新兴的重要支柱产业，这是中国城市基础交通设施中最有前景、最有市场的产业。目前，中国许多大中城市已经具备发展地铁的基础、实力和条件，中国地铁的建设发展已成为不可阻挡的历史潮流。在快速发展的今天，完善城市轨道交通系统可以推动城市向多中心发展，有效地缓解交通系统对城市环境的压力，减少城市的污染和噪声。

二、牵引供电及传动系统

牵引供电及传动系统是轨道交通的动力源。当前，牵引供电研究集中于稳定可靠、节能高效、大数据与智能化以及新型供电技术四个方向。在稳定可靠方面，目前已开展的研究主要有：牵引供电与电力传动系统服役性态演变机理，其中包括电气设备的绝缘老化机理、寿命评估与结构优化方法，电气绝缘破坏机理，接触网系统及其关键零部件疲劳失效演变规律，牵引变流器和牵引电机的服役性态演变规律；牵引供电系统故障定位方法，故障元件的识别、定位与预警技术对及时排除故障、恢复供电十分重要；牵引供电关键设备可靠性评估与预测方法，有效保障系统的安全稳定运行，提高检修效率；弓网、车网耦合稳定，确保高速铁路供电系统的电能质量与运行安全。在节能高效方面，已形成高铁能源互联网、储能技术以及超级电容储能系统等体系。在大数据与智能化方面，已逐步实现的有：智能牵引供电系统，其中包括智能供变电设施、智能供电调度系统和智能供电运维系统；数字化牵引变电所，实现了变电所的网络化和无人值班，提高了抗干扰能力和测量精度；高电压大容量卷铁芯节能型牵引变压器，大大减少了空载损耗、负载损耗和噪声；供电调度大数据分析系统，实现了多个牵引变电所、供电臂的故障重构、自愈控制、源端维护、综合告警、辅助调度决策等高级功能。在新型供电技术方面，提出了非接触式供电技术，实现了国内首套大功率、高效率无线牵引供电系统；燃气轮机机车、多能源混合驱动技术，具有单机功率大、输送能力强、废气排放量少等优势，适于高寒、高原、山区多坡道区段等恶劣环境，可大力节约变电所、牵引网系统的建设、运维、管理成本；混合动力机车中的燃料电池通过电化学反应发电，效率达 50%～60%，清洁环保；超级电容 100%低地板有轨电车，取消接触网，自动快速充电，再生能量回收率大于 85%，充电速度快 30 s，电容反复利用率高，可用于城市低速有轨电车；组合式贯通供电技术，取消了变电所处的电分相，延长供电臂，使变电所实现了节能节电。

目前，我国轨道交通牵引供电及传动系统的发展已形成"三最"形式。一是规模最大，我国电气化铁路总里程已达 7.71 万 km，电气化率达到 63.4%，电力牵引完成运输任务的比重超过 82.27%；二是发展最快，电气化铁路以每年平均 6640 km 的速度持续扩展，到 2030 年，铁路电气化里程将达约 15 万 km；三是技术最先进，创造了时速 350 km/h 双弓商业运行的世界第一，形成了能够满足动车组 16 辆编组 3 分钟追踪双弓稳定受流和安全可靠运行的供电能力，研发了高铁系统配套技术，形成高效智能化远程数据采集/控制系统。未来我国高铁供电的发展，将努力创造第四个"世界之最"，即建立一套完整的世界一流水准的铁路供电养护维修体系，特别是高速铁路供电养护维修体系，努力实现最可靠、最高效、最环保、最经济，实现从技术先进到技术引领。

三、轨道交通基础结构

轨道交通基础结构包括轨道、路基、桥梁、隧道等，主要承担轨道交通装备承载和导向职责，直接关系到轨道交通工程质量、投资、运输效益、安全和服务质量的所有建（构）筑物与固定设备，其特点是投资大、建设工期长、系统复杂、综合性强，对沿线规划和布局影响大。在"交通强国""西部大开发"等一系列国家战略，以及"高铁"走出去和"一带一路"倡议的驱动下，轨道交通基础结构向自然环境更为复杂的地区进行拓展与延伸已是大势所趋，并呈现标准高、线路长、规模大、桥隧比高等鲜明特点。复杂地形的地质条件与自然条件给轨道交通基础结构建设带来了巨大的挑战，也对养护技术提出了更高的要求，主要体现在寒区冻害、工程材料、路基工程、轨道工程、桥梁工程以及隧道工程六个方面。

近年来，我国通过京沪高速铁路、京广高速铁路、京哈高速铁路等高铁线路，以及各城市轨道交通设施的建设，已经在某些细分领域达到国际同等水平，但整体轨道交通基础结构领域同国际先进水平相比仍有较大的提升空间。寒区由于严寒的气候条件及冻土的存在，轨道交通基础结构面临更大的挑战。建筑材料在强烈温差作用下的变形及耐久性、基础的冻胀变形控制、融沉变形控制等都是需要解决的关键问题。此外，全球范围内的寒区高铁都是位于季节冻土区，多年冻土区还未涉及。在工程材料方面，我国是材料生产和应用大国，但并非材料强国，一些高品质、高技术含量、高附加值的新材料产品还需要依赖进口；我国材料产品的单位能耗普遍偏高，材料产业的资源回收再利用率也远低于发达国家平均水平，可持续发展潜力小；特别是在材料的基础理论研究、前瞻性研究方面较为薄弱，未能很好地发挥新型材料对工程建设的指导、引领作用。未来轨道交通工程材料将朝着绿色、多功能以及长寿命方向发展，在满足和引领工程建设发展需求的同时，实现自身的可持续发展。此外，随着高速铁路运营速度和重载铁路轴重的不断提高，亟须针对路基结构进行一体化、全寿命的精细化设计，建立基于动力变形性能的轨道交通路基结构全寿命服役安全设计理论和设计标准，为完善路基结构形式和分类体系奠定理论基础。对于高速铁路轨道，尚需大力加强高速铁路无砟轨道系统运营养护维修基础理论研究；对于重载铁路轨道，尚待形成我国 30 t 轴重及以上重载铁路轨道结构技术标准体系；对于城市地铁轨道，尚需建立钢轨伤损数据库，跟踪统计分析伤损状况，研究基于分离式被动减振技术的新型轨道结构。受复杂地形地貌影响，高墩线路、曲线弯道线路、异型桥及大跨径桥梁成为必然，其结构形式复杂多样。同时由于环保要求或地形等的限制，无砟轨道设置在大桥结构上将是未来建设的趋势。桥梁结构长期受到外部复杂环境作用，服役性能及运营指标具有时变性和突变性，需对桥梁结构进行实时监控、评估和维护。为适应未来轨道交通列车的高速度、高密度、高舒适性、高安全性、重载等要求，未来轨道交通基础结构整体发展将主要趋向于精细化大数据选线、精确化地质勘测、结构全寿命设计、机械化信息化施工、网络化智能化监控以及智能化防灾六个方向，实现基础结构人性化、低碳化、经济性、安全性的要求。

四、轨道交通通信信号

现代铁路通信与信号技术是实现列车安全控制、提高铁路通过能力、向运输人员提供实时信息的必备手段，通过提供安全可靠的调度指挥、列车运行控制、调度通信、信息管理等业务，保障铁路行车安全，提高运输效率，为旅客提供优质服务。我国铁路通信信号先进技术装备率居于世界领先水平，铁路通信信号系统装备齐全、覆盖面广，但是仍然面临着一些问题。例如，通信网络容量和覆盖面不足，现有窄带通信系统综合承载能力和容量有限；网络制式不统一，无法满足未来大容量、高密度业务的接入；网络智能化水平低，网络可重构能力差；业务网应用分散造成运维和管理不便捷且成本较高；网络的安全性存在不同程度的漏洞，无法满足铁路网络高安全性的要求；大部分现有网络无法传送高精度时间同步信息，卫星定位技术尚未形成规模性应用。新一代信息技术在铁路通信信号系统中的应用滞后，5G移动通信技术、卫星定位技术、人工智能技术、物联网技术、大数据理论与技术在现代铁路通信与信号系统中的应用亟待研究与发展。未来轨道交通通信信号领域的发展，将朝着三个方向：信号控制、调度指挥和通信间的关联程度更加紧密，信息共享与智能协同程度将不断增强，调度指挥与信号控制技术将逐步实现一体化；通信与信号技术将更加关注客户需求，以提供更加优质的运输服务为目标，实现更多的用户服务功能；人工智能、物联网、大数据等前沿技术将广泛应用于铁路通信与信号领域，为铁路运输提供更加安全、高效、准时的服务，进一步降低建设和运维成本，大幅提升决策、运营和维护水平，节省能源消耗，为客户和旅客提供更好的体验。

五、轨道交通运输组织

我国路网规模为14万多千米，具有基本完善的互联互通铁路网。高速铁路已基本形成完善网络，线路之间互联互通，不仅有利于提高基础设施的使用效率，还有利于网络流量的增加。基础设施的互联互通为运输方案的优化及线路的优势互补提供了可能，规模效应也凸显出来。轨道交通运输组织发展的主要任务为：完善轨道交通网的规划，以市场需求为导向，扩大路网规模、完善路网结构、提高路网质量；促进轨道交通信息化建设，集成利用先进技术提升轨道交通运营的安全应急管理水平，实现轨道交通突发事件的事前预防、事中处理、事后总结等全过程的电子化、信息化、智能化；从运输组织层面确保运输安全，科学编制列车运营计划，强化运输组织，合理安排运力，确保列车安全正点运行，完善应急预案处置体系，健全应对突发事件的措施；提高服务水平、提升运营效益，在保障轨道交通运输安全的前提下，从速度、效率等方面提高服务标准，打造客货运品牌，实现人畅其行、货畅其流。当前我国轨道交通运输蓬勃发展，与此同时，铁路运输也面临新的困难，铁路必须适应社会需要的不断发展变化，在实现机制创新、组织方法创新的基础上，构建先进的运输组织决策支持系统，依靠科技进步，迎接挑战，实现行业的创新发展。

六、城市轨道交通

城市轨道交通是轨道交通工程学科领域的重要组成部分，与普通铁路有不少相同或类似的技术特征，同时由于其城市公共交通的属性和运营环境的原因，其有着许多与普通铁路不同的技术特性。城市轨道交通作为一种新型的城市公共交通系统，与其他种类的城市公共交通系统相比，具有运量大、速度快、安全、准点、保护环境、节约能源和用地少等特点，并且与城市化进程密切相关。世界各国普遍认识到：解决城市交通问题的根本出路在于优先发展以轨道交通为骨干的城市公共交通系统。城市轨道交通建设已经成为各国大中型城市解决居民出行问题，改善公共交通状况，实现城市绿色、环保和可持续发展的重要手段。城市轨道交通系统具有的制式多样、技术集成度相对密集、运距短而行车频率高、乘客数量大且运行空间狭窄、与城市交通和居民生活联系密切等特性，为其学科领域的研究与发展提供了极其广阔的空间。

我国自 20 世纪 50 年代开始筹备地铁建设，城市轨道交通建设已经经历了半个多世纪的发展历程。进入 21 世纪以来，随着我国经济的快速发展和城市化进程的加快，城市人口数量急剧膨胀，导致城市交通问题日趋严重，面临的道路拥堵、流动性差、环境污染和安全等问题愈加恶化，发展大运量的城市轨道交通已是我国解决大城市交通矛盾的最重要手段。在政府主导和市场参与下，尤其是因为投融资体制的改进，我国城市轨道交通已经步入高速增长期，城市轨道交通成为我国当今社会发展最快的新兴行业之一。依托"十二五"国家科技支撑计划"城市轨道交通运输组织、控制及保障一体化关键技术与系统研制"项目，我国已研制出一批城市轨道交通运营管理、运行控制、安全保障的技术系统及装备，形成了一批适合国情的城市轨道交通技术标准、专利等知识产权，建立了北京、广州等城市轨道交通系统的技术应用示范工程，提高了国内城市轨道交通运输组织、网络运营、安全保障的能力。项目的实施打破了欧美发达国家企业的技术垄断，大大削减了运控系统的建设成本，为国家节省了数亿元的建设投资。同时，能够完善我国城市轨道交通组织控制、安全保障自主技术和系统装备体系，有利于建立可持续发展的城市交通体系，促进绿色出行理念的形成和节能减排。

七、磁浮交通

磁浮交通是利用无机械接触的电磁力支承、导向和牵引列车运行的新型轨道交通制式，它避免了由机械接触导致的传统轨道交通的一些弊端，基本具备了未来绿色交通的所有特点。不同于传统的高速列车、重载列车和地铁列车具有相同的轮轨制式，磁浮列车采用的磁悬浮方式可分为常导电磁悬浮、超导电动悬浮、永磁电动悬浮和高温超导磁悬浮四种类型，它们在悬浮机理、车轨关系和核心技术等方面有着显著的区别，本质上是四种不同制式的非接触式轨道交通。

磁浮交通概念最早发源于德国和美国，工程化技术研究始于 20 世纪 60 年代，至今已有 60 余年的历史。20 世纪 90 年代以来，磁浮交通技术在德国、日本、中国、韩国得到了大力发展和示范应用，美国、加拿大、巴西、俄罗斯、意大利、瑞士、伊朗等国家也对磁浮交通的未来应用抱有极大期待，持续开展了磁浮交通应用基础研究。

在高速 EMS 磁浮交通领域，德国在 40 余年间相继研制出 9 代 Transrapid

（TR）磁浮系统,在汉堡—柏林磁浮线项目被取消以后,TR08 高速磁浮系统于 2001 年在上海高速磁浮线得到商业应用。全长 30 km 的上海高速磁浮线是世界上首条高速磁浮交通商业线,列车最高试验速度达到 501 km/h,最高运营速度达 430 km/h,上海高速磁浮线 20 多年的安全运行充分展示了高速 EMS 磁浮交通高速度、高可靠、高舒适和低维护的技术优势。以上海高速磁浮线建设为契机,科技部持续设立高速磁浮交通技术重大专项,成功研制出国产化磁浮列车,在同济大学嘉定校区建成磁浮试验线。2016 年,我国又启动了时速 600 km 高速磁浮交通关键技术研究,2020 年 5 月中国中车研制的时速 600 km 高速磁浮试验样车在上海磁浮试验线上完成了低速运行试验,为后续高速磁浮工程样车的优化提供了重要的技术支持。2021 年 7 月,5 节编组的高速磁浮工程化列车在中车青岛四方机车车辆股份有限公司(简称中车青岛四方)厂内成功下线,这是世界上首套设计时速达 600 km 的高速磁浮交通系统,标志着我国基本具备高速磁浮交通成套技术和工程化能力。

在中低速 EMS 磁浮交通领域,日本从 20 世纪 70 年代起先后研制了 6 代磁悬浮列车(原名为高速地面运输车,high speed surface transport,HSST)型低速磁浮列车,2005 年建成世界首条中低速磁浮商业线——8.9 km 长东部丘陵线,基于 HSST-100L 车型的 Linimo 磁浮列车最高运行速度达到 100 km/h。韩国现代罗特姆(Hyundai Rotem)公司和韩国机械与材料研究院(Korea Institute of Machinery and Materials,KIMM)从 20 世纪 80 年代末开始中低速磁浮技术研究,2013 年 6 月建成 6.1 km 长的仁川机场磁浮线,2016 年 2 月正式开通运营,列车最高运营速度达 80 km/h。我国中低速磁浮技术研究起始于 20 世纪 80 年代,2006 年底建成 1.7 km 长的上海中低速磁浮试验线,最高试验速度达到 101 km/h,2008 年建成约 1.55 km 长的唐山中低速磁浮试验线,2012 年建成 1.5 km 长的株洲中低速磁浮试验线。2016 年 5 月,具有完全自主知识产权的我国首条中低速磁浮商业运营线——18.55 km 长的长沙磁浮快线正式投入运营。2017 年 12 月,采用中低速磁浮技术的北京地铁 S1 线开通运营。2022 年 5 月,全长 9.121 km 的湖南凤凰磁浮观光快线开通。全长 8.014 km 的广东清远磁浮旅游专线预计 2023 年底建成并进行初期运营。同时,我国多个单位开展了时速 160 km 和时速 200 km 的中速磁浮交通技术攻关。2020 年 4 月,由中车株洲电力机车有限公司与湖南省磁浮技术研究中心联合研制的中速磁浮列车在长沙磁浮快线跑出了 160.7 km/h 的速度。

在高速超导 EDS 磁浮交通领域,日本从 20 世纪 70 年代起相继研发了 ML、MLU、MLX 和 L0 系列高速超导磁浮列车,1997 年建成长 18.4 km 的山梨试验线先导段，2011年又将其延伸至42.8 km。2015年4月，日本L0系磁浮列车在山梨试验线上创造了603 km/h的地面交通世界纪录。日本高速超导磁浮系统通过严格的服役性能试验以后，2014年5月日本正式批准建设最高时速505 km/h、长度286 km的东京—名古屋磁浮中央新干线，2014年9月磁浮中央新干线正式开工建设，计划2027年开通，2045年延伸至大阪。

在永磁EDS磁浮交通领域，20世纪90年代美国磁悬浮飞机技术公司（Magplane Technology Inc.）提出了Magplane高速磁浮系统方案，麦格纳磁动力（Magna Drive）股份有限公司提出了M3永磁电磁混合磁浮系统方案，但这两种永磁悬浮方案目前仅开展了室内试验或短距离试验研究，实用化技术开发工作并不多。近年来，我国也开展了永磁悬浮和永磁电磁混合悬浮系统研究，2019年9月在江西理工大学校园内建成了较短的悬挂式永磁磁浮轨道交通试验线。

在高温超导磁浮交通领域，国内外开展了一系列实验研究与探索。高温超导磁悬浮交通是利用非理想第二类高温超导体的磁通钉扎特性在具有梯度外磁场中产生的自稳定悬浮现象，来实现一种新型的、悬浮导向一体化的轨道交通系统。2000年12月，西南交通大学研制成功了世界上首辆载人高温超导磁浮模型实验车"世纪号"，该车可搭载4名乘客，悬浮高度大于20 mm，证明了高温超导磁浮车在原理上的可行性。2014年，将高温超导磁悬浮与真空管道概念相结合，西南交通大学研制成功了新一代的高温超导磁悬浮环形试验线及真空管道高温超导磁悬浮试验平台"Super-Maglev"。2004年，德国固体与材料研究所成功研制了高温超导磁悬浮试验车"SupraTrans Ⅰ"，其改进后的第二代高温超导磁悬浮环形试验线"SupraTrans Ⅱ"于2011年完成。巴西里约热内卢联邦大学从1998年开始高温超导磁悬浮研究，2014年修建完成长度为200 m的"Maglev Cobra"高温超导磁悬浮试验线。此外，意大利拉奎拉大学、日本产业技术综合研究所、俄罗斯莫斯科航空学院等也开展了高温超导磁浮模型车研究工作。

受轮轨之间黏着力的制约，一般认为轮轨列车的最高运营速度很难达到400 km/h。高速磁浮列车由同步直线电机牵引运行，牵引动力来源于地面，运行速度仅受列车空气阻力的制约，因此，将真空管道技术和磁悬浮技术相结合的超高速轨道交通技术在国内外得到重视和发展。真空管道磁悬浮运输概念最早于1904年由美国麻省理工学院提出。20世纪70年代，瑞士提出了"超高速地铁工程（Swissmetro）"项目建议，计划在地下50 m附近修建真空管道，管道列车运行速度达600 km/h。2013年，埃隆·马斯克（Elon Musk）

基于真空管道运输概念提出了"超级高铁"（Hyperloop）计划。在 Hyperloop 系统原始方案中，承载乘客的胶囊车厢由直流感应电机和车厢前后的空气压缩机提供动力，在亚真空管道中的气垫上运动，预计速度最高能达到 1200 km/h。Hyperloop 新方案采用了电磁悬浮与推进技术，美国 Hyperloop One 和超级铁路交通技术公司（Hyperloop Transportation Technologies，HTT）两家公司正致力于 Hyperloop 系统的实用化技术开发。2016 年 5 月，Hyperloop One 公司在拉斯维加斯试验线上完成了推进系统试验，试验速度达到 640 km/h。近年来，中国航天科工集团有限公司第三研究院和西南交通大学也开展了超高速真空管道磁浮交通技术研究。2020 年 5 月，四川省创建综合性国家科学中心启动第一批支撑项目"多态耦合轨道交通动模试验平台"，项目总投资 5.8 亿元，计划 2023 年建成长度 1500 m、管径 3 m、最低气压 0.005 标准大气压（一个标准大气压等于 101.325 kPa）、最高试验速度 1500 km/h 的真空管道磁浮交通试验线以及相关配套设施。2021 年 1 月，世界首台高温超导磁浮试验样车在成都西南交通大学下线。2021 年 5 月，我国首个全尺寸真空管梁试验平台建成，2022 年 4 月，全长 22 km、设计速度 1000 km/h 的高速飞车试验线动工建设。

从国际上磁浮交通技术 50 余年来的探索和实践来看，目前常导电磁悬浮、超导电动磁悬浮交通已形成了较为成熟的技术体系，达到了工程化应用水平。国内外关于永磁电动悬浮的研究相对较少，由于永磁材料成本高、施工维护困难，所以其应用前景仍不明朗。高温超导磁悬浮被认为是真空管道交通的候选制式之一，悬浮导向力偏小、永磁轨道造价高和维护难等是其工程应用面临的问题。可以预见，在今后一段时期内，常导电磁悬浮和超导电动磁悬浮交通系统将得到进一步完善与发展，国际上中低速常导磁浮线得到推广应用，时速 500 km 的高速常导磁浮线和高速超导磁浮线得到试验示范，而高温超导磁浮交通基础研究和实用化技术开发进展显著，短距离的真空管道磁浮交通试验线建成并投入试验运行。对于中低速及高速常导电磁悬浮交通系统，提升悬浮稳定性和可靠性、降低系统成本是其发展方向，需要通过悬浮控制算法优化、走行部结构创新设计等解决常导磁浮车轨耦合振动问题，降低轨道梁造价，需要结合新一代信息技术、人工智能和物联网技术提升系统的可靠性和智能化水平。对于高速超导电动磁浮交通系统，我国需要在高温超导线材及其制备工艺、超导磁体制冷技术、超导磁浮车辆减振设计等方面取得实质性突破，逐步形成新一代高速超导电动磁浮交通技术体系。在超高速真空管道磁悬浮交通方面，需要研究超高速条件下车辆-管内气体-轨道动力耦合作用机制与规律，探索管道内低气压维持技术和热平衡技术，优化磁体与导轨结构以提升高温超导磁浮车辆的悬浮力和导向力等，有必要尽快建立短距离真空管道磁浮交通试验线，在基础理论和试验研究的基础上，提出可行的真空管道磁悬浮交通实用化技术方案。

第四节　学科发展面临的问题及建议

轨道交通将在今后相当长的一段时期内，对我国的社会进步和城市化进程起到重要的促进作用与推动作用。虽然我国轨道交通事业的发展取得了显著的成绩，但是仍存在一些关键科技问题和轨道交通未来发展问题值得进一步思考[11]。

例如，由于我国轨道交通建设和运营经验不足，加上基础研究薄弱，跟不上快速发展的需求，在建设、运营过程中不断出现安全隐患，甚至恶性事故也时有发生，给现代轨道交通的健康发展带来负面影响，因此研究建立和完善现代轨道交通工程安全保障体系的必要性与紧迫性日益显现。对于未来超高速轨道交通系统的发展，真空管道高温超导磁浮和真空管道超级列车（Hyperloop）还在初步的方案设计与探索阶段，要达到工程实用化水平还有很长的路要走。我国高速铁路主要针对旅客运输进行设计和建设，并没有考虑高速货运的需求。

同时，由于国内铁路货运的运行速度、轴重等相关技术指标与线路参数、运输组织、运输效率有较大差异，因此在一定程度上制约了铁路快速货运的发展。我国重载铁路年运量大，列车开行密度大，但轴重与载重小，与世界先进水平尚有较大差距；我国在采用长编组、大轴重重载列车提高铁路运能的同时，给机车车辆和轨道结构的安全服役及可靠性带来了极为严峻的考验；由于轴重提高带来的轮轨磨耗和疲劳伤损问题，轨道结构和线路状态恶化问题，以及牵引重量增大导致的断钩事故和列车纵向冲动等，严重影响到重载运输的安全性、可靠性与效率，这是世界重载铁路发达国家普遍面临的工程难题。

我国城市轨道交通经过 40 多年的快速发展，仍然面临诸多问题。例如，各地城市轨道交通发展过快，出现一定的无序性；城市轨道交通各大系统的发展缺乏"综合平衡"思想，导致投入产出失衡，并影响整体功能的发挥；城市轨道交通系统安全隐患突出；绿色、智能化技术发展缓慢；人才资源短缺与人才质量需要提升；等等。

本书通过深入开展轨道交通工程学科发展战略的研究，从轨道交通车辆、牵引供电及传动系统、轨道交通基础结构、轨道交通通信信号、轨道交通运输组织、城市轨道交通、磁浮交通七个专题领域系统深入地总结现代轨道交通工程建设与发展进程，分析其发展趋势，梳理其中的重要基础研究方向，结合国家轨道交通运营安全的重大需求，厘清与我国现代轨道交通工程安全密切相关的前沿科技问题和亟待解决的关键问题，提出重点研究方向，以期为我国轨道交通工程健康稳定发展奠定科学基础。具体内容将在后续章节中进行详细介绍。同时，为了更好地促进轨道交通工程学科发展与关键核心技术创新，培养造就本学科领域的高层次科技人才和工程应用型人才，本书提出了相关资助机制及政策建议。

一、资助机制建议

（一）实行自由探索和目标导向有机结合的项目资助机制

依托国家及省级自然科学基金、科技部、中国铁路的重点研究计划等，每年定向资助一批面向重大科学技术问题的研究，聚焦轨道交通领域重点产业发展需求和重点领域科技前沿，支持高校、院所、企业等各类主体协同创新，促进基础研究与应用研究融通，破解限制产业发展的科学技术瓶颈，实现前瞻性技术、引领性原创成果的重大突破。

（二）重视基础理论研究

近年来，尽管中国轨道交通工程技术取得了长足进步，但出现了重系统和装备研究、轻基础理论研究的趋势，长此以往将影响我国轨道交通的长远发展，无法支撑实现我国轨道交通引领发展的目标。

（三）形成稳定资助体系

稳定支持培养和造就一批创新能力强、在国际上独树一帜、在国内绝对领先的研究人才与群体。同时，支持高水平研究型大学和科研院所选择优势学科组建跨学科、综合交叉的科研团队，加强协同合作。

（四）引导各方社会力量加大研究投入

鼓励轨道交通相关企业或相关组织出资联合实施科学基金项目，采取

"一对一"的方式确定联合实施的具体方案,探索长期稳定的支持机制。

(五)以需求为导向开展科技创新活动

目前我国轨道交通系统存在片面追求高新技术堆砌的问题,导致系统复杂、庞大,使用及维修困难,今后应当从实际需求及克服存在的问题出发开展相关科研活动,充分考虑采用新技术精简和优化系统结构,减少投资与维护成本等问题。

二、政策建议

(一)加强创新型人才和技能型人才队伍建设,打造人才梯队

加强人力资源开发,抓好人才队伍建设,加强专业技能培训,全面提升人员专业素质,实施阶梯式人才培养模式。造就具有世界级影响力和大局观的战略型科学技术人才,加大学科带头人培养力度,培养一批领域内具有较高知名度的专家、高水平学术和技术带头人,带动青年人才迅速成长,引导构建结构层次合理的系列研究队伍和科技攻关团队。

(二)促进产、学、研、用协调融合,助力轨道交通高品质发展以及学科持续健康发展

引导轨道交通领域企业与政府机构、产业需求深度融合,建立由政府主导、各级企事业单位参与的良性科研投入机制,从而最大化地整合和优化配置资源,合力解决轨道交通及学科发展面临的问题与挑战。

(三)促进学术交流合作

积极鼓励业内专家到相关企业进行实质性的兼职工作,从工程实践中提炼关键科学问题,形成需求导向的研究方向。积极鼓励大型研究机构或企业与国家自然科学基金委员会设立联合资助项目。通过举办和参与国际、国内学术会议和研讨会,加强同北美、欧洲和日本等国家和地区的国际一流学者的交流与合作,有计划地邀请在海外留学和工作的优秀华人学者回国进行交流与合作,为海内外专家学者提供广阔的合作空间。

(四)重视铁路规范与标准建设

着眼于未来中国铁路技术引领发展目标,要形成具有中国特色的轨道交

通设计、建造、施工与管理技术，最终形成具有完全自主知识产权的中国标准。

（五）建立合理的轨道交通安全保障法律法规和管理体系

理顺政府、企业、机构、行业之间的关系，在政府指导下，发挥行业协会的桥梁和纽带作用，积极培育独立第三方咨询机构，制定完整的法律法规和技术标准，构建完善的轨道交通建设与运营保障体系。

本章参考文献

[1] 严隽耄，傅茂海. 车辆工程（第三版）[M]. 北京：中国铁道出版社，2010.

[2] 国家铁路局. 2020年铁道统计公报. https://www.nra.gov.cn/xwzx/zlzx/hytj/202204/P020220902306794538609.pdf[2022-01-16].

[3] 中华人民共和国中央人民政府. 国家中长期科学和技术发展规划纲要（2006—2020年）. https://www.gov.cn/gongbao/content/2006/content_240244.htm[2022-01-16].

[4] 习近平. 决胜全面建成小康社会 夺取新时代中国特色社会主义伟大胜利——在中国共产党第十九次全国代表大会上的报告[M]. 北京：人民出版社，2017.

[5] 中华人民共和国中央人民政府. 交通强国建设纲要. http://www.gov.cn/gongbao/content/2019/content_5431432.htm[2022-01-16].

[6] 中国国家铁路集团有限公司. 新时代交通强国铁路先行规划纲要. http://www.china-railway.com.cn/xwzx/rdzt/ghgy/gyqw/202008/t20200812_107636.html[2022-01-16].

[7] 何华武. 中国高速铁路创新与发展[J]. 中国铁路，2010（12）：5-8.

[8] 侯秀芳，梅建萍，左超. 2020年中国内地城轨交通线路概况[J]. 都市快轨交通，2021，34（1）：12-17.

[9] 施仲衡. 新型城市轨道交通技术[J]. 城市交通，2011，9（1）：20-23.

[10] 康熊，宣言. 我国重载铁路技术发展趋势[J]. 中国铁路，2013（6）：1-5.

[11] 翟婉明，赵春发. 现代轨道交通工程科技前沿与挑战[J]. 西南交通大学学报，2016，51（2）：209-226.

[12] 曹小曙，林强. 世界城市地铁发展历程与规律[J]. 地理学报，2008，63（12）：1257-1267.

[13] 周翊民. 城市轨道交通的发展趋势及其动因分析[J]. 城市轨道交通研究，2001（2）：1-4.

第二章 轨道交通车辆工程

第一节 概　　述

轨道交通车辆作为轨道交通运输的运载工具，在旅客运送和货物运输中发挥着举足轻重的作用。现代轨道交通运载技术的发展进一步丰富了轨道交通车辆工程的研究内涵，截至目前，轨道交通车辆涉及高速列车、重载列车和城市轨道交通车辆等几种主要类型。其中，以高速动车组为代表的高速列车是进行高速客运的主要运载工具，长编组、大轴重的单元列车和组合列车渐已成为运输大宗货物的重载列车常用的编组模式，快捷及高速货运动车组等快捷货运装备是我国铁路综合运输的重要发展方向，地铁车辆、单轨列车、轻轨车辆、有轨电车则构成了城市轨道交通车辆的主干部分。

高速列车属于轨道交通车辆中运行速度最高的一类，代表着轨道交通车辆的最快运输能力，是集机械、电气及控制、材料等多个领域于一体的综合性运输工具，是轨道交通学科建设和发展中必须研究的对象。其运营特点是可以快速（时速在 200 km 以上）、稳定地实现大批量旅客的运送，具备较高的安全系数和乘坐舒适度。为确保和强化这一运输特点，在动力学研究层面，高速列车的研究范畴主要包括高速列车运动稳定性、运行安全性与可靠性、乘坐舒适度及噪声控制等。此外，为保持长期运行过程中及极端条件下的行车品质，还需针对轮轨磨耗、列车长期服役性能、气动力作用下的列车运行安全性和可靠性等进行专门研究。高速列车动力学的研究必将催生先进设计理念、技术和设备，对我国轨道交通行业和轨道交通工程学科的发展具有巨大的推动作用。

重载列车的特点是采用大型专用货车编组，通过双机或多机牵引开行，重载列车车辆载重力大，列车编挂辆数多，能够充分发挥铁路集中、大宗、长距离、全天候的运输优势，达到多运快运货物的目的，在国内及国际资源配置中发挥着重要作用。重载列车是轨道交通运输工具中的核心成员，其运载能力在一定程度上反映了轨道交通运输方式中的最大装载水平，是轨道交通中的货运主干力量。鉴于其长编组、大轴重的特点，重载列车动力学研究主要涉及列车纵向冲动研究、轮轨动态性能匹配研究、列车运行安全性及可靠性研究、黏着性能研究等。同样，列车长期运行性能检测、轮轨型面磨耗演化等也是重要的研究内容。重载列车的相关研究对提高轨道交通工程学科的发展水平和促进学科交叉具有重大作用。另外，铁路货物运输管理面临着经营方式的变革，正处于从强调运输能力利用向服务水平导向的过渡阶段，列车编组计划正从传统模式向实现高质量、快捷化货运服务模式转化，着重强调车站作业安全与货物全程运输安全。

城市轨道交通大多采用全封闭线路、立体交叉、自动信号控制调度系统和轻型快速电动车组等高科技产品与手段，其行车密度大、载客能力强、准时性好，疏通客流的能力对传统的道路公共交通工具具有无与伦比的优越性。城市轨道交通车辆具有多种形式，多采用性能优良的电动车组模式，集多专业先进技术于一体，是城市轨道交通体系中最重要也是最关键的设备。依靠巨大的市场需求与庞大的发展规模，城市轨道交通车辆朝着安全、便捷、绿色、智慧的目标稳步向前发展，支撑着轨道交通行业的高质量、可持续发展。

第二节　国内外研究现状、面临的问题及未来发展趋势

一、国内外研究现状

（一）高速列车技术研究进展

1. 高速列车发展现状

在高速轮轨技术方面，德国、法国、日本、加拿大等国家的高速列车制

造技术世界领先，在高速铁路车辆产品的技术上各有优势和劣势，也各有自己的核心设计理念和独特的技术特点。在世界轨道车辆的发展历史上，轨道车辆结构主要的设计理念在于结构轻量化、服役长寿命、免（少）维修性、低成本等。近10年来，车辆结构的设计已经逐步实现轻量化、模块化，在很多车辆上也采用最佳材料（不锈钢、铝合金、复合材料、玻璃钢、碳纤维等）。新一代高速铁路车辆结构存在很多的技术要求，如车辆功能或特性的多样化、环境的生态化和绿色化发展趋势。为了应对这种生态设计的发展趋势，一些传统的车辆制造技术和方法难以延续下去，必须要进行大量的技术革新和改革。例如，一些著名铁路公司已经将设计理念定义为：为客户提供高效、快捷、完善的高速铁路新技术（新研究），提供技术咨询、技术测试、系统工程的检查和技术培训，并以高度安全的方式和标准提供相关技术支持，确保诚信的最高水平，同时为公司本身营造一个具有挑战性和可持续发展的工作环境。这就要求各个国家和地区在开发新一代高速铁路车辆产品的时候，必须要坚持创新的设计理念，对未来高速铁路车辆的发展有一些前瞻性的研究，并提出具体的基础技术构成。

1964年，世界首条高速铁路在日本东海道（东京—大阪）诞生。可以说日本是第一个研发高速列车的国家，并不断吸纳新技术发展了不同系列的高速列车（新干线E7系、N700系、efSET系）。欧洲凭借浓厚的技术底蕴，根据不同的需求不断进行高速列车的更新换代（主要代表为法国阿尔斯通公司的TGV/AGV系列以及德国西门子公司的ICE系列、Velaro-X系列）。加拿大庞巴迪（Bombardier）公司则主要开发了三种不同型号：ZEFIRO380（瞄准中国市场，设计最高时速为380 km）、ZEFIRO-V300（瞄准欧洲市场，设计最高时速为300 km）和ZEFIRO-250（瞄准普通市场，设计最高时速为250 km）。

中国新一代的高速标准动车组（CR400AF、CR400BF等）也已经成为高速铁路车辆新技术的典型代表。中国高速铁路技术迅猛发展，性价比的优势使其逐渐成为世界许多国家和地区渴望的产品，邻国日本、韩国的高速铁路车辆的保有量也在不断增加，亚洲的高速铁路市场和线路综合总量已经处于世界领先水平。在亚洲高速铁路市场出现异乎寻常的高速增长的同时，欧洲高速铁路网规划2020年也开始扩容，预计新增高速铁路线路约10 000 km。

1）国外高速列车发展现状

（1）日本高速列车

近年来，日本铁道部门为了应对世界高速铁路市场竞争激烈的形势，针对新产品的研发重新投入了极大的热情，如提高高速列车运输能力，保证车辆运输效率提高，提高产品的环境友好性。在巴西、美国、越南、印度等世界各地，正在计划开展高速客运专线的建设和中国展开激烈的竞争。特别是为了满足国外高速铁路不同的运营情况、运行条件及标准，日本川崎重工业株式会社着手开发新型高速车辆，提出一些新的设计理念。下面结合一些代表性的文献，简单地说明日本新一代高速列车的设计理念和基础技术构成[1-6]。

简单来说，0 系车辆是最早研制的主力车型（1964 年）；200 系车辆耐寒、抗风雪（1982 年）；100 系车辆是 0 系车辆的后继车型，追求高舒适度（1985 年）；300 系车辆是新干线（东海道、山阳线）主力车型（1992 年），主要运营于山区道路，首款使用交流牵引电动机的列车有着很好的静音技术；400 系是实现新干线和既有线直通的车辆（1992 年）；E1 系车辆为双层编组（1994 年）；E2 系车辆为双频、环境保护（1997 年）；E3 系车辆则采用新机轴应用于秋田干线（1997 年）；500 系车辆真正实现 300 km/h 的速度等（1997 年）；E5 系车辆的车身采用了铝合金空心桁架断面和双皮层构造（2011 年）。为了减少通过隧道时的压力波，车辆的高度和试验车 E954 型车辆（FASTECH360S）的 3650 mm 相同，车辆宽度同为 3350 mm。考虑到车体倾斜，车侧结构主体内侧设计为倾斜式样，E6 系车辆主要运营于北日本海（2013 年）[1-3]。

日本川崎重工业株式会社最新研制的 E7 系新干线列车于 2013 年亮相日本车辆展，并作为日本新干线高速列车 50 周年庆贺的纪念品（运营于日本东京—长野）。2014 年运营于日本沿海地区，最高速度为 256 km/h，也是面向美国加利福尼亚州推销的主导高速铁路车辆产品，借此应对美国加利福尼亚州高速铁路线路的竞争。

（2）德国高速列车

德国高速列车是从 20 世纪 80 年代初期开始发展的，其中 Velaro 系列平台是由德国铁路运营的 ICE-3 列车发展而来的第 4 代产品。实际上，ICE 列车的各款型号主要在 20 世纪 90 年代出现，由以德国西门子公司为首的多家公司组成的制造商联盟进行开发。Velaro 系列是一款纯粹的西门子公司产品，主要面向国际铁路市场。为此，针对不同的设计标准，德国西门子公司对动车组进行了很多一般适用性的修改。特别是针对欧洲联盟（简称欧盟）出台的互操作性技术规范和进一步的标准，当中对包括新的消防标准及各项复杂的要求进行了技术修改[7, 8]。

Velaro-NOVO 系列的列车是集成了德国高速铁路最新、最全面的先进技术的高速铁路车辆新一代研制和开发的技术平台。它的设计运营速度为 250～360 km/h，是得到德国联邦铁路和交通运输部授权的标志性新一代高速列车产品。很多出口的高速铁路车辆均是在此基础上进行修改的,它可以针对不同国家和地区客户的具体需求进行技术修改,可根据当地要求进行调整的范围包括传动功率、配电系统、空调、座位数量、车身宽度及轨距。

（3）法国高速列车

法国阿尔斯通公司是世界著名的高速列车轨道车辆制造商,也是德国西门子公司在欧洲最大的竞争对手。AGV 即"高速动车组",由阿尔斯通公司独立研发,是法国最新研制的高速铁路车辆,AGV 车辆主要包括三项关键技术:铰链结构、发动机分置和能量反馈技术。AGV 计划代替 TGV 作为法国高速铁路的下一代车型,其目标运营速度为 360 km/h。

AGV 铰接式转向架的采用可以降低列车转向架的数量,从而降低维护费用;高的功率重量比与高效永磁同步电动机的使用,以及其他设计改进,令列车拥有更高的能源效率、更低的噪声水平和车厢两端贯通部位的更多空间。采用结构轻量化设计和模块化设计,在保证车体结构满足 EN12633-1500kN 标准的同时也极大地降低了重量,铰接支撑部位的枕梁采用钢材和复合材料。同时,其在舒适度、平稳度、可靠性和可用性方面都做了极大的改观,在能源消耗、环境影响、运营成本上也进行了重点设计。2011 年 6 月,法国阿尔斯通公司开始开发最高速度达 400 km/h 的新型高速列车,并同时有单层和双层版本。

（4）加拿大庞巴迪高速列车

ZEFIRO 系列动车组是庞巴迪运输（Bombardier-diertransportation）于 2005 年公布的超高速铁路旅行最新概念的高速电动车组设计平台。庞巴迪公司提出建立包括能源（energy）、效益（efficiency）、经济（economy）和生态（ecology）（ECO4）的研发理念,并将其全面覆盖至自产品设计到产品运营的整个生命周期。庞巴迪公司在中国的庞巴迪合资公司——青岛四方庞巴迪铁路运输设备有限公司［Bombardier Sifang（Qingdao）Transportation Ltd.,BST］制造的 CRH380D 高速列车正是融入了"ECO4"的研发设计理念。CRH380D 电力动车组是由青岛四方庞巴迪铁路运输设备有限公司基于庞巴迪 ZEFIRO 平台研发的 CRH 系列高速动车组。

其他国家（如西班牙、瑞典和韩国等）也结合各自的高速铁路技术特点,分别进行了高速列车的研制。限于本书的篇幅,不再一一详细介绍。

2）我国高速动车组的发展进程[9, 10]

（1）发展的初始阶段

1958 年到 20 世纪 80 年代末期是我国铁路动车和动车组发展的初始

阶段。

1958年，青岛四方机车车辆厂（中车青岛四方前身）在中车大连机车研究所、上海交通大学和集宁机务段的协作下，自行设计、研制了我国首列双层液力传动内燃动车组——"东风号"双层摩托列车，于1959年交付北京内燃机务段，在北京—天津间试运行。

我国自行设计制造的首列电力动车组是由长春客车厂（简称长客厂）、南车株洲电力机车研究所有限公司（现名中车株洲电力机车研究所有限公司）和中国铁道科学研究院根据铁道部科学技术发展规划，于1978年开始研究设计，1988年完成试制的KDZ1型电力动车组，1989年在北京环形试验线上进行动态调试和各种试验，最高试验速度达到142.5 km/h，各项指标满足设计要求。该试验型电力动车组因受当时运用条件的限制，未能投入正式运用，但为我国电力动车组的发展积累了经验。

在上述两种动车组研制之间，1962年我国铁路从匈牙利进口8组NC3型内燃动车组，设计速度是128 km/h，最初配置在北京内燃机务段，1975年6月全部调转到兰州铁路局，1987年报废。

从以上所述可以看出，我国铁路动车和动车组在发展初始阶段具有以下特点：①内燃动车组和电力动车组同时得到发展；②电力传动、液力传动和机械传动都得到采用；③国内自行研制和从国外进口相结合；④在设计试制工作中，制造工厂、运用部门、科研单位和院校联合协作；⑤除进口产品外，试制产品没有正式投入商业运营和批量生产，但是所进行的设计、试制、试验工作为后来我国铁路动车组乃至机车的进一步发展积累了经验；⑥初始阶段持续时间长，约30年，其发展速度、研制产品的技术水平、品种和数量等与同期国外铁路工业及铁路运输发展较快、水平较高的国家的产品相比，相对缓慢和滞后。

（2）加速发展阶段

20世纪90年代到21世纪最初几年是我国铁路动车和动车组发展的第二阶段，即加速发展阶段。

1997~2004年，中国铁路实施了5次大提速，其中速度160 km/h及以上的提速线路里程为7700多km。铁路客运领域的重大技术创新和喜人的形势变化，为铁路工业系统开发新型动车和动车组提供了市场需求与动力，从而形成了我国铁路动车和动车组发展的难得机遇与良好条件。据不完全统计，1994年以来，中国北方机车车辆工业集团公司、中国南方机车车辆工业集团公司所属企业，在铁道部及其下属运用部门的密切合作下，研究开发了各种动车和动车组 20 多个品种，计 67 列。其中内燃动车组有 47 列，电力动车组有 20 列，这 67 列动车组中，有 46 列在国内进行试验或交付运用，21 列出口到国外。

（3）引进先进技术阶段

我国铁路动车和动车组在发展第二阶段所取得的进步和成果是有目共睹的，但是就总体而言，截至 2004 年，我国客运机车车辆的水平基本上处于 160 km/h 速度级，200 km/h 及以上的高速列车仍处于试制试验阶段。为实现我国铁路与国际接轨的跨越式发展目标，铁道部于 2007 年实施第 6 次大提速，部分提速干线列车的最高运行速度达到 250 km/h，超过发达国家既有铁路线路的提速目标值。

但是，我国拥有的几种 200 km/h 及以上速度级的高速动车组属于试制试验产品，除蓝箭动车组生产了 8 列外，其他几种各试制了 1 列，且处于试验考核改进阶段。在这种背景下，我国铁路动车和动车组的发展适时地进入"引进先进技术，联合设计生产，打造中国品牌"的第三阶段。

严格来说，我国铁路动车和动车组发展的第三阶段筹谋于 2003 年，起步于 2004 年，从 2005 年全面铺开实施。

2004 年 9 月，我国铁路通过公开招标方式，成功引进 200 km/h 动车组 140 列。中车长春轨道客车股份有限公司与法国阿尔斯通公司合作提供的 60 列电力动车组采用阿尔斯通公司的宽体摆式列车技术。中车青岛四方与以日本川崎重工业株式会社为首的、三菱电机有限公司和日立公司参加的日本集团合作提供的 60 列电力动车组，是以日本铁路运用的 E2-1000 型动车组为基型。青岛四方—庞巴迪—鲍尔铁路运输设备有限公司（BSP）获两批 40 列 8 节式电力动车组。

中国将所有引进外国技术、联合设计生产的中国铁路高速（CRH）车辆均命名为"和谐号"，生产制造了 CRH1、CRH2、CRH3 和 CRH5 型动车组。

（4）高速动车组消化吸收阶段

自 2008 年开始，为了迅速提升我国铁路的技术装备水平，我国在引进、消化吸收国外先进技术的基础上，进行了高速动车组的再创新研制，并于 2011 年成功研制出了 CRH380 高速动车组。

2014 年 6 月 7 日，时速 350 km（最高运营速度为 380 km/h）的 CRH380 系列高速动车组通过了国家验收，成为我国高速铁路的主力装备，主要车型包括中车青岛四方的 CRH380A 型、中国北车集团唐山轨道客车有限责任公司（简称北车唐山）的 CRH380B 型、中国北车集团长春轨道客车股份有限公司（简称北车长客）的 CRH380C 型和青岛四方庞巴迪铁路运输设备有限公司的 CRH380D 型。

CRH380A 在 CRH2C 的基础上全面提升列车整体性能，对动车组的牵引系统、空气动力外形做了较大的改变，持续运营时速为 350 km。CRH380AL 型列车的最高试验速度为 486.1 km/h，该款列车的舒适性以及密封性比其他动车组都要优秀，车厢内具备类似飞机的增压装置，以保证车厢内气压不会因为过隧道而改变从而造成乘客耳部不适。

CRH380B 型电力动车组是在 CRH3C 型电力动车组基础上研发的，持续运营时速由 300 km 提高至 350 km，最高试验时速为 400 km 以上。CRH380B 型列车为全球设计时速最快的高寒动车组，特别适合在东北高寒地区的哈大高速铁路上运用。

CRH380C 是在 CRH3C、CRH380BL 型电力动车组基础上研发的 CRH 系列高速电力动车组。该型列车原被定为北车长客的新头型 CRH380BL 型列车，但由于铁道部的发文要求重新分配高速动车型号，故将北车长客的新头型列车型号由 CRH380BL 改为 CRH380CL。该型号列车内饰大致与 CRH380BL 型列车一样，但使用了新头型，并改用了基于日立公司技术的永济牵引系统，首次采用了自主研发的网络控制系统。

CRH380D 是由青岛四方庞巴迪铁路运输设备有限公司基于庞巴迪 ZEFIRO 平台研发的 CRH 系列高速动车组，设计运营速度为 350 km/h，最高运营速度为 380 km/h，最高试验速度为 420 km/h。

CRH6 型电力动车组是由南车四方和中车南京浦镇车辆有限公司共同研制开发的 CRH 系列电力动车组。CRH6 型动车组适用于城市间以及市区和郊区间的短途通勤客运，满足载客量大、快速乘降、快启快停的运营要求。运营速度分别为时速 200 km（CRH6A）和 160 km（CRH6F）两个等级，并预留 140 km 等级（CRH6S）。2014 年 2 月 12 日，CRH6A-4002 首次在成灌快速铁路载客运行，这也代表着 CRH6 正式投入商业化运营。

（5）高速动车组自主创新阶段

2012 年开始，在中国铁路总公司的组织下，中国中车（原中国南车股份有限公司与中国北车股份有限公司）开始集合国内有关企业、高校科研单位等优势力量，产学研用紧密结合、协调创新，开展了中国标准动车组研制工作。2013 年 12 月完成顶层技术指标和技术条件的编制，2014 年 9 月完成方案设计，2015 年 6 月下线，并在大西客运专线进行了综合性能试验，最高试验速度达到了385 km/h。2016年7月,在郑徐客运专线成功进行了时速420 km的交会试验。2017年6月25日,中国标准动车组被正式命名为"复兴号",同年9月在京沪高速铁路上正式运营。

"复兴号"动车组列车是中国标准动车组的中文命名,是由中国铁路总公司牵头组织研制、具有完全自主知识产权、达到世界先进水平的动车组列车,英文代号为CR,列车总体水平高于CRH系列,三个级别为CR400/300/200,数字表示最高时速,而持续时速分别对应350、250和160,适用于高速铁路(高铁)、快速铁路(快铁)、城际铁路(城铁)。早期的两个型号是"红神龙"CR400AF和"金凤凰"CR400BF。"复兴号"CR400系列是上档时速400 km、标准时速350 km。自2018年7月1日起,长编组"复兴号"动车组首次投入运营。2018年12月24日,时速350 km 17辆长编组、时速250 km 8辆编组、时速160 km动力集中式等多款"复兴号"新型动车组首次公开亮相。

"复兴号"中国标准动车组大量采用中国国家标准、行业标准、中国铁路总公司企业标准等技术标准,同时采用了一批国际标准和国外先进标准,具有良好的兼容性能,在254项重要标准中,中国标准占84%,让中国高铁总体技术水平跻身世界先进行列,部分技术甚至达到世界领先水平。最重要的是,中国标准动车组整体设计以及车体、转向架、牵引、制动、网络等关键技术都是由我国自主研发的,具有完全自主知识产权。

"复兴号"中国标准动车组构建了体系完整、结构合理、先进科学的技术标准体系,动车组基础通用、车体、走行装置、司机室布置及设备、牵引电气、制动及供风、列车网络标准、运用维修等十多个方面均达到国际先进水平。其最具特色的地方是它的互联互通性能,就是能够把两个不同厂家生产、按不同技术规范和图纸生产的动车组进行重联运行,并且能够进行完全一致的控制操作,如能够控制同时开关门、控制空调等。此外,中国标准动车组还统一了零部件标准,实现了零部件可以互换,能够节省大量的费用,这在国际上是首创。

2. 高速列车系统动力学的研究进展

针对高速列车的运行安全性问题,国内外科研工作者开展了大量研究,主要体现在以下几个方面(限于篇幅,相关具体研究进展不再赘述)。

1)高速列车车辆稳定性研究

车辆系统的非线性稳定性更能体现车辆系统的本质运动特性,因此在世界铁路不断提速的大环境下，国内外很多学者开始将车辆系统动力学的研究重点放在车辆稳定性上。

2）高速列车轮轨匹配研究

轮轨匹配是铁路车辆的关键技术之一。众多研究表明，轮轨接触关系将影响车辆的安全运营及维护，同时对车辆其他结构参数的选配起主导作用，所以轮轨匹配一直是国内外高速铁路研究的重点。

3）车辆横向运动的动力学参数研究

车辆曲线通过较多关注脱轨/倾覆安全性以及乘坐舒适性，轮轨力分配、离心力控制以及乘客感受的加速度衰减等，都是车辆曲线通过的约束设计目标，车体侧滚角/侧滚速率、转向架/轮对的摇头刚度等车辆参数是曲线通过研究中的主要关注对象。曲线通过性能和直线稳定性能是一对矛盾设计，结构和悬挂参数的选取原则相互对立，因此，要保证这两种性能，在车辆中必须在结构参数配置上优化匹配，尤其是小曲线上。对于车辆的横向运动，除了单节车辆的约束设计外，还应考虑列车间的横向运动约束。

4）车辆垂向运动的动力学参数研究

车辆、车轮的垂向运动，并非与车辆的横向运动独立，在悬挂参数、结构参数的设计中往往是一并考虑的，运用过程中不可忽视的是轮轨磨耗问题，其磨耗量、磨耗深度、磨耗宽度通常都是横向、垂向和纵向运动的耦合作用结果。与车体的横向振动相似，悬挂系统、车辆质量、型面参数、轨道不平顺特征等都是影响车体垂向振动的关键。左右轮轨力的垂向减载、横垂向力的比值、车体倾覆系数等都是车辆垂向运动安全的主要表征参数，都与脱轨、倾覆等安全隐患相关。曲线设置、轨道缺陷和横风等将导致车辆悬挂系统大的变形和位移，增大倾覆风险，甚至脱轨。

5）车辆纵向运动的动力学参数研究

车辆纵向运动约束较多涉及车辆间纵向力传递、纵向冲动抑制、车辆间相对摇头运动约束以及各车间横向/垂向运动不一致的协调，都是车端连接设计的主要内容。各类缓冲装置承担主要的运动约束，主要关注车端减振器，阻尼的调节可以控制车体模态响应[11-13]，较大数值的纵向阻尼能有效抑制车体的点头和摇头[12]。

6）车辆服役过程中的参数变化范围研究

要保证车辆优良的动力学性能，车辆参数变化必须在可控的范围内，车速越高，对车辆参数域设计的要求更严。德国、法国、日本的高速列车车型、动力配置、悬挂参数等的选取都是在多年运营后由持续经验总结和各种试验而确定的；服役环境不同，导致车辆的设计理念存在差别，欧洲车型的大轴重设计、高强度设计理念与日本车型的轻轴重、高轻量化设计，都是不同服役环境下典型的参数域设计实例。中国高铁的开通时间短暂，服役模拟研究刚起步不久，各类服役规律都处于探索阶段。对于既定结构形式和设计理念的转向架而言，服役过程中的参数偏差（范围）限制则成为车辆运营中的主要关注点。

（1）车辆重量

车辆重量通常由轴重进行衡量，由簧上质量、簧间质量和簧下质量组成，其分布和阈值都涉及了动力学特性[14]。轴重涉及牵引（黏着）性能和钢轨磨损矛盾的权衡，而动力分散驱动保障了充足的黏着，使矛盾得到了一定的缓解。可见，围绕车辆重量取值以及重量变化范围而展开的数值研究、试验研究以及服役跟踪研究，将重量与振动、磨耗、能耗、运行性能等结合在一起，完善着车辆重量管理和设计理念。但对于车辆簧上质量、簧间质量和簧下质量的分配以及性能的影响评价比较单一，较少地开展系统性研究，且对高速列车的重量阈值管理方面的论述亦不多见。

（2）车轮磨耗

型面磨耗是车轮服役性能变化的主要特征，轮径差、外形变化、不圆度情况等都是磨耗的表征参数。车轮在服役过程中，踏面修型和钢轨打磨是主要的修正手段，修型里程（时间）、修型形状则与轮对的经济性密切相关，经济性镟修越来越受到世界各国广泛的关注和重视。另外，实际结构中的安装偏差（如转向架装配误差、轴距误差和轮对安装形位偏差等）都对动力学性能存在一定影响[15-19]，这在服役过程中应当引起重视。

7）高速列车空气动力学研究

针对环境风下列车的空气动力学问题，各国学者对列车的气动力特性进行了广泛的研究。为了建立高速列车运行安全的保障体系，1996 年欧洲各国铁路公司联合启动了研究项目 TRANSAERO，主要研究不同类型列车在强环境风作用下的气动特性以及气动作用下列车的安全运行，为制定铁路运行规范提供了重要的科学依据[20]。根据各国的研究成果，2010 年 1 月，欧洲铁路联盟颁布了针对环境风下列车运行安全评估的标准[21]，提出了横风下列车的平稳性评判方法，以及分析和评估侧风风险的方法。

国内关于列车空气动力学的研究开展较晚，中南大学的田红旗教授及其研究团队在国内率先开展列车空气动力学的研究，撰写了国内第一本也是截至目前唯一在该方面的专著——《列车空气动力学》，其内容涵盖列车空气动力学数值计算方法、实车试验及模型试验等研究方法和列车交会、列车外形优化、列车通过隧道气动特性及大风环境下列车气动力等应用分析。截至目前，开展横风下高速列车空气动力学主要研究的高校包括中南大学、北京交通大学、同济大学和西南交通大学等。

（二）重载列车技术研究现状

1. 国内外重载铁路的发展

1）国外重载铁路的发展

国外重载铁路是于 20 世纪中期在能源危机、环境污染及大宗货物需求的背景下发展起来的。尤其是在第二次世界大战以后，随着各国经济的复苏、基础设施的大规模建设以及工业技术的进步，相继涌现出了以美国、澳大利亚等为代表的重载铁路运用技术先进的国家，它们率先开行了长大编组重载列车，用于运输煤炭、矿产等资源来发展本国经济。大功率重载机车、大轴重货车、同步操控技术、电控空气制动（electrically controlled pneumatic，ECP）技术、新型材料及结构等的使用，不断推动着国外重载铁路的发展，使重载铁路牵引重量和列车编组长度一次次地创造了新的世界纪录。

（1）美国重载铁路

美国作为世界上最先发展重载铁路货物运输并获得巨大成功的国家之一[22]，在不同的历史发展阶段分别通过改造新型的大功率机车、提高货车轴重及运载能力、改善轮轨动力学关系及转向架导向性能、采用同步操控技术和新一代电空制动技术等措施，发展本国的重载铁路。在这些铁路技术的保障及美国政府铁路复兴政策等的影响下，美国的重载运输由 1960 年仅有的 1 条年运输量不超过 120 万 t 的重载铁路，逐渐发展为铁路里程为 24.3 万 km、以 7 条 I 级铁路为主的重载运输线路[23]，占美国铁路总里程的 70%左右，开行的货车轴重普遍为 33 t，部分铁路轴重达到了 35.75 t，列车牵引总重可达 12 000～30 000 t。美国重载铁路对美国的经济发展发挥了重要作用，其承担的货运占全美市场份额的 40%左右。

（2）澳大利亚重载铁路

随着重载列车技术及试验研究水平的不断提高，澳大利亚重载列车的最大轴重也逐渐提高，1970～2005 年，轴重从 28.5 t 提高到了 40 t。澳大利亚重载铁路主要由三条主要铁路网组成[23]，承担了国家大部分煤炭矿产资源及粮食等的运输。位于澳大利亚昆士兰中部的窄轨铁路运煤专线达到 300 km，年运输煤炭量高达 1.7 亿 t，最高速度可达 100 km/h，货车最大轴重达 27 t；位于西澳大利亚皮尔巴拉西北区域的铁矿石重载铁路由三条铁矿石专用线组成，年运输总量之和达 4.6 亿 t，最高速度达到 80 km/h，最大轴重为 40～42 t；位于新南威尔士州猎人谷（Hunter Valley）的运煤准轨铁路长 300 km，年煤炭运输量达 1.4 亿 t，最高时速为 100 km/h，货车最大轴重为 32.5 t。

2001 年，澳大利亚开创了世界重载史上列车最长、牵引总量最高的新纪录，其列车牵引车辆总编组数为 682 辆，列车长度为 7353 m，牵引总重量达到了 99 734 t，载重达 82 000 t，由 8 辆 6000 hp[①]的内燃机车同时牵引。

（3）加拿大重载铁路

加拿大铁路主要由加拿大国家铁路公司和加拿大太平洋铁路公司的铁路组成，铁路总里程达 5.1 万 km，路网连接北美大陆及各大港口。加拿大重载铁路属于北美铁路运营模式，其发展现状及方向基本与美国类似。加拿大重载铁路单元列车牵引重量一般为 16 000 t，货车轴重为 33 t，最高时速可达 85 km；加拿大双层集装箱重载列车作为加拿大重载铁路运输特色之一，最高时速可达 100 km。在重载铁路的帮助下，铁路货运占全国铁路货物运输市场份额的 1/3 左右，铁路运输的货物中大约有 40% 用于出口。

（4）巴西重载铁路

巴西铁路是在 1996 年政府取消管理权并将其公开拍卖之后才得到蓬勃发展的，随后形成了 11 个铁路公司，拥有共计 28 614 km 的铁路[24]。在铁路私有化之后，铁路货运能力从 1999 年的 2.56 亿 t 增长到 2008 年的 4.597 亿 t，增幅达 79.6%。比较著名的巴西重载铁路为卡拉齐斯重载宽轨铁路和米纳斯重载窄轨铁路。卡拉齐斯重载宽轨铁路为单线铁路，是世界上效率最高的铁路之一，列车最大编组数量可达 330 辆，牵引总重量达 3.9 万 t，最大轴重为 31.5 t；米纳斯重载窄轨铁路全长 905 km，标准列车编组数量为 240 辆，列车采用分布式牵引方式，最高速度为 65 km/h[25]。

（5）南非重载铁路

南非重载铁路均是窄轨线路，轨距为 1067 mm，以姆普马兰加—理查兹湾重载运煤专线和锡兴—萨尔达尼重载铁矿石专线为代表。姆普马兰加—理查兹湾重载运煤专线长度为 580 km，从原有的 20 t 轴重提高到现有的 26 t，列车编组数量从 100 辆发展为 200 辆，牵引总重量达到了 21 500 t[26]。锡兴—

---

① 1 hp≈0.735 kW。

萨尔达尼重载铁矿石专线为 861 km 的单线，运行着 6200 辆货车，年运量达到 5230 万 t[27]，轴重由初始设计的 26 t 增至 30 t，于 2007 年 12 月 18 日通过引进分布式同步操控技术将列车分为由 3 组 114 辆货车构成的组合列车，列车编组数量达到 342 辆，列车总重达到了 4.235 万 t。

（6）瑞典重载铁路

瑞典是西欧国家中第一个开行重载列车的国家，经过 100 多年的改造和升级，基律纳—纳尔维克铁路已经由最初的 11 t 轴重逐渐发展为现在的 30 t 轴重。

2）国内重载铁路的发展

重载铁路作为我国大宗货物运输的重要手段和途径，自 20 世纪 80 年代开始就受到国家的重视和发展。我国由最初在既有线上通过技术改造开行牵引重量为 7000 t 左右的重载列车，逐步发展为通过新建大秦铁路专用运煤通道的重载运输方式，并不断地利用新的技术和试验手段，进一步提高大秦铁路的运能，历经 4 个发展阶段。

大秦线作为我国第一条电气化重载铁路运煤专线，其二十余年的发展也促进了中国铁路货运技术装备的进步，由最初开行牵引质量为 5000～6000 t 的单编重载单元列车，成功发展到了牵引重量为 2.1 万 t 的重载组合列车，年运输量由 2002 年的 1 亿 t 达到了 2011 年的 4.4 亿 t，打破了重载铁路年货物运输量的世界纪录[28]。大秦铁路采用了 SS4G、HXD1、HXD2 等电力机车，以及轴重为 25 t 的 C80 型重载专用货车，开行的重载组合列车利用了同步操控（Locotrol）技术，有效地降低了列车的纵向冲动。为进一步提高铁路货运效率，综合考虑国内外重载货车的现状，确定了未来我国大轴重通用铁路开行 27 t 轴重通用货车、新建重载运煤专线开行 30 t 轴重专用货车的目标，并以此为依据按 30 t 轴重的标准设计建造晋中南运煤通道。

2. 国内外重载列车动力学研究与发展

自重载铁路诞生以来，针对重载列车的运行安全性问题，国内外科研工作者开展了大量研究，主要体现在三个方面：列车纵向动力学研究、三维列车系统动力学研究和重载列车与轨道耦合动力学研究，三者分别侧重于重载列车的纵向冲动问题、重载列车轮轨动力学性能和列车与轨道的相互作用问题。

1）列车纵向动力学研究

列车纵向冲动问题是长大编组重载列车存在的突出问题，是各国铁路运输部门长期关注的焦点。为了解货物列车在牵引或制动时纵向动力作用的产生过程并降低列车纵向冲动水平，美国、加拿大、澳大利亚、苏联等国的铁路部门及相关学者自20世纪70年代便开始对列车纵向动力学进行系统深入的研究，研究手段主要为理论和试验方法相结合。

我国重载列车纵向动力学的深入研究始于20世纪80年代。80年代初期，列车动力学研究主要依赖试验技术。在理论研究方面，受当时计算条件的限制，主要是在了解列车基本冲动特征的基础上，进行部件的静态或准静态受力分析。80年代中期，为了满足国家发展重载运输的需求，列车纵向动力学仿真模拟的研究开始起步，并经历了一个蓬勃发展的时期，老一辈机车车辆专家开展了大量的研究工作。1986年，孙翔和余民宜[29]在我国率先研制了重载列车制动动力学计算分析程序，将计算结果与试验结果进行了比较，研究了制动初速、车钩间隙、缓冲器特性等对列车纵向冲动的影响，并提出了当时迫切需要开展的工作，包括缓解工况下的列车冲动研究、车辆混编时的纵向冲动、主机与辅机的操纵配合和列车通过不同平纵断面的纵向冲动分析。这标志着我国列车纵向动力学研究在理论研究上取得了突破，甚至是目前基本的建模思路与研究方法依然遵循于此。近十余年来，万吨及2万t长大编组的重载列车在重载专线上已普遍开行，机车车辆技术也取得了突飞猛进的发展，大功率交流传动电力机车、30 t轴重重载货车、新型制动阀、集成式制动装置、Locotrol等装备及技术逐渐应用于当前重载铁路。计算机技术的发展同样促进了仿真水平的提高，重载列车纵向动力学的研究内容也更为丰富。综合来看，列车纵向动力学自起始至今飞速发展，已开始融入流体动力学、控制理论等多种学科，求解规模逐渐增大，研究范围越来越宽广，研究内容也越来越复杂。

2）三维列车系统动力学研究

与列车纵向动力学关注的焦点不同，三维列车系统动力学的研究中更为关注列车的轮轨横向、垂向动力学问题[30]，如列车的运动稳定性、车辆脱轨、轮重减载、乘坐舒适性等。根据具体的分析需求，国内外学者建立了简繁不一的动力学模型，包括多自由度的单节车模型与多节车模型、自由度简化的列车动力学模型、详细的多节车编组模型等。所采用的分析工具最早是编制专门的计算程序，用于特定研究对象的分析。随着计算机技术和计算多体系统动力学的发展，20世纪80年代末至90年代初，SIMPACK、ADAMS、NUCARS、Vampire等商业软件在机车车辆动力学分析中进入应用阶段，多体系统动力学软件的开发为列车系统建模和动力学分析带来了极大的便利，并开始与 MATLAB 等软件进行联合仿真。截至目前，商业软件和用户编制的计算程序已成为主要的分析工具。分析的问题也从单一的横向或垂向动力学问题向列车三维动力学问题拓展，研究的内容越来越广，考虑的因素也更加复杂。

3）重载列车与轨道耦合动力学研究

长期以来，在车辆系统动力学与轨道动力学分开研究的大背景下，完整的车辆-轨道动力学理论及分析模型的提出经历了一个漫长的发展过程。

为适应我国铁路运输快速发展的需求，自 1990 年开始，西南交通大学翟婉明教授率先提出并系统开展了车辆-轨道耦合动力学的理论研究[31-33]，从系统工程学的角度考虑车辆与轨道的耦合振动问题。经过数年研究，建立了机车车辆-轨道相互作用统一模型，在国际上被称为"翟-孙模型"或"翟模型"，而为求解该庞大系统动力响应提出的新型快速显式数值积分法也被国际同行称为"翟方法"[34]。车辆-轨道耦合动力学的提出标志着列车与轨道相互作用的研究站在了新的起点上，在低动力作用转向架的设计、重载轨道的设计中发挥了显著作用。进入 21 世纪后，列车与轨道动力学的研究取得了新进展，进一步将理论研究推进到了列车-轨道-桥梁动力相互作用[35]，理论研究的深入和在工程实际中的广泛应用标志着车辆-轨道耦合动力学理论已经成熟[36, 37]。

（三）城市轨道交通车辆研究进展

1. 国内外城市轨道交通车辆的发展

城市轨道交通是采用轨道进行承重和导向的车辆运输系统，设置全封闭或部分封闭的专用轨道线路，具有车辆、线路、信号、车站、供电、控制中心和服务等设施，车辆以列车或单车形式，运送相当规模客流量的城市公共交通方式。城市轨道交通因具有节能、省地、全天候、少污染等优点而被誉为绿色环保交通体系，具有运量大、方便、快捷、准时、舒适、安全等特点，建立完善的城市轨道交通系统是缓解大中城市交通拥堵状况的一个有效措施。与传统的道路公共交通工具相比，现代城市轨道交通在行车密度、旅行速度、载客能力以及疏通客流能力方面有着无比的优越性。已有 50 多个国家建成城市轨道交通线路，100 多个城市拥有地铁（含轻轨）8000 多 km，主要类型有地铁、轻轨、单轨、有轨电车、中低速磁浮、自动导向轨道系统、市域快轨系统等[38-40]。

1）国外城市轨道交通车辆的发展

世界城市轨道交通的发展大致经历了 4 个不同阶段，分别为：1863~1924 年的初始发展阶段、1924~1949 年的停滞萎缩阶段、1949~1969 年的再发展阶段，以及 1970 年至今的高速发展阶段。世界上第一条城市轨道交通线路——伦敦地铁于 1863 年建成，由于当时电动机车尚未问世，列车采用蒸汽机车牵引。尽管早期地铁由于蒸汽机车带来的空气污染大，乘坐并不舒服，但世界各主要工业化国家的大城市都效仿修建了地铁。1890 年，第一条 4.8 km 的电气地铁开始运转。1896 年，当时奥匈帝国的布达佩斯开通了欧洲大陆的第一条地铁，共有 5 km，11 站，现今仍在使用。1898 年法国巴黎开始建造一条长 10 km 的地铁，于 1900 年开通。1895~1897 年波士顿建成美国第一条地铁，长 2.4 km。1904 年 10 月 27 日，当时世界最大的地铁系统在美国纽约市通车。1913 年，位于南美洲的布宜诺斯艾利斯地铁建成通车。20 世纪 30 年代，苏联莫斯科建立了地铁系统。1954 年，加拿大多伦多市的地铁通车。20 世纪 60 年代在蒙特利尔采用巴黎型轮胎车建造了第二个地铁系统。日本的东京、京都、大阪、名古屋等地先后于 1927 年、1931 年、1933 年和 1957 年建成地铁。

一类大规模建设与运营的城市轨道交通制式是有轨电车。1881 年，德国柏林工业展览会上展示了由西门子公司制造的世界上第一辆有轨电车。1888 年，美国弗吉尼亚州里士满市修建了世界上第一条商业运营的有轨电车线路。到 20 世纪 20 年代，美国有轨电车线路总长达 25 000 km。随后有轨电车在欧美国家得到了蓬勃发展，成为早期城市轨道交通车辆的主要发展制式。与此同时，悬挂式单轨交通等其他新型城轨车辆开始出现，与地铁、有轨电车形成互补的城市轨道交通运输体系。传统有轨电车一般设在城市中心穿街走巷运行，具有上下车方便的特点。然而，有轨电车行驶在道路中间，与其他车辆混合运行，又受路口红绿灯的控制，运行速度很慢，正点率低，而且噪声大，加减速性能较差。50 年代，随着汽车工业的迅速发展，西方国家私人小汽车数量急剧增长，大量的汽车涌上街头，城市道路面积明显地不够用，使得世界各国大城市都纷纷拆除有轨电车线路。

随着第二次世界大战后欧美经济的恢复，地铁建设随着全世界经济起飞而启动、加快。20 世纪 70 年代和 80 年代是各国地铁建设的高峰。1976 年，美国旧金山海湾区建成采用全自动操控的第一条高速地铁。同年，具有自动控制系统的华盛顿特区地铁正式开放。带有空调设备的轻型铝车厢由于设计铁轨和车厢的支承系统而更加平稳、迅速地运行，建筑美观和乘客安全等因素统一的地下车站也是现代列车与地铁建筑的特色。发达国家的主要大城市（如纽约、华盛顿、芝加哥、伦敦、巴黎、柏林、东京、莫斯科等）已基本完成了地铁网络的建设。但后起的中等发达国家和地区，特别是发展中国家地铁建设却方兴未艾。目前发达国家主要大城市的地铁网络已基本建成，在公交运输中发挥着重要的作用。近年来，越来越多的地铁线上推行自动驾驶技术和速度控制系统，根据给定的运行方案和区段的实际状况进行调速，保证区段内列车运行的自动化和安全，到站停车精确度很高。

由于地铁造价昂贵，建设进度受财政和其他因素制约，因此欧美大城市在建设地铁的同时，又重新把注意力转移到有轨电车上来，利用现代高科技开发了新一代噪声低、速度高、转弯灵活、乘客上下方便甚至照顾到老人和行动不便人士的现代有轨电车。在现代有轨电车车辆的发展过程中，低地板化是其主要标志之一。20世纪80年代后期开始出现各种形式的低地板轻轨车。德国的有轨电车是世界上技术最先进的列车。自1990年2月世界上第一列100%低地板轻轨车在德国的不来梅正式投入运营以来，各大轨道车辆厂商先后共制造出30多种型号的100%低地板轻轨车，这些车辆的结构形式和导向机理都各有特点，并且不断有新的技术形式涌现，100%低地板轻轨车以强劲的势头不断发展。目前，世界上已有270多座城市建有新型有轨电车系统。伴随着现代有轨电车的复苏，其他新型城轨交通，如轻轨、单轨、中低速磁浮、自动导向轨道系统、市域快轨系统也进入快速发展阶段。

城市轨道交通诞生至今已超过150年，其演变过程与城市化进程密切相关。现在世界上有170多个城市修建了城市轨道交通线路，运营总长超过14 500 km。当今世界的大城市中，轨道交通已在公共交通系统中处于骨干地位。例如，东京的轨道交通占公共交通的94%，伦敦的轨道交通占公共交通的89%。随着以中国为代表的发展中国家的兴起，进入21世纪以来，世界城市轨道交通建设步入新一轮的快速发展进程，随之产生了一系列需要深刻认识和解决的关键问题，涉及技术、工程、经济、环境、安全、法规、城市规划等多个领域。

2）我国城市轨道交通车辆的发展

我国城市轨道交通建设起步晚、发展快，目前正处于高速发展阶段，在建规模世界第一，上海和北京地铁运营里程高居世界前两位。我国目前建成与运营的城市轨道交通车辆包括地铁、轻轨、单轨、有轨电车、中低速磁浮、自动导向轨道车辆、市域快轨车辆7种主要类型。一般而言，世界各地城市轨道交通车辆车型没有统一的标准，往往是按照某个城市的轨道交通系统所需量身定制，我国地铁车型分为 A、B、C 三种型号以及 L 型，而其他制式的城市轨道交通车辆车型没有统一的标准型号[39-41]。

1899 年，我国第一条有轨电车在北京建成通车。1908 年，上海第一条有轨电车建成通车。受世界有轨电车线路拆除潮流的影响，我国到 20 世纪 50 年代末也拆除了大部分城市有轨电车线路，仅剩下大连、长春个别线路没有拆光，并一直保留至今，继续承担着正常公共客运任务。2006 年底，天津滨海新区开通了从法国引进的胶轮电车 Translohr，成为中国（不含港澳台地区）第一个使用胶轮电车的城市。2009 年，上海浦东新区张江地区也开通了胶轮式有轨电车。

1965 年 7 月 1 日，我国第一条地铁线路在北京开工，1969 年 10 月 1 日建成通车，线路全长 23.6 km，使北京成为中国第一个拥有地铁的城市。1970 年 6 月，天津开始修建中国的第二条地铁线，并于 1984 年 12 月开始通车。1990 年初，上海开始修建地铁，到 1993 年开通第一条路线。广州地铁一号线于 1993 年 12 月 28 日动工，1997 年 6 月 28 日开始运营。2000 年以前，全国城市轨道交通运营线路总长 146 km。仅北京、天津、上海、广州 4 个城市拥有地铁。

我国自 20 世纪 50 年代开始筹备地铁建设，现代化的城市轨道交通建设已经历了 50 多年的发展历程。在有轨电车与地铁建设的基础上，先后于 2003 年开通我国第一条轻轨——天津津滨快速轨道交通，世界首条高速磁浮交通线路——上海磁浮线，2004 年建成我国第一条跨座式单轨交通——重庆轨道交通 2 号线，2010 年国内首条无人驾驶的自动旅客捷运（automated people mover，APM）系统——广州地铁 APM 线通车运营，2016 年开通运营我国首条具有完全自主知识产权的中低速磁悬浮商业运营示范线——长沙磁浮快线，以及多条已开通运营的市域快线。

进入 21 世纪以来，随着我国经济的快速发展和城市化进程的加快，城市人口数量急剧膨胀，以致城市交通矛盾日趋严重，面临的道路拥堵、流动性差、环境污染和安全等问题愈加恶化。发展城市轨道交通已是我国解决大城市交通矛盾最重要的手段之一。在政府主导和市场参与下，我国城市轨道交通已经步入高速增长期。2001～2005 年建成 399 km，比前 5 年翻了一番多；2006～2010 年建成 910 km，比前 5 年又翻了一番多。2011～2015 年建成 2019 km，仍然比前 5 年翻番，共完成投资 12 289 亿元。2016～2020 年建成 4360 km，仍然比前 5 年翻番。

截至 2020 年底，我国共有 45 个城市开通了城市轨道交通，运营线路超过 200 条，运营线路总长度 7978.19 km，其中有 22 个城市拥有 4 条及以上运营线路[38]。其中，地铁 6302.79 km，轻轨 217.60 km，单轨 98.50 km，市域快轨 805.70 km，现代有轨电车 485.70 km，磁浮交通 57.70 km，APM 10.20 km。目前，我国城市轨道交通在建城市数量、在建线路数量、在建线路长度均超过已投运规模，高居世界第一，出现 7 种制式同时在建与运营的局面。

2. 城市轨道交通车辆系统动力学的研究进展

针对城市轨道交通车辆的动力学问题，国内外科研工作者开展了大量研究，主要体现在以下几个方面。

1）新型城轨转向架动力学研究

转向架是轨道车辆的关键子系统，直接影响车辆行驶的安全性和舒适性。由于城市轨道交通包含地铁、轻轨、单轨、有轨电车、中低速磁浮、自动导向轨道系统、市域快轨系统等多种轨道制式，轨道类型的差异对转向架结构提出了不同要求，这也使得新型城轨转向架的研发设计与动力学成为领域研究热点。城市轨道交通转向架按照所配套的车辆可以分为市域快轨、轻轨及地铁所用的传统铁道车辆转向架与新型城轨车辆转向架。传统铁道车辆转向架动力学研究比较成熟，其研究方法和研究结论大多可以借鉴普速与高速铁路转向架的动力学研究成果。

新型城轨车辆转向架包括低地板有轨电车转向架（又分为传统轮对低地板转向架、独立轮对耦合低地板转向架、独立车轮驱动低地板转向架三类）、线性电机地铁转向架、橡胶轮胎转向架（又分为跨座式单轨转向架与悬挂式空轨转向架两种）、中低速磁浮列车转向架、齿轨列车转向架等。新型城轨车辆不同类型的转向架存在结构差异，例如，低地板有轨电车转向架一般采用独立车轮驱动来提高小半径曲线通过性能，齿轨车转向架采用齿轮和齿条传动解决黏着力不足的问题，跨座式单轨转向架由橡胶轮胎实现一系悬挂的功能，磁悬浮列车的悬浮架代替传统钢轮-钢轨系统转向架的功能。尽管城市轨道交通车辆转向架的品类多种多样，但是城轨转向架基本由构架、轮对、轴箱体悬挂、制动器、驱动单元以及附属装置等组成，也都需要具有拥有良好的曲线通过能力、低磨损、低噪声、轻量化、安全可靠和便于维护的特点。因此，可采用经典的多体动力学理论建立不同类型的城市轨道交通车辆转向架动力学分析模型，研究它们的运行稳定性、平稳性以及安全性。

2）轮轨磨损问题研究

在城市轨道交通线网的规划设计中，为了照顾客流走廊，绕避严重不良地质地段、文物古迹、高层建筑、地下管线，减少工程投资等，不得不设计大量的曲线轨道。然而，车辆通过小半径曲线时激烈的轮轨横向作用不可避免地造成轮轨严重磨损。同时，城市轨道的高密度行车，以及采用大量的减振轨道结构设计，均不同程度地加重了轮轨异常磨损问题。城市轨道交通典型的轮轨异常磨损包括钢轨波磨、车轮多边形磨损、车轮轮缘异常磨损、钢轨焊接接头疲劳损伤等。国内外学者针对这些问题均开展了大量的理论与实验研究，然而并未完全揭示城轨车辆轮轨异常磨损的产生机理与发展机制，使得车轮多边形磨损、钢轨波磨等异常磨损成为城市轨道交通长期运营中需要面对的顽疾问题。要彻底解决这些问题，可能需要结合智能化的轮轨服役状态监测技术、大数据分析技术以及轮轨智能运维技术等。

3）城轨车辆与线路结构优化匹配研究

由于城市轨道交通车辆在穿越城市过程中产生的振动会对在沿线生活工作的人，以及一些对振动特别敏感的建筑造成一定的不利影响，因此，城际轨道交通线路中广泛采用减振型轨道结构，以减轻城轨车辆振动对沿线环境的影响。相对于传统轨道结构，减振型轨道结构通过降低轨道部件支撑刚度（如扣件系统刚度、轨道板支撑刚度等），来达到对轮轨系统隔振减振的目的。但是，轨道系统刚度的降低势必会影响车辆的动力学性能，因此，城市轨道交通车辆在减振轨道上运行的动力学性能如何，特别是在减振型轨道上运行的动力学性能如何，需要从车辆与轨道相互作用的大系统的角度加以分析，研究其与轨道的匹配关系及其对轨道结构的适应性。采用车辆-轨道耦合动力学理论，建立城轨车辆-减振轨道空间耦合动力学模型，可以系统地研究地铁车辆与轨道之间的动力相互作用特征，对城市轨道交通车辆悬挂参数与减振轨道结构部件参数的匹配关系进行优化设计。

4）城轨车辆振动噪声问题研究

轨道交通车辆噪声问题与车辆振动密切相关，可分为轮轨噪声、集电系统噪声、气动噪声，在列车不同的运行速度区域，其主导噪声不同，并且噪声可通过外界空气传播或结构振动传递至客室，车内噪声的大小与车体结构的密封性与隔振性能有着密切关系。由于运行速度低，因此城市轨道车辆的噪声源主要是轮轨噪声及其引起的隧道混响噪声。城市轨道车辆突出的轮轨噪声主要来源于曲线通过时的轮轨摩擦啸叫以及轮轨表面不平顺引起的冲击噪声。钢轨波磨、车轮不圆顺等轮轨表面周期性不平顺，不仅会引起轮轨系统的强烈振动和噪声，而且会导致车辆和轨道零部件的疲劳破坏，对列车运行安全构成威胁。此外，城市轨道交通线路大量采用隔离轮轨振动的减振轨道，使得城市轨道车辆振动噪声问题更加突出。车辆振动噪声问题严重影响旅客的乘车舒适度，目前国内外学者从车厢隔音设计、阻尼车轮、降噪钢轨以及隧道轨道吸音材料等方面开展了部分研究。然而，针对这一问题的研究还不够深入，还需要大量的理论与试验研究。

5）城轨车辆安全限界研究

城市轨道车辆穿越大城市中心，其运行限界直接关系到占用城市土地面积、隧道断面尺寸，对线路建造成本影响巨大。一方面，在满足城市轨道车辆运行安全的前提下，最大限度地缩小车辆限界，减小隧道断面尺寸，有利于节约投资；另一方面，在线路断面确定的前提下，尽可能增大地铁车辆的轮廓尺寸和加长车体长度，有利于提高载客量。从经济角度出发，现代城市轨道交通的发展既要求车辆安全限界尺寸小，又要求车辆轮廓尺寸大。这样势必带来经济性和安全性的矛盾，因此，合理地确定城市轨道车辆限界有助于矛盾的解决。在城市轨道车辆限界的计算中结合车辆动力学仿真，能更加科学可靠地校验地铁车辆运行的安全性，也能制定出更加安全经济的地铁限界。

二、面临的问题

（一）高速列车发展中面临的问题

高速列车在发展过程中面临的主要问题有以下几个方面。

1. 高速列车系统动力学问题

我国高速列车具有持续运行速度最高、持续运行时间最长的特点，这给列车长期服役性能的保证带来巨大的挑战。随着高速铁路运营时间的增加，列车及线路各部件会出现老化现象，列车的服役性能不可避免地会有所恶化，而轨道结构在长期服役过程中的几何状态也会发生变化，从而给旅客的乘坐舒适性带来影响。另外，高速列车要实现高速行车条件下平稳、安全可靠地运行，必须确保列车在设计初期、服役过程中均具备较高的临界速度，并且在轮轨型面磨耗、悬挂元件性能下降的情况下仍能保证列车高速运行时不发生蛇行失稳情况。

在高速车辆服役过程中，虽有各类技术标准或规定在不同运营时段（里程段）严格控制着参数的变化范围，但是各参数性能退化的周期、退化性能是非线性的，且各参数变化在服役过程中是同时存在的，多参数性能退化之后的列车性能能否满足其设计要求，在既有的动力学研究中尚未涉及。

因此，非常有必要完善高速列车系统动力学理论，掌握长期服役性能演变规律，确保其平稳和安全可靠运行。

2. 复杂环境下列车运行安全与可靠性问题

我国高速列车具有持续运行速度高、运行时间长和运行地域广的特点，线路条件、气候条件变化复杂，高速列车服役环境的复杂性导致列车面临的运行安全性问题更为重要。典型的复杂运行环境包括轨道结构失效、悬挂系统失效、强风环境、地震条件等，开展复杂运行环境下的车辆运行性能评判体系研究具有重要意义，同时有必要进行高速列车复杂运行环境下的安全性监控技术研究，从而为列车运行限速提供依据。

3. 全服役周期经济性问题

高速列车在全服役周期内的经济性问题具有重大的意义，从车辆设计和制造角度来说，高速列车在保证动力学性能和结构可靠性的基础上，应尽量降低成本。在高速列车长期运行过程中，车辆的运维成本主要取决于列车运行性能和结构疲劳可靠性，例如，延长车轮镟修里程的关键在于磨耗后车轮的车轮动力学性能，尤其是蛇行运动稳定性。因此，提高高速列车全服役周期内经济性的关键是保障车辆新造和长期运用的性能。

4. 绿色环保问题

随着世界范围内能源的紧张、环境的恶化，高速铁路的作用已越来越突出。但因高速列车轻量化的发展趋势，车辆在运行中的振动和噪声问题更为突出，造成列车的舒适性恶化。为此，铁路部门在努力维护良好轨道装备的同时，一直在寻求减小振动和降低噪声的各种方法，以改善旅客在列车上的乘坐舒适性。为实现高速列车的绿色环保性，需要开展系统的车辆减振降噪技术研究。减振方面包括悬挂系统被动/半主动减振技术、车下设备弹性吊挂技术、车端连接减振技术等；降噪方面包括降低空气阻力系数、减小会车/隧道时压力波、改进头车及受电弓结构外形、采用降噪材料和隔音结构、降低轮轨噪声等。

5. 高速列车空气动力学问题

随着大气环境的恶化，沙尘暴在我国北方频频出现。沙尘暴涉及风和沙两相，因此沙尘暴下的高速列车气动特性属于多相流问题。目前国内外学者更多关心的是沙尘暴的形成、治理以及结构特点，而缺乏对沙尘暴环境对结构或运行物体的影响的分析。

6. 高速列车谱系化问题

随着"一带一路"倡议的推进，高速列车面临多元化的运用需求，高速列车应以运用需求和服役环境为设计原则。开展高速列车标准化和模块化研究，实现基于不同运行条件、不同评判准则、不同定制要求的高速列车谱系化研制，满足多元化的运用需求。

（二）重载列车发展中面临的问题

重载列车在发展过程中面临的主要问题有以下几个方面。

1. 重载车辆与轨道动力相互作用问题

重载列车轴重大、编组长，其轮轨动态相互作用及列车纵向冲动较普通货物列车更为剧烈，由此引发了严重的轮轨磨耗、轨道结构损坏、钩缓装置破坏，甚至威胁到列车的运行安全。

2. 重载列车小半径曲线通过问题

由于重载列车在矿石、煤炭运输中具有无可替代的优势，因此其多运行于山区线路。受地形限制，山区铁路具有很小的曲线半径，长大编组的重载列车通过该段线路时往往存在剧烈的轮轨动力作用，这对重载列车的运行性能带来了严峻考验。

3. 纵向冲动及机车同步操纵问题

开行重载组合列车是当前提高铁路运能的一个重要手段，但在组合列车中的不同位置，机车需做到同步控制，否则会导致巨大的车钩力，对列车安全运行极为不利。目前，我国较多采用 Locotrol 技术，随着列车长度的增加，需要不断优化完善机车无线 Locotrol 技术或大力自主研发 ECP 技术。

4. 重载轮轨关系匹配问题

由于重载列车载重量增大，轮轨磨耗也十分迅速，降低了列车的动态性能，增加了车辆与线路的养护维修工作量，因此，需要研发适合大轴重列车的轮轨型面、开展钢轨打磨研究等。

5. 重载车辆状态修问题

重载货车车辆在运用中存在可靠性及性能的劣化行为，国际铁路货车检修制度正经历从定期检修制度向状态修制度的演变。状态修又称视情维修，是以货车状态监测为基础，保障货车部件（车轮、车轴、轴承、制动机构、钩缓、转向架构架、悬挂等）重要功能和安全性的一种维修行为。恰当的维修时机未必是定期维修周期，过早可能造成巨大浪费，过晚则可能造成安全事故或重大损失。我国已应用的有关技术（转向架退化状态与货车车辆安全监控技术）基本覆盖了货车关键部件的服役状态检测/监测。但各T开放度有限，数据采集与传输各自独立，加上可靠性不高，导致信息利用率偏低，难以支撑状态修程修制的建设。因此，开展状态修研究，成为保障货车处于良好状态、确保货物列车运用安全、实现良好运输效益的关键。

（三）城市轨道交通车辆发展中面临的问题

城市轨道交通车辆发展中面临的主要问题有以下几个方面。

1. 轮轨异常磨损问题

城市轨道交通车辆具有运行密度大、加减速频繁、通过小半径曲线多、载客量大等特点，轮轨相互作用强烈，轮轨磨损问题突出。常见的轮轨磨损形式有车轮踏面磨耗、踏面擦伤、踏面剥离、轮缘磨耗、轮缘缺损、车轮不圆、钢轨波磨、钢轨接头疲劳损伤、轨顶磨损等，轮轨磨损大大增加了车轨交通的运维工作量，带来了高额的维修费用，缩短了轮轨使用周期。统计数据显示，我国每年至少需要投入80亿元用于轮轨的维修和更新。因此，研究提出城轨车辆轮轨磨损的控制技术，降低轮轨的维修费用，延长轮轨的使用寿命，对保障城市轨道交通的健康持续发展具有重要意义。

2. 减振降噪问题

城市轨道交通车辆多运行于城市内部，极大地缓解了日趋严重的城市交通压力，给公众出行带来了极大的便利。但是城市轨道交通车辆运行不可避免地给环境带来振动和噪声等问题，影响乘客和轨道沿线人们的正常生活，并造成周边建筑物的损坏以及精密仪器无法正常使用。随着人们对周围环境的振动日益敏感，对控制振动与噪声提出了更高的要求。控制城市轨道交通车辆产生的振动与噪声对环境产生的污染正成为研究热点，车辆的减振降噪已成为城市轨道交通发展中亟待解决的关键问题。

3. 安全可靠性问题

转向架是城市轨道交通车辆的重要走行部件，对保证车辆运行稳定与安全起着关键作用。然而，城市轨道交通车辆高峰期客流量的严重超员、车轮多边形与钢轨波磨等轮轨界面异常磨损以及线路不平顺等因素引发过大的轮轨动力作用，不同程度地增加了城市轨道交通车辆关键部件的结构安全风险。我国城市轨道交通车辆检修发现，城市轨道交通车辆在服役过程中转向架构架电机吊座以及转臂定位座等关键部位易出现一定程度的疲劳裂纹，轮轨冲击引起的转向架一系钢弹簧与悬挂部件断裂现象时有发生，给列车运营带来了极大的安全隐患，同时也增加了车辆的维修成本。因此，在城市轨道交通车辆的长期服役过程中，对转向架等关键部件进行服役状态健康监测，成为保障城市轨道交通车辆安全运行的关键问题。

4. 标准化问题

由于城市轨道交通的个性化设计需求突出，国内外城市轨道交通车辆往往基于不同的车型平台进行研制，各条线路的车辆制式不同，标准不统一，配置多样，品种繁多，产品模块化、标准化程度低，不仅不利于车辆的互联互通，而且大幅增加了用户的运用维护成本[41]。同时，基于不同的产品特点，在基础理论、前沿技术和核心技术等领域开展了大量研究工作，资源浪费严重。我国城轨车辆应用规模巨大，为减少城轨车辆研发成本及缩短研制周期，解决不同产品平台差异带来的成本增加等问题，研制具有自主知识产权的系列化中国标准城轨列车已迫在眉睫。系列化标准城轨车辆的研制及其推广应用，是引领城市轨道交通技术的重要发展方向，可推动相关轨道交通装备产业的发展，提高轨道交通制造业的产品质量、创新能力和综合素质的有效途径。

5. 轻量化问题

城市轨道交通车辆的轻量化已经成为研究人员所关注的热点问题。重量作为衡量整车的一个参数，合理地控制重量是改善车辆运行性能与降低系统能耗的重要因素。对城轨车辆车体结构进行减重，是作为增强其承载能力最直接的方式。城轨车辆的轻量化不仅能提高其载客能力与运行速度，而且能降低列车在运营中的牵引能耗以及带来的噪声污染，在提高列车乘坐平稳性的同时延长了车辆与线路的使用寿命。对于城轨车辆轻量化，在满足车辆安全可靠与合理成本控制的条件下，通过降低车辆自重，减小运动阻力，可使得对整车车辆使用时的经济效益最大化，也是响应国家环保节能的重要举措。

三、未来发展趋势

纵观轨道交通发展历史，从蒸汽机车、内燃机车、电力机车到动车组运载水平发展，无不伴随着工业革命带来的重大技术突破推动。轨道交通车辆技术的发展应与交通领域的发展方向一致，以安全、可靠、绿色、高效、智能为发展目标。

（一）高速列车的未来发展趋势

面对未来国际、国内高速铁路激烈竞争的市场，近年来各个国家和地区从不同的角度及技术层面积极吸收与运用当代先进科技成果进行技术创新，其深度和广度可以称得上一次跨时代的高速铁路技术革命，能源、效益、经济和生态的环境友好型研发理念贯穿于各个产品的设计环节。未来高速列车的发展将逐渐趋向于智能化、谱系化和更高速度。

1. 智能化

智能化高速列车是未来的重要发展趋势。结合高速列车运行安全性、关键部件失效性、可靠性和服役性能评估的系列模型库，对列车服役可靠性进行评估，预测影响高速列车运行安全性的潜在因素，为高速列车全生命周期管理和最优化设计提供依据。在决策知识库和安全评估模型的基础上结合动态数据与历史数据的融合结果，建立相应的决策方法库和推理机制。研究决策标准库的表达方式，开发多系统交叉的专家知识库，研制决策支持专家系统,并制定与应用管理平台的数据接口,全面为智能列车安全决策服务。

2. 谱系化

深入落实高速列车谱系化设计理念,依据不同需求设计不同系列的列车,形成基于需求的高速列车产品谱系。设计出多种不同功能或相同功能、不同性能的系列列车。可以同时满足车辆的功能属性和环境属性,一方面可以缩短车辆研发与制造周期,增加列车系列,提高产品质量,快速应对市场变化;另一方面,可以减少或消除对环境的不利影响,方便重用、升级、维修和产品废弃后的拆卸、回收和处理。

3. 更高速度

速度是衡量高速列车技术水平的重要标志,目前欧洲、日本等国家和地区都在不断研制更高速度的高速列车,为保持我国在速度领域的领先优势需要持续深入研究时速 400 km 及以上的高速列车共性基础理论与关键技术,为实现更高速度的高速列车的商业运用奠定基础。

(二)货运列车的未来发展趋势

20 世纪 90 年代以后,在重载铁路运输技术领域,广泛应用新材料、新工艺、电力电子、计算机控制和信息技术等现代高新技术,使重载运输技术及装备水平得到很大提高。目前我国重载机车车辆技术主要集中在 25 t 轴重,亟须加强重载核心技术与关键装备的自主创新,以提高我国货物重载运输技术装备水平。另外,高效、便捷、安全的铁路货运和物流配送体系日益成为决定地区与国家制造业竞争力的重要因素之一,发展快捷货运技术也是提升我国货运能力的一种新的途径。货运列车的未来发展趋势如下。

1. 大功率重载机车

大功率重载机车的未来发展趋势主要包括三相交流异步电机轻量化,采用大功率牵引变流器和基于网络(现场总线)的控制系统,通信协议多采用列车通信网络(train communication network,TCN)国际标准,具有智能化故障诊断功能。

2. 大轴重重载货车

大轴重重载货车的未来发展趋势体现在大轴重、低自重、低动力作用。

货车轴重多在 30 t 以上，部分铁路达到 40 t，普遍采用低合金钢及铝合金、不锈钢轻量化车体，配备自导向径向转向架或导向臂式转向架、高强度车钩、大容量缓冲器，部分重载货车采用牵引杆技术，提高车轮材质，增强抗剥离性。

3. 重载列车无线同步操纵

采用机车 Locotrol 和 ECP 两种方式。目前 Locotrol 已发展到第四代，接口简化且具有更高可靠性，其主要优势为可提供最佳动力分配和制动操作，减小列车在陡坡运行时的车钩受力，更快地加速和减速，增加牵引效率和减小滚动阻力，更快地制动缓解动作，可将多个短列车连接成一个长列车。ECP 采用信息技术直接用计算机控制列车中每辆货车制动缸的制动和缓解，加快了制动速度，缩短了制动距离，降低了车辆间纵向冲动力，优越性非常明显，有线通信方式适用于固定编组单元列车，无线通信方式比较灵活，但需在每节车辆安装电源和无线收发装置。

4. 重载列车智能运行控制

调度集中（centralized traffic control，CTC）系统均采用双套设备，以确保 CTC 系统的高安全性、高可靠性和高可用性；调度集中系统功能齐全，显示内容丰富、显示界面灵活，CTC 的主要功能正向智能化、系统化、综合化方向发展。基于通信的列车自动控制系统（communication based train control system，CBTC 系统）以全球定位系统（global positioning system，GPS）局部决策系统为核心，包括决策管理、速度自动控制、列车故障控制、路旁集成检测监控、道口报警、机车动力控制及安全警报、车站进路优化、列车自动操纵（无司机）等子系统。与传统基于轨道电路的列车控制系统比较，CBTC 的优势主要表现在整体性强，系统结构简洁，支持双向运行，可根据需要使用不同的调度策略，实现移动闭塞，可优化列车驾驶的节能算法，增强节能效果。

5. 快捷高速货运列车

快捷高速货运列车的未来发展趋势为：形成快捷货车、驮背车、公铁联运车、高速货运机车、货运动车组等快捷货运装备技术体系和产业化能力，搭建我国以铁路为骨干的综合运输一体化技术平台，主要包括铁路多式货物联运适配系统技术、时速 160 km 的货运列车关键技术及装备研制、公铁便捷联运铁路货运关键技术及装备研制、时速 250 km 以上的货运动车组研制。

(三) 城市轨道交通车辆的未来发展趋势

在过去的数十年间，随着我国城市轨道交通开通城市数量、运营线路里程、车辆数量、载客量等的剧增，我国已经成为世界上最大的城市轨道交通市场，也使世界城市轨道交通的发展焕发出新的生机。城市轨道交通巨大的发展规模和快速的发展阶段，为城市轨道交通车辆的技术创新提供了前所未有的机遇。未来城市轨道交通车辆的发展将逐渐趋向于多样化与谱系化融合创新发展、绿色环保与安全高效化发展、自动化与智能化发展。

1. 多样化与谱系化融合创新发展

城市轨道交通不仅是城市大众运输工具，而且是众多大城市的形象特征之一。因此，城市轨道交通车辆在今后仍然具有很大的个性化发展需求。但是，车辆多样化带来的运用维护成本高的突出缺点使得城市轨道交通车辆的多样化发展会不断往谱系化融合的方向发展。根据不同城市规模与特色需求，设计出不同制式、不同性能、不同环境属性的系列化城轨车辆，形成基于需求的城市轨道交通车辆产品谱系。城市轨道交通车辆的多样化与谱系化融合创新发展，不仅可以缩短车辆研发与制造周期，提高产品质量，快速应对市场变化；而且可以方便城市轨道交通车辆的互联互通，降低运维成本，提高城市轨道交通车辆使用环境的适用性。

2. 绿色环保与安全高效化发展

低碳绿色与经济高效是国内外城市轨道交通车辆今后的重要发展方向。通过采用轻量化设计，降低列车重量，从而降低运营能耗；优化车辆热传导、对流和辐射三种传热方式，最大限度地减少热量传递，节约空调负荷；采用更优的综合舒适性控制策略，从而降低运营能耗；优化列车运行曲线，提高再生制动能量的回馈率；采用新型减振吸音材料，降低车辆运行对周围环境的噪声污染；优化轮轨匹配设计，减轻轮轨磨损，降低车辆全生命周期成本，提升车辆运行安全性，推动城市轨道交通车辆的绿色低碳的转型升级，促进城市轨道交通行业的高质量、可持续发展。

3. 自动化与智能化发展

城轨车辆的自动化运营与智能化运维是未来的重要发展趋势。先进的列车自动驾驶技术可以有效地提高行车安全性、改善效率、提高密度、增加旅客的舒适度、减少司机人控不确定性、降低司机劳动强度。目前，地铁列车自动驾驶技术已得到大规模应用，然而其他制式的城轨车辆的自动驾驶技术应用较少，特别是运行环境复杂的有轨电车。车辆自动驾驶是建设高效率、高密度、高可靠性的城市轨道交通体系的关键，今后仍有较大的发展空间。

智能运维对轨道交通车辆的安全性、可靠性和运营效率有巨大的提升作用，将成为今后数十年轨道交通领域的研究热点。车辆智能运维系统在传统车辆运维检修的基础上，融合了车载传感技术、实时数据采集技术、4G/5G先进传输技术和智能轨道检测技术等新兴技术，配合着大数据分析决策和人工智能分析，在智能感知车辆关键系统运行状态、车辆轮对参数检测、自动识别预警等领域开始发挥重要作用[42]，成为城轨车辆健康状态自动监测的关键技术手段。

第三节　重点研究方向与前沿科技问题

一、重点研究方向

（一）高速列车重点研究方向

针对目前最高时速 350 km 的高速列车在实际运行中的长期服役性能、时速 400 km 及以上高速动车组关键技术，重点开展的研究方向如下。

1. 基于大系统耦合动力学的优化控制

以高速列车为研究单元，研究列车的运动行为和动力学性能，掌握列车运行与线路、接触网、供电系统、气流和环境的相互作用关系，实现高速列车系统动力学性能的优化和控制，保证其良好的轮轨关系、弓网关系、流固耦合关系、机电耦合关系和环境耦合关系，实现系统的全局控制。

2. 高速列车设计—制造—运营维护全生命周期的性能优化

以高速列车性能提高和能力保持为目标，研究高性能和高稳定性（鲁棒性）的设计方法；通过建立参数误差到性能偏移的映射关系，研究制造精度和性能控制策略；基于运行状态感知和辨识，实现服役过程性能与参数演变规律的评估，用于再设计和再优化；基于关键部件的材料磨损、疲劳、腐蚀等服役行为和材料失效机理，研究关键结构及材料的服役可靠性；通过状态修技术研究与应用，实现高速列车能力保持，提高列车周转和运用效率，减少维修成本，实现高速列车设计—制造—运营维护全生命周期的性能优化。

3. 高速列车耦合振动特性与振动传递机制

开展高速列车刚柔耦合系统动力学及减振理论研究，研究高速列车的振动传递关系和频率特性，转向架、车体及车下悬吊部件的耦合振动行为，掌握轨道、轮对、转向架和车体间的振动传递机制及对列车运行平稳性和乘坐舒适性的影响，并提出有效减振方法；考虑高速列车结构的多元化结构特性，研究高速列车系统的整体共振、部件共振和局部共振特性，掌握不同频率共振载荷作用下的结构应力响应分布和统计规律，揭示列车关键部件共振失效和共因失效机理，研究以疲劳寿命和结构动力学特征变化为预警机制的结构可靠性评估及失效识别方法。

4. 高速列车及其耦合系统服役性能演变规律

开展高速列车服役过程的蛇行运动失稳机理及其动力学性能研究，研究轮轨型面匹配、车辆结构和悬挂参数、轨道不平顺等对蛇行运动分叉形式、频率和幅值、行车安全性与舒适性的影响规律。

5. 基础结构性能演变对高速行车安全平稳性的影响及其控制

研究线路几何状态演化对高速行车安全平稳性的影响及其控制准则，研究轨道支承状态劣化对高速轮轨动力作用的影响及安全维护，开展桥梁结构变形对高速行车安全平稳性的影响及安全限值研究，研究高速铁路基础不均匀沉降对行车安全平稳性的影响及其限制准则。

6. 基于多相流的高速列车流固耦合动力学及流固耦合振动行为

针对多相流环境下的高速列车安全性问题，考虑高速列车多相流计算流体力学与车辆系统动力学的相互影响，构建高速列车多相流计算流体力学与车辆系统动力学的联合仿真环境。研究列车的气动力特征和振动特征，分别针对环境风、会车和隧道通过等典型工况，提出适合于具体工况下气流与列车相互作用的计算模式。针对风、沙、雨、雪等多相流，研究列车运行安全与风、沙、雨、雪等级，列车运行速度之间的关系，提出优化列车抗风、沙、雨、雪等的能力，评定和优化高速列车在多相流下的运行安全性。

7. 高频强振动条件下牵引电机、轴承与齿轮的运动行为、失效机制、评估方法及阈值

分析轴承摩擦、润滑和振动三者间的相互作用关系，研究轴承在三者耦合作用下的接触界面力学性能，探究滚动轴承内部各零部件间的动力响应和失效机理，结合现有高速列车滚动轴承试验平台，揭示不同运动模式和轴承失效的关系；研究轮轨接触冲击、气液流扰动和噪声激励对齿轮传动系统的动态响应转化过程，揭示齿轮系统部件之间的力学传递规律，研究轮轨磨耗、电机谐波转矩等高频激励下齿轮传动系统动态服役特征，揭示系统相关部件振动局部化、多模式转变和转移规律；分析轴承与齿轮失效行为、失效传递关系及失效链，提出轴承与齿轮失效阈值，从而提升关键零部件的服役寿命、运行安全性与可靠性。

8. 高速列车振动噪声及其控制

高速列车高速运行产生的噪声也是高速铁路需要解决的问题之一，根据噪声来源可分为轮轨噪声、集电气系统噪声、空气动力噪声、建筑物激励噪声和其他的机械噪声等，须结合各种声源的特点对列车噪声控制进行研究。

9. 高速列车服役性能的在线监测技术

研究符合轨道交通特点的检测技术，包括基于无线网络传输的检测技术、连续测力轮对等关键技术，实现对高速车辆、轮轨关系和弓网关系的在线检测。研究轨道车辆的整车和零部件的台架试验方法、线路综合试验和运行跟踪试验方法，以及基于状态的维修规程。

（二）货运列车重点研究方向

1. 重载列车与线路基础结构动态相互作用

随着货运铁路向重载及高速化发展，列车与线桥之间的动力相互作用严重加剧，已成为货运铁路线桥设计中必须解决的重大关键技术问题。研究内容主要包括：重载列车与线桥结构动态相互作用的建模及仿真分析，基于轮轨系统动态性能匹配的重载铁路车辆、轨道参数与轮轨动力性能的关联关系，基于行车安全性的重载铁路轨道几何不平顺幅值控制，轨道局部几何状

态（如表面擦伤、剥离、波浪形磨耗、接头焊缝压陷以及轨枕空吊、道床暗坑等）的维护技术，路桥、路隧过渡段的设计方案。

2. 大轴重新型货车设计

大轴重新型货车设计主要包括转向架与车体创新设计两部分。一方面，以车辆系统动力学研究为核心，以轮轨低动力作用为目标，研究大轴重新型货车转向架技术。研究大轴重新型货车的基础制动技术，重点研究制动距离、车轮直径、闸瓦与车轮接触面积、闸瓦压力、车轮热负荷、轮辋厚度等参数之间的关系。另一方面，以提高车体载重比、体积比为目标，研究大载重车体技术。在研究高强度材料的同时，研究车体强度、刚度和模态的协调关系及优化匹配，研究车体等强度的设计和制造技术，实现重载货车车体的轻量化。针对不同运用环境特征，在研究材料的服役性能和失效机制的基础上，研究重载货车零部件的等寿命设计优化。

3. 大功率机车关键技术

30 t 及以上轴重的大功率机车必将逐步应用，重载铁路复杂运行环境下轮轨的黏着限制与多机车协同控制亟待解决。大功率机车的主要关键技术包括：大功率机车转向架的低动力作用设计，空转滑行识别方法和优化黏着控制方法，研制大功率机车的黏着控制装置；基于大功率机车传动系统故障产生机理及演变规律，研制牵引传动系统故障实时诊断平台；基于协同控制理论的大功率多机车协同控制方法，研制多机车协同控制系统。

4. 重载列车纵向冲动控制及智能操纵

大轴重、长编组列车的开行是一项复杂的系统工程，列车编组方案、机车车辆特性、制动性能的改变，必将对列车运行产生影响。长大列车纵向动力学一直是国内外发展重载运输需要关注的问题，长大列车牵引模式、编组、机车间的操作配合、制动及缓解等不同条件引起的列车纵向冲动问题是发展长大列车重载运输的重要瓶颈。重点研究机车集中牵引、分散牵引的不同牵引模式和列车启动工况、紧急制动、常用制动、缓解调速、长大坡道调速制动等不同列车制动工况时的机车操纵方法与列车纵向冲动的关联关系；研究多种工况下运行时不同钩缓特性对列车纵向冲动的影响，研究不同车钩状态、车钩间隙对列车纵向动力学的影响；开展列车制动特性与纵向冲动关联性的研究。

5. 重载车辆状态修

针对货车的运行特点和结构特点，特别是车上无电的特殊性，建立具有特殊线型和不平顺设置的标准线路；研究货车状态和货车性能的相互关系，建立货车状态修的修程修制。重点研究重载铁路标准实验线技术、货车状态地面监测技术、状态识别技术、重载货车安全性能分析技术、状态修评价指标技术、状态修信息化管理技术，实现货车状态修，进一步提高货车运行的可靠性、安全性和经济性。

6. 时速 160 km 货运列车关键技术

研究低磨耗、低轮轨作用力、低噪声和高可靠性的快捷货车与机车转向架；研究小连挂间隙、低纵向冲动、防脱防跳的快捷货运车钩缓冲技术；研究满足我国快捷运输要求的安全监控和系列化集装化器具技术；搭建铁路快捷列车产品平台。

7. 时速 250 km 及以上货运动车组关键技术

研究高速货运动车组承载系、走行系等关键技术；研究货物便捷定位、重心自适应控制、快速装卸等关键技术；形成高速货运动车组设计、制造、运维一体化技术与装备体系。

（三）城市轨道交通车辆重点研究方向

1. 轮轨磨损机理及其控制技术

轮轨磨损问题是国内外城市轨道交通车辆应用中面临的突出问题，严重影响行车安全与运维成本。为了解决城市轨道交通车辆轮轨磨耗的问题，需要针对不同城市轨道交通车辆及线路结构形式，从磨损的形成机理、引发原因、预防措施、维护方法等方面开展系统深入的理论分析与试验研究，最终提出城市轨道交通车辆轮轨磨损的成套控制技术，降低轮轨的维修费用，延长轮轨的使用寿命，保障城市轨道交通的健康持续发展。

2. 减振降噪技术

城市轨道交通车辆运行带来的环境振动和噪声污染问题，已成为城市轨道交通发展亟待解决的关键问题，亟须开展系统性的基础理论与关键技术研究。未来的城市轨道交通车辆设计，须采用新型减振吸音材料（如弹性橡胶车轮、阻尼钢轨等），降低车辆运行对周围环境的噪声污染。同时，需要进一步优化车辆与减振轨道结构的优化匹配设计，降低轮轨动力作用，减轻车辆运行对环境振动的影响。

3. 轻量化技术

随着车辆结构轻量化、模块化、耐碰撞等设计理念的不断更新，自动化、智能化加工技术的快速发展，高性能新材料层出不穷，城市轨道交通车辆轻量化已成为可能。因此，减轻车辆重量、降低牵引功率与轮轨动力作用、提高运输效率将是城市轨道交通车辆的下一步重点发展方向。同时，新材料在城市轨道交通车辆中的应用及车辆轻量化带来的动力学问题将是未来重点研究方向之一。

4. 新型转向架技术

城市轨道交通作为城市的形象特征之一，使得城市轨道交通车辆的个性化设计与新型城市轨道交通车辆（单轨、有轨电车、中低速磁浮、自动导向轨道车辆系统等）仍然具有很大的市场需求。新型城市轨道交通车辆所采用的主动导向技术、独立车轮自导向技术、自动驾驶技术等新型技术需要车辆动力学、主动控制理论、多目标优化理论等基础理论与研究的支撑，这也意味着新型城市轨道交通车辆相关技术与基础理论研究将成为今后的研究重点。

5. 智能运维技术

轨道交通车辆的智能化运维已成为必然趋势。城市轨道交通车辆智能运维利用智能化的监测传感技术获得车辆运行及列车安全运营关键设备的状态数据，建立车辆信息数据库，通过异常预警、预判分析等手段，排除影响列车安全运营的不利因素，提高车辆运营的可靠性和安全性，并通过专家分析数据积累，优化车辆设备维修模式、提升维修诊断效率和资源利用率。城市轨道交通车辆智能运维涉及的智能监测与传感技术、先进通信技术、大数据人工智能技术、智能决策技术以及智能控制技术将成为今后研究的重点与热点。

二、前沿科技问题

（一）高速列车前沿科技问题

1. 高速列车系统服役性能演变机理

随着高速铁路运营时间的增加，列车各部件会出现老化现象，列车的服役性能不可避免地会有所恶化，从而对行车安全性与旅客乘坐舒适性带来影响。另外，高速列车要实现高速行车条件下平稳、安全地运行，就必须确保列车在设计初期、服役过程中均具备较高的临界速度，并且在轮轨型面磨耗、悬挂元件性能下降的情况下仍能保证列车高速运行时的安全性与舒适性。因此，在高速列车长期服役过程中，确保列车各级子系统可靠，保证列车安全、舒适、可靠运行成为高速列车重要的基础科学问题之一，有必要有针对性地、系统地开展理论、仿真和试验研究。主要基础科学问题包括：车轮踏面磨耗、车轮周向多边形磨耗、高频弹性振动、结构部件失效的成因与机理，轮轨型面、车辆结构和悬挂参数等性能劣化对高速列车动力学性能的影响机制及其控制准则。

2. 高速轮轨系统耦合作用机制及匹配机理

随着高铁在我国广泛使用，加上高铁"走出去"及"一带一路"倡议的推进，高速列车面临更多样化和更严苛的运行环境。高速列车与固定设备及自然环境形成广义动力学系统，该系统表现为随机非线性、时变非线性、拓扑突变、多时空尺度等特点，为高速列车的系统性研究带来挑战，复杂的多相流高速流场及多场高速接触界面使得多系统耦合作用机理及匹配机制异常复杂。为此，需要对以下科学问题进行深入研究：考虑高速列车与运行系统和运行环境强耦合作用的刚柔混合、机电耦合、流固耦合以及滚动与滑动界面耦合多场耦合的高速列车复杂耦合大系统广义动力学；高频、强振动条件下的轮轨、轴承等滚动接触力学行为和弓网、制动副、齿轮副的滑动接触力学行为以及高速接触副多场耦合界面力学；考虑多相流高速空气动力学行为和性能表征的近地面大气边界层中更高速及超高速列车的多相流气动力学；考虑不同风特性边界条件、地面效应、气动热效应和列车姿态影响下的气动力学；考虑移动物体表面形貌对气动力的影响，进而以减小阻力、噪声和升力等气动参数为目标的表面形貌优化原理；极端负荷与极端环境耦合作用下关键结构的损伤和疲劳破坏机理。

3. 高速列车蛇行运动机理及安全控制

在我国高速动车组运营中，蛇行运动时有出现，引起转向架横向加速度报警和车体异常振动。主要原因是轮轨型面磨耗，尤其是车轮踏面集中磨耗，引起轮轨关系匹配不合理，高速列车蛇行运动机理及相关评判准则有待深入研究。为此，有必要以高速动车组运营跟踪动力学测试数据为基础，以动力学仿真、滚动振动试验台和轮轨摩擦磨损试验台试验为手段，将蛇行运动机理、车轮踏面磨耗和轮轨型面匹配有机结合开展研究。深入开展基于高速列车实测数据的车轮型面磨耗预测和评价方法及踏面磨耗后轮轨匹配强非线性对蛇行运动影响的研究，为控制或避免蛇行失稳提供车轮型面及轮轨匹配参数的范围，研究高速列车蛇行运动机理及安全性评价方法，提出高速列车轮轨型面和悬挂参数的匹配方法，保证高速列车在整个服役过程中具有足够的蛇行运动稳定性。

4. 高速铁路基础结构劣化状态下的行车安全控制

在高速铁路长期运营过程中，高速车辆-基础结构耦合系统动力学响应既是车辆、轨道及桥梁（或路基）服役性能的综合表现，也是高速铁路基础结构服役性能进一步演变的催化剂，两者之间互为因果、相互影响。一方面，高速铁路基础结构的组成材料属性不同、结构部件数量众多、结构动力性能差别大等特点，使得高速车辆-基础结构耦合动力学系统庞大、自由度高、非线性强，其耦合作用机制颇为复杂；另一方面，在高速铁路服役过程中，关键工程材料劣化、部件损伤以及基础结构不均匀变形等持续变化，使得耦合系统动力学问题更加复杂多变。基础科学问题主要包括：考虑关键工程材料微结构损伤、结构部件性能劣化、基础结构不均匀变形的高速车辆-轨道耦合系统动力学，复杂环境下高速铁路基础结构服役性能劣化与车辆相互作用机理，基础结构服役性能劣化与高速车辆-基础结构耦合作用的相互影响及其循环劣化演变机制，高速铁路服役过程中的轨道几何状态恶化、轨道支承状态劣化、桥梁结构变形、过渡区状态变化、路基不均匀沉降等对列车运行安全平稳性的影响机理，高速列车运行安全控制准则，基于材料劣化、部件损伤与结构不均匀变形时空演变规律的高速列车长期服役安全评估。

5. 高速列车脱轨机理与评判准则

轮轨力测量对铁道车辆运行安全评估和状态监测具有重要意义。现行高速列车动力学评估标准中，轮轨力测量直接关系到车辆脱轨、蛇行失稳以及轮轨接触状态等多方面的安全评估。由于国内外尚无满足连续、无损测力需求的轮轨力测试技术，因此有必要开展高速列车无损测力轮对技术或轮轨力间接测量技术的研究，进一步深入开展高速列车爬轨脱轨机理分析，提出相适应的脱轨安全评判准则。

（二）货运列车前沿科学技术问题

1. 长大货运列车轮轨动态性能匹配及低动力作用

货运列车具有编组长、轴重大、速度较快等特点，铁路里程长，跨越不同地貌、不同气候区域，其基础结构形成一个竖向多层、纵向异性的带状系统，具有材料属性差别大、结构层次多、空间跨度广、环境复杂、时变性显著等特征。因此，重载铁路的轮轨动态性能是否匹配，将影响长大货运列车的运行安全性和经济性，亟待开展与之相关的技术难题研究，以满足我国重载铁路快速发展的迫切需要，提升货运铁路动力学技术水平。前沿科学技术问题包括：重载列车与线桥结构动态相互作用的建模及仿真分析，基于轮轨系统动态性能匹配的重载铁路机车车辆、轨道参数与轮轨动力性能的关联关系，基于低动力作用的重载机车车辆与轨道的动态性能匹配，基于行车安全性的重载铁路轨道几何不平顺幅值控制，轨道局部几何状态（如表面擦伤、剥离、波浪形磨耗、接头焊缝压陷以及轨枕空吊、道床暗坑等）的维护技术，路桥、路隧过渡段设计方案。

2. 新型货车转向架与车体设计技术

以车辆系统动力学研究为核心，以轮轨低动力作用为目标，研究新型货车转向架技术，研究新型货车的基础制动技术，重点研究制动距离、车轮直径、闸瓦与车轮接触面积、闸瓦压力、车轮热负荷、轮辋厚度等参数之间的关系。以提高车体载重比、体积比为目标，研究车体技术，在研究高强度材料的同时，研究车体强度、刚度和模态的协调关系及优化匹配，研究车体等强度的设计和制造技术，实现货车车体的轻量化。针对不同运用环境的特征，在研究材料的服役性能和实效机制的基础上，研究重载货车零部件的等寿命设计优化。

3. 大轴重与大功率机车设计技术

重载铁路列车须采用大轴重、大功率的电力或内燃机车，并追求轮轨之间的最佳黏着特性来提高机车的牵引能力。主要关键技术包括：低动力作用的大功率机车转向架设计，空转滑行识别方法和优化黏着控制方法，研制大功率机车的黏着控制装置；大功率机车传动系统故障产生机理及传播规律，研制牵引传动系统故障实时诊断平台；基于协同控制理论的大功率多机车协同控制方法，研制多机车协同控制系统。

4. 列车纵向动力学控制及智能操纵

大轴重、长编组列车的开行是一项复杂的系统工程，列车编组方案、机车车辆特性、制动性能的改变，必将对列车运行产生影响。长大列车纵向动力学一直是国内外发展重载运输需要关注的问题，长大列车牵引模式、编组、机车间的操作配合、制动及缓解等不同条件引起的列车纵向冲动问题是发展长大列车重载运输的重要瓶颈。重点研究机车集中牵引、分散牵引的不同牵引模式和列车启动工况、紧急制动、常用制动、缓解调速、长大坡道调速制动等不同列车制动工况时的机车操纵方法与列车纵向冲动的关联关系；研究多种工况下运行时不同钩缓特性对列车纵向冲动的影响，研究不同车钩状态、车钩间隙对列车纵向动力学的影响；开展列车制动特性与纵向冲动关联性的研究。

5. 货运列车的智能状态维修

针对货车的运行特点和结构特点，特别是车上无电的特殊性，建立具有特殊线型和不平顺设置的标准线路；研究货车状态和货车性能的相互关系，建立货车状态修的修程修制。重点研究铁路标准实验线技术、货车状态地面监测技术、状态识别技术、货车安全性能分析技术、状态修评价指标技术、状态修信息化管理技术，实现货车状态修，进一步提高货车运行的可靠性、安全性和经济性。

（三）城市轨道交通车辆前沿科学技术问题

1. 轮轨异常磨损机理

揭示轮轨异常磨损机理与演变规律是降低轮轨运维成本的关键。城轨车辆运用条件极其复杂，要探究轮轨磨损演变机理，需采用轮轨动力学仿真、室内实验以及现场跟踪试验相结合的方法,深入分析地质气象环境条件、线路条件(轨道结构形式、平纵断面参数、轨面第三介质)、车辆类型与操纵、车线耦合振动、轮轨型面等因素对轮轨磨损产生与发展的影响,探寻轮轨磨耗与车线耦合振动性能演变的关联性,从而揭示复杂运营条件下城轨车辆轮轨磨损演变机理与关键影响因素。

2. 多样化条件下车线耦合作用机制

探明城轨车辆与线路耦合作用机制,是提升城轨车辆运行性能的重要前提。要探明复杂运营条件下地铁、轻轨、单轨、有轨电车、中低速磁浮、自动导向轨道系统、市域快轨系统等多种轨道制式车辆与不同线路结构动态相互作用机制,需要建立准确且有效的分析模型,其关键在于复杂运营条件模拟及其边界的物理表征,研究过程中需要借助车辆-轨道耦合动力学、空气动力学、轮轨滚动接触理论等。

3. 车辆服役状态智能感知方法

车辆运行状态智能感知方法是实现智能运维的关键。针对城轨车辆运行特点和结构特点,建立城轨车辆服役状态在线监测系统;通过先进传感技术获得城轨车辆安全运营的关键状态数据,建立车辆信息数据库;通过异常预警、预判分析等手段,排除影响列车安全运营的不利因素,提高车辆运营的可靠性和安全性,并通过专家分析数据积累,实现车辆设备智能维修,提升城轨车辆的维修诊断效率和资源利用率。

4. 面向绿色环保的城轨车辆设计方法

面向绿色环保的城轨车辆系统设计方法是轻量化、标准化与谱系化、节能化、绿色化与环境友好化设计的统称。研究车辆系统轻量化设计方法,降低列车重量,从而降低运营能耗;研究车辆热传导优化设计方法,最大限度减少热量的传递,节约空调负荷;研究最优舒适性控制策略,优化列车运行曲线,提高再生制动能量的回馈率,降低运营能耗;研究新型减振吸音材料应用,降低车辆运行对周围环境的噪声污染;研究轮轨优化匹配设计方法,减轻轮轨磨损,降低车辆全生命周期成本。从而提出面向绿色环保的城轨车辆系统设计方法体系,推动城轨车辆绿色低碳的转型升级,实现节能减排目标。

5. 面向多样化需求的新型导向技术

面向多样化需求的新型导向技术是新型城轨车辆设计研发的关键。城轨车辆的新型导向技术包括主动导向技术、独立车轮自导向技术、空中倒置悬挂技术、自动驾驶技术等。这些新进新技术设计需要考虑与现有技术的互联互通，相关技术的攻克也需要车辆-轨道耦合动力学、主动控制理论、多目标优化理论等基础理论学科的交叉融合。

本章参考文献

[1] Kawasaki M. Approach to US high speed rail[C]. Kobe：Japan Rail Conference，2013.

[2] 董锡明.近代高速列车技术进展[J].铁道机车车辆，2006，26（5）：1-11.

[3] 佐藤芳彦，彭惠民.欧洲高速列车最新技术发展动向[J].国外机车车辆工艺，2010（2）：1-4，16.

[4] 石津一正，林峰.欧洲高速车辆发展动向[J].国外铁道车辆，2000（3）：4-7.

[5] Kawasaki T，Yamaguchi T，Mochida T. Railway vehicle technologies for European railways[J]. Hitachi Review，2008，57（1）：61-65.

[6] Yokosuka Y，Wajima T，Okazaki S. Versatile，environmentally-friendly，and comfortable railway systems[J]. Hitachi Review，2008，57（1）：9-17.

[7] Horihata K，Sakamoto H，Kitabayashi H，et al. Environmentally friendly railway-car technology[J]. Hitachi Review，2008，57（1）：18-22.

[8] 栗山敬，李伟平.日本为国外开发的新型高速铁道车辆"efSET"[J].国外铁道车辆，2011，48（4）：12-17.

[9] 乔英忍.我国铁路动车和动车组的发展（上）[J].内燃机车，2006，1：2-4.

[10] 乔英忍.我国铁路动车和动车组的发展（中）[J].内燃机车，2006，2：1-3.

[11] Wickens A. Steering and stability of the bogie：vehicle dynamics and suspension design[J]. Proceedings of the Institution of Mechanical Engineers，Part F：Journal of Rail and Rapid Transit，1991，205：109-122.

[12] 周劲松，钟廷修，任利惠，等.高速列车车间悬挂对运行平稳性影响的研究[J].中国铁道科学，2003，24（6）：10-14.

[13] 文彬，王悦明，黄强.列车横向平稳性与车间阻尼减振研究[C].铁道科学研究院.铁道科学技术新进展——铁道科学研究院五十五周年论文集，北京：2005：297-313.

[14] Li Y, Zhang W, Tang Y, et al. The effect of mass of high-speed railway vehicle and its distribution on vehicle dynamics performance[C]. Proceeding of 3rd International Conference on Transportation Engineering, Chengdu, 2011: 2592-2599.

[15] 王卫东, 李金森. 转向架轴距误差对车辆直线动力学性能影响的分析[J]. 中国铁道科学, 1995, 16（4）: 103-110.

[16] 王卫东, 李金森. 转向架装配误差对车辆动力学性能影响的分析[J]. 铁道机车车辆, 1996（1）: 11-16.

[17] 池茂儒, 张卫华, 金学松, 等. 轮对安装形位偏差对车辆系统稳定性的影响[J]. 西南交通大学学报, 2008, 43（5）: 621-625.

[18] 池茂儒, 张卫华, 金学松, 等. 轮对安装误差对铁道车辆行车安全性的影响[J]. 西南交通大学学报, 2010, 45（1）: 12-16.

[19] 沈钢, 曹志礼. 赵惠祥. 交叉支撑式转向架形位偏差的动力学性能影响[J]. 同济大学学报, 2002, 30（12）: 1503-1507.

[20] Schulte-Werning B, Gregoire R, Malfatti A. TRANSAERO-A European Initiative on Transient Aerodynamics for Railway System Optimisation[M]. Berlin: Springer, 2002.

[21] European Standard. Railway applications-Aerodynamics-Part 6: Requirements and test procedures for cross wind assessment[S]. BS EN 14067-6: 2018, 2018.

[22] 丁军君. 基于蠕滑机理的重载货车车轮磨耗研究[D]. 成都: 西南交通大学, 2012.

[23] Barresi F, Kinscher W, Lorenz G. Design and maintenance experience for heavy haul turnouts including feedback on the use of austenitic manganese steel for fixed and swing-nose crossings[C]. Proceedings of 10th IHHA Conference, New Delhi, 2013: 3-11.

[24] Pinto P. Technical-economic model for ties selection[C]. Proceedings of 10th IHHA Conference, New Delhi, 2013: 272-274.

[25] Santos G. Modeling of a railway vehicle travelling through a turnout[C]. Proceedings of 10th IHHA Conference, New Delhi, 2013: 541-545.

[26] Hartley R, Swart J, Mulder J. Development of an instrumented measuring wagon to monitor the performance of electronically controlled pneumatic brakes[C]. Proceedings of 10th IHHA Conference, New Delhi, 2013: 452-458.

[27] Hettasch G, Visser A, Fröhling R. Increased rolling stock availability and decreased maintenance cost through condition based wagon maintenance on the South African iron ore export line[C]. Proceedings of 10th IHHA Conference, New Delhi, 2013: 439-444.

[28] 耿志修. 大秦铁路重载运输技术[M]. 北京: 中国铁道出版社, 2009.

[29] 孙翔, 余民宜. 5000t 重载列车制动动力学模拟分析[J]. 西南交通大学学报, 1986

（4）：9-20.

[30] Liu P F, Zhai W M, Wang K. Establishment and verification of three-dimensional dynamic model for heavy-haul train-track coupled system[J]. Vehicle System Dynamics, 2016, 54（11）: 1511-1537.

[31] 翟婉明. 车辆-轨道垂向系统的统一模型及其耦合动力学原理[J]. 铁道学报, 1992, 14（3）: 10-21.

[32] Zhai W M, Sun X. A detailed model for investigation vertical interaction between railway vehicle and track[J]. Vehicle System Dynamics, 1994, 23（1）: 603-615.

[33] Zhai W M, Cai C B, Guo S Z. Coupling model of vertical and lateral vehicle/track interactions[J]. Vehicle System Dynamics, 1996, 26: 61-79.

[34] Zhai W M. Two simple fast integration methods for large-scale dynamic problems in engineering[J]. International Journal for Numerical Methods in Engineering, 1996, 39（24）: 4199-4214.

[35] 翟婉明, 夏禾. 列车-轨道-桥梁动力相互作用理论与工程应用[M]. 北京: 科学出版社, 2011.

[36] 翟婉明. 车辆-轨道耦合动力学（第四版）[M]. 北京: 科学出版社, 2015.

[37] Zhai W M. Vehicle-track Coupled Dynamics: Theory and Applications[M]. Singapore: Springer, 2020.

[38] 吴庆波. 城市轨道交通技术装备发展现状及发展趋势分析[J]. 现代城市轨道交通, 2020, 9: 26-29.

[39] 李学峰, 杨万坤. 我国城市轨道交通车辆技术现状和发展趋势[J]. 铁道机车车辆, 2008, 28（S1）: 125-126.

[40] 汪忠海. 城市轨道交通车辆技术现状与展望[J]. 城市轨道交通, 2020（11）: 48-51.

[41] 唐飞龙, 赖森华, 于青松. 系列化中国标准地铁列车综述[J]. 电力机车与城轨车辆, 2021, 44（5）: 1-8.

[42] 叶鹏君, 刘东宇, 吴涛. 城市轨道交通智能运维系统工程应用研究[J]. 轨道交通装备与技术, 2021（2）: 55-58.

第三章 牵引供电及传动系统

第一节 概　　述

在《国家中长期科学和技术发展规划纲要（2006—2020年）》中，交通运输业被列为重点领域，高速轨道交通被列为优先主题。截至2017年底，中国高铁运营总里程超过2.5万km，占世界高铁运营里程的60%以上。每天发行动车组3961列，耗电量占比高达全国的1.5%～2%。到2020年，全国铁路营业里程达到10万km，主要繁忙干线实现客货分线，复线率和电化率分别达到50%与60%以上，运输能力满足国民经济和社会发展的需要，主要技术装备达到或接近国际先进水平。

牵引供电及传动系统是轨道交通电能与动力的源泉，是轨道交通系统关键子系统之一，其稳定、可靠、高效运行是保障轨道交通快速发展的前提。在第十五届海外华人交通协会（Chinese Overseas Transportation Association，COTA）国际交通科技年会上，结合目前最新技术，中国铁路总公司总工程师、中国工程院院士何华武展望了中国高铁发展的五个前沿方向：①更高速便捷，中国高铁的设计时速为350 km，未来这将是努力实现的目标，并进一步完善全国高铁网络；②更安全可靠，将坚持对轮轨硬度匹配和动车组列车本体的研究，并通过更为完备的系统来保证高铁工程的可靠性；③更智能高效，将运用高度智能化的高铁控制体系来缩短最小行车间隔，提高高峰期的高铁运力；④更低碳环保，将通过建设绿色地下通道，采用环保控制技术来增强高铁的环境友好度；⑤更可持续化，利用以公共交通为导向的开发

（transit-oriented development，TOD）模式、以社会服务设施建设为导向的开发（service-oriented development，SOD）模式等模型以及多维互助系统，更好地实现经济利益和社会利益的平衡。总体来看，对于高速铁路，除了更加安全可靠外，还需要保证其高效、环保、可持续，这对高铁供电学科提出了新的要求。

近年来，牵引供电领域的专家学者集中解决了供电可靠性问题，但缺乏对运行质量、能效的研究，未考虑效益、效率的提升。高铁牵引供电系统方面还需继续关注与注意的问题主要有以下六点：①高铁牵引供电系统能耗、高效、节能环保等方面的问题尚待研究；②新能源是国家战略和必然趋势，新能源资源丰富，符合高铁线路分布特点且未得到综合利用；③高铁供电模式没有革新和突破，新的供电模式需要启动研究，未来才能引领发展；④互联网、信息融合、大数据等信息技术的飞速发展有助于解决高铁供电问题，可应用互联网思维来降低能耗，增加能效；⑤新材料、新技术发展迅速，新材料、新装备的运用能够有效提高牵引供电系统的可靠性，节能增效；⑥特殊艰险山区、高原等极弱电网条件下如何使牵引供电系统安全可靠、稳定高效、节能环保地运行。

在此背景下，本章拟从牵引供电及传动系统学科的安全可靠、节能增效、大数据与智能化、新型供电技术、新能源/新材料/新技术的应用、特殊艰险山区/薄弱地区的供电安全保障技术等方面开展调研工作，调研国内外高铁供电学科的最新技术前沿，结合高铁供电学科领域的未来技术，分析高铁供电学科发展趋势，提出未来十年需要开展的重点研究方向和前沿科技问题，为我国高铁供电技术创新并持续引领世界、保障我国高铁可靠高效运行奠定理论基础。

第二节　国内外研究发展现状和趋势

一、安全可靠领域的发展现状及趋势

牵引供电系统的安全可靠运行离不开供电设备、受流设备、负载设备三者的稳定运行。针对供电设备，为及时准确定位和隔离故障，保障系统整体运行平稳，故障测距技术获得广泛关注；为增强各个所之间的协调能力，消除系统中的电能质量问题，贯通式同相供电技术应运而生；PHM 技术的研究与运用使得牵引供电系统能够基于采集的数据对设备故障与风险做出预测，系统性降低牵引供电系统发生故障的概率，保障了供电系统设备的安全；牵引供电系统保护保障了牵引供电系统整体的安全，减少了大范围故障的发生。

针对受流设备，为保障机车稳定不间断地受流，减少因受流故障而引发的电能质量问题，保护供电设备的安全，牵引供电领域的专家学者开展了接触网建模、受电弓建模、弓网受流稳定分析、受电弓主动控制等方面的研究，有效地降低了弓网受流不当给牵引供电系统安全稳定运行带来的风险。

针对负载设备，车网交互带来的不稳定问题（如低频网压波动、谐波谐振、谐波不稳定）严重影响了系统的运行环境。专家学者从车网耦合建模、稳定性理论研究、稳定性判据、不稳定抑制策略等方面开展研究，用以揭示与消除这类由于车网系统交互作用带来的不稳定问题。现有研究从供电可靠性、弓网受流稳定、车网交互稳定三个方面开展，旨在保障供电设备、受流设备和负载设备的安全可靠运行。

（一）供电可靠性研究

供电可靠性是高铁供电学科的重点与热点领域，现有供电可靠性的研究主要集中在牵引供电 PHM 系统搭建、牵引供电系统保护、故障测距、贯通式同相供电技术等方面。

1. 牵引供电 PHM 系统搭建

高铁牵引供电系统的 PHM 技术使用先进的传感器采集和获取与系统属性有关的特征参数，通过将这些特征参数与有用的信息关联，借助智能算法和模型进行检测、分析、评价和预测，能够在设备运行趋势的基础上提前实现故障的预测预警，达到对系统和设备的维修策略和供应保障进行优化的目的。PHM 技术能够提高牵引供电系统的安全性、可靠性，降低故障发生的概率与风险，降低使用与维护的费用。图 3-1 为高铁牵引供电系统 PHM 与主动维护理论框架。牵引供电系统 PHM 的研究工作目前主要集中在数据管理、数据采集与传输方法、系统架构等方面。这些研究提高了 PHM 对牵引供电系统设备整体运行的监控能力，保障了牵引供电系统的安全可靠运行。

2. 牵引供电系统保护

目前，对高铁牵引供电系统保护的研究主要集中在牵引网保护和变压器保护。

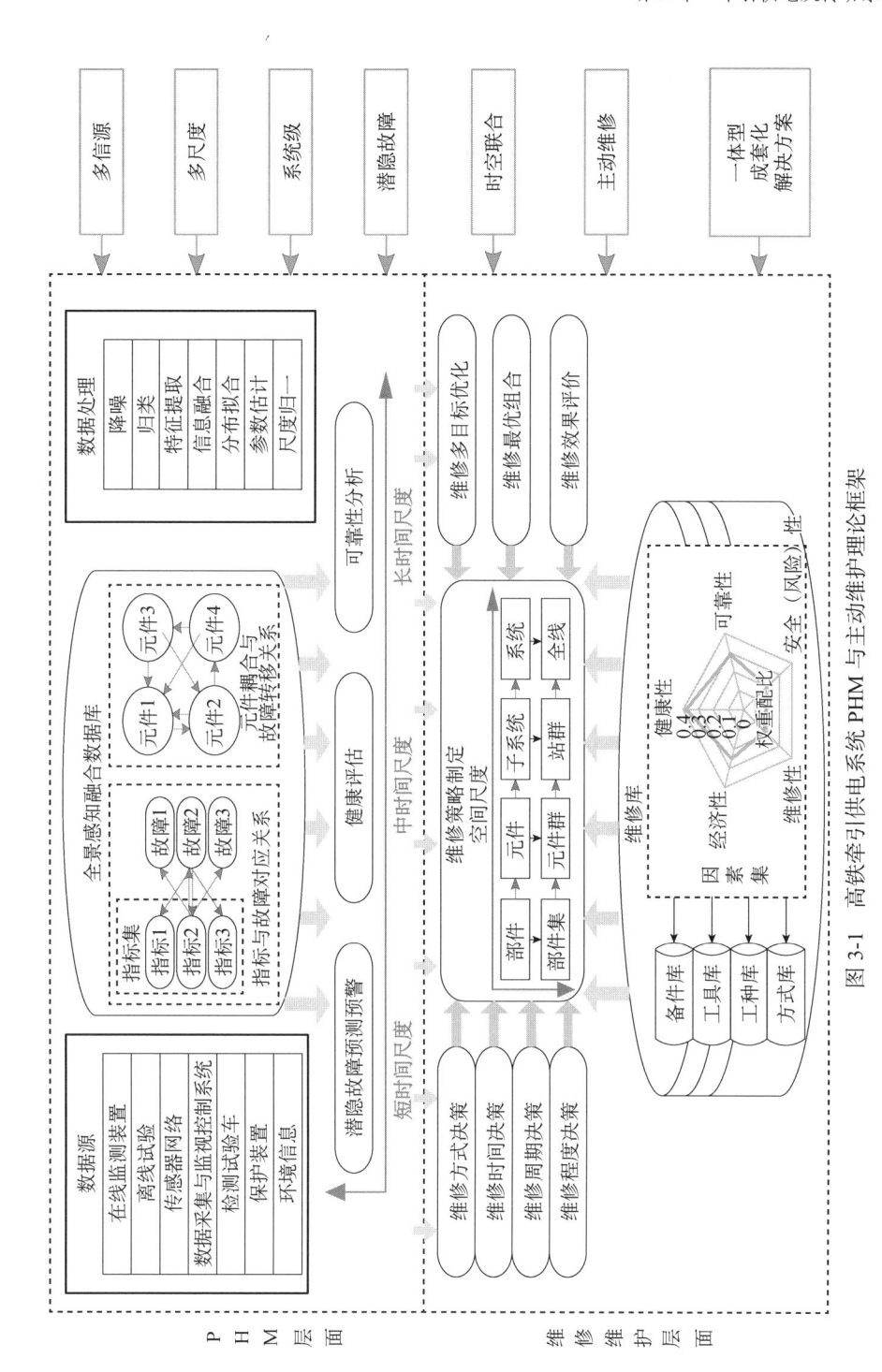

图 3-1 高铁牵引供电系统 PHM 与主动维护理论框架

1）牵引网保护

牵引网保护主要包括距离保护、过电流保护、电流增量保护、接触网发热保护等。针对牵引网距离保护，目前普速铁路采用距离保护作为牵引网的主保护，利用负荷电流中的综合谐波含量自动动态调节四边形动作特性的边界，从而防止在负荷电流下产生误动作。在高速铁路中，由于动车组为交-直-交传动，低次谐波含量低，针对普速铁路的综合谐波判据失去了作用，无法用于动作判据的抑制与闭锁。同时，由于高速铁路牵引网负荷电流大、阻抗小，同样按躲过最小负荷阻抗整定，高速铁路牵引网的电阻定值要比普速铁路小得多。因此，距离保护应用于高速铁路牵引网时躲负荷能力更差、躲过渡电阻能力也更差，有待深入研究。

针对牵引网过电流保护，根据牵引网供电方式的不同和继电保护选择性的需要，过电流保护通常可配置 1～3 段，并可采取综合谐波抑制和励磁涌流闭锁措施。然而随着大功率动车组的大量投运，高速铁路牵引网负荷电流比普速铁路有了明显的增加，过电流保护的动作电流门槛不得不随之抬升。动作电流整定值越大，过电流保护的灵敏度越低。一旦距离保护由于电压互感器断线等原因退出运行，过电流保护的灵敏度又不够，这对供电系统的运行来说十分危险，因此仍需进一步完善技术。

牵引网电流增量保护的灵敏度受故障前牵引网电流水平的影响，当线路本身已是最大负荷电流时发生高阻接地短路，电力机车由于整流脉冲封锁不再取流，故障后最小短路电流与故障前最大负荷电流相差不大，电流增量可能小于整定值，导致拒动。同时在多列车同时启动，或者电力机车由正常运行突然转为紧急再生制动的工况下，牵引网电流变化大，也会导致电流增量保护误动作。此外，高速重载列车的单车牵引电流较大，在车速为 300～350 km/h 时可达到 600～1000 A，接触网在长期大电流的情况下发热，张力降低，稳定性下降，从而影响到高速重载铁路的正常运行，因此需要设置热过负荷保护来完成对牵引网的保护。

2）变压器保护

牵引变压器的主保护一直采用差动保护。差动保护是基于基尔霍夫电流定律（Kirchhoff Current Law，KCL）的保护原理，其性能受不平衡电流影响，而励磁涌流和电流互感器饱和都会在差动回路产生很大的不平衡电流。因此，防止差动保护误动的关键是要识别出变压器励磁涌流和 TA（即电流互感器）饱和。目前，国内外学者在这两方面进行了深入研究，提出了许多方法。例如，对变压器励磁涌流的识别主要有二次谐波制动原理、波形对称原理、基于变压器回路方程法等方法。对变压器饱和的识别主要有时差法、谐波制动法和电流下降法[1]。

上述变压器的保护均是对变压器发生故障时的保护，但是变压器如果处于过负荷，那么也有可能受到损伤。当高速铁路行车密度比较大时，牵引变压器经常会处于短时过负荷状态，这将对变压器的安全运行产生不利影响。目前，铁路通常采用三段定时限过负荷保护和反时限过负荷保护作为变压器的过负荷保护。变压器过负荷保护的目的是防止过负荷工况下绕组过热对绝缘等造成损害，无论是将定时限过电流还是反时限过电流用作变压器过负荷保护都是不充分的，热过负荷保护是变压器更本质的需要。

3. 故障测距

高铁接触网的工作环境十分恶劣，部件容易松动、脱落而导致各种故障。全并联供电方式牵引网的结构更加复杂，供电区间加长，短路故障频发，此类故障往往是瞬时的，查找故障位置相当困难。为保障牵引供电系统正常运行，确保发生故障后及时可靠地定位故障位置，及时隔离故障点，最大限度地保证牵引供电系统的正常运行，需要系统迅速、准确地找到故障点位置，准确进行故障测距，及时排除故障，这对保证牵引供电系统的安全可靠运行有着重要意义。现有的故障测距方法可划分为传统故障测距、改进故障测距、行波故障测距三类。

1）传统故障测距

主要包括全并联自耦变压器（auto transformer，AT）中性点吸上电流比、区段上下行电流比、横联线电流比、转移阻抗法故障测距原理等。这些故障测距方法均只能满足简单的牵引供电系统故障测距，对于复杂线路的故障测距，该方法难以实现。

2）改进故障测距

很多学者对不同的牵引网电流点的电流分析，对不同的系统设备分析以及运用电网中的数学算法对早期的故障测距方法进行改进研究，包括改进自耦变压器中性点吸上电流比故障测距原理，带保护线的全并联供电方式转移阻抗法测距原理，基于带保护线的等值电路故障测距方案；基于牵引供电系统模型，采用微分方程法计算的故障测距方案，广义对称分量的故障测距方案配合保护动作的故障测距原理，考虑自耦变压器漏阻抗的"中性点吸上电流比"分段测距方法。这些测距方法在理论上解决了全并联供电方式下的故障测距问题，但是在实际应用中存在设备花费高、测距精确性不足等问题。

3）行波故障测距

很多研究学者借鉴电网中的行波测距方法，将行波故障测距法运用在牵引供电系统测距的研究方案中。例如，利用小波变换原理，将双端测距法运用于复线牵引网模型，运用小波分析工具处理故障暂态电流，以检测暂态电流的初始行波波头的测距方法。通过绘制故障距离与始端等效阻抗谐振频率的对应关系曲线，用复小波提取故障电压信号的谐振频率，并依据得到的谐振频率曲线，实现牵引网的故障定位。

4. 贯通式同相供电技术

同相供电是指线路上不同牵引变电所供电区段接触网电压相位相同，取消线路上电分相环节的牵引供电方式。如图 3-2 所示，TS_i 表示牵引变电所，如果一条铁路全线各牵引变电所均采用单相牵引变压器，且所有单相变压器均以相同方式接入三相电力系统，就可在理论上实现全线同相供电。同相供电方案可以同时缓解牵引变电所给公共电力系统带来的无功、谐波、负序等电能质量问题。另外，贯通式同相供电方式中，相邻的牵引变电所容量可以相互支持，当某个牵引变电所出现故障时，机车可暂时从附近的其他牵引变电所取得电能，这是一种特殊的备用方式，增强了牵引供电系统的可靠性。

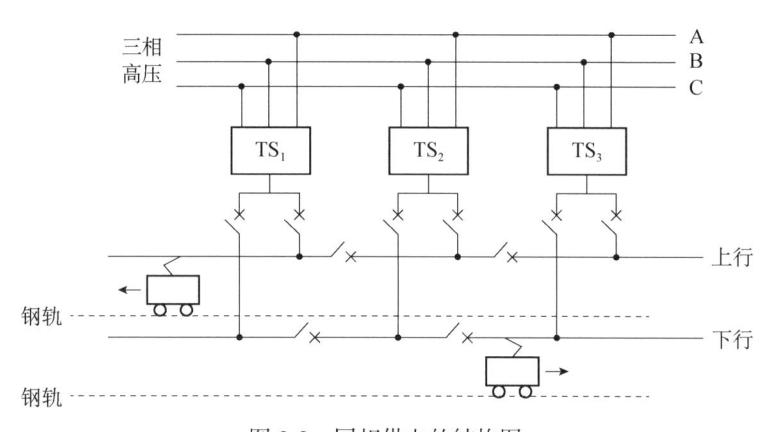

图 3-2 同相供电的结构图

在我国电气化铁路同相供电系统研究方面，基于我国的现状，李群湛教授及其团队多年来做了大量的研究，在既有供电系统（即异相供电系统）的基础上实现了线路同相供电。2010 年 10 月，首次采用同相供电系统的眉山牵引变电所成功投入试运行，很好地解决了该路段电分相、无功、负序问题。2014年，李群湛教授又提出组合式同相供电方案，在山西中南部铁路通道重载综合试验段沙峪牵引变电所成功投入运行，减小了交-直-交变流器（indirect AC convertor，ADA）的容量及其所占变电所供电容量的比重，节约了初期一次性投资。牵引变压器和同相补偿装置的组合，大大提高了牵引变电所同相供电方案的灵活性，提高了牵引变电所的供电资源与设备利用率[2]。

（二）弓网受流稳定研究

在电力机车动态受流的过程中，受电弓与接触网在电气和机械两方面相互制约、依赖及作用，受流质量受很多因素的影响，如接触网的弹性系数、接触线的坡度、接触悬挂类型、接触线材质、受电弓静提升力、滑板材质、归算质量以及列车运行速度、加速度、车辆类型和线路条件等。由于条件众多，受流环境复杂，很容易导致受流不稳定事故的发生。随着机车运行速度的提高，弓网间的动态性能变差，尤其是弓网之间的接触压力变化幅度变大。当接触力过小时，接触电阻增大，将不能保证可靠受流；当接触力等于零时，就会出现离线现象。一旦出现离线，就会使弓网接触中断，从而产生不良的后果。例如，离线的瞬间会产生电弧放电，烧蚀接触线和滑板接触面，使受流更加恶化，同时增加两者间的电气腐蚀，缩短工作寿命。大离线和连续离线会使电力机车的正常供电受到破坏，并可能导致车内电子元件的破坏。频繁离线造成牵引供电系统的电流冲击，会威胁牵引供电系统设备的运行安全。

目前对受流稳定方面的研究主要集中于接触网建模分析、受电弓建模、弓网系统受流模型和受电弓主动控制技术等方面。

1. 接触网建模分析

接触网系统是影响受流稳定的重要因素。研究接触网的静力平衡态，建立精确的接触网计算模型，可以作为刚度计算、弓网动态仿真等的基础。有学者将接触线当作易弯曲的梁，可计算出接触线的波动传播速度。Buksch[3]研究了接触网系统的频谱，通过计算波在接触网系统上的传播和反射过程，利用波动传播速度、反射系数、多普勒系数和放大系数等参数，可以对受电弓接触网系统的极限运行速度进行粗略估计。

2. 受电弓建模

现有研究通常采用实验与理论分析相结合的建模方法对受电弓通过接触

网时的动态性能进行分析，从受电弓质量、刚度和阻尼的影响方面进行对比分析。此外，可利用混合仿真，即利用弓网混合仿真系统，从接触线弛度、表面不平顺和受流方面进行分析，对包括吊弦和锚段关节的接触网系统进行非线性建模，分析施加的张力以及弛度对接触网的影响。

3. 弓网系统受流模型

通常从弓网系统的动态特性、接触线波动速度、离线率等方面来研究受流理论。于万聚[4]研究了高速电气化铁路接触网的悬挂形式及相关参数对动态受流特性的影响，并进行了理论探讨及分析。研究表明，接触线的波动速度对实际列车的运行速度有制约关系，并从接触悬挂的结构及工艺精度上，解释了接触线反射因数及增强因数的机理。此外，由于弓网系统非常复杂，机车在运行时受到的干扰不仅仅来自弓网本身，同样会受到机车的影响。翟婉明在建立受电弓-接触网动态模型时，研究了机车-轨道系统对受电弓-接触网系统的振动影响。研究表明，列车在几何状态不良的线路上运行时，机车与轨道的耦合振动对弓网系统的动态特性影响较大，高速时更明显。张卫华等[5]分析了接触线弛度及表面不平顺对接触受流的影响。

4. 受电弓主动控制技术

Collina[6]等比较了受电弓被动控制和几种典型的主动控制方法，仿真表明受电弓的主动控制对提高受电弓受流稳定性能具有巨大的潜力。德国的Poetsch等针对DSA350型受电弓，采用SIMPACK软件建立了受电弓的三维立体模型，并采用框架和弓头同时受控方式，利用线性调节器对受电弓主动控制进行探讨。刘红娇[7]在研究受电弓主动控制时，建立了两自由度的线性模型，采用线性最优控制策略，并进行了仿真研究，证明受电弓主动控制可以改善弓网受流稳定。

（三）车网交互稳定研究

牵引供电网（牵引变电所-馈电线-接触网-钢轨等）与机车传动系统（车载变压器-整流器-逆变器及牵引电机等）组成了复杂的车-网耦合系统。当车、网发生电气参数匹配时，会造成严重的振荡现象，进而促使牵引供电网的电压、电流的谐波畸变、机车控制系统失稳等问题的产生，严重威胁牵引供电系统的安全可靠运行。近年来，媒体频繁报道了新型机车（CRH型、HXD型）投运后，牵引供电系统引发的谐波谐振、低频振荡、谐波不稳定等问题造成的安全事故。当同时运行的机车数量增多且容量增大后，交流系统电压支撑能力相对变弱，导致机车与机车间、多机车与牵引供电系统间的电气耦合加剧，进而引起系统的振荡、谐振甚至不稳定的发生。

车网交互不稳定影响了牵引供电系统的安全可靠运行，造成了严重的经济损失，威胁到了高铁的运营安全。网压低频振荡发生在机车升弓整备阶段，造成的网压大幅波动引起机车牵引闭锁，严重影响铁路正常运输秩序。高次谐波不稳定现象发生在高铁运行阶段，造成的高次谐波过电压会导致牵引供电系统设备和车载设备被击穿，严重影响高铁的运行安全。为解决车网系统交互不稳定问题，国内外众多学者开展了大量的研究。

车网交互问题的研究主要集中在车网耦合建模、稳定性分析、稳定性判据研究和车网交互不稳定抑制等方面。

1. 车网耦合建模

国内外科研学者主要通过搭建车网系统的时域仿真模型和建立车网系统的数学模型来进行分析。Menth 和 Meyer[8]针对瑞士苏黎世 Re450 型机车发生的网压振荡事故，搭建了车网仿真模型，并通过增加机车接入牵引网同一位置的台数，模拟出机车直流电压低频大幅度振荡现象；Danielsen 针对挪威由 EL18 型机车引发的振荡案例，在 SIMPOW 平台上实现车网联合仿真，反演了该现象发生时电气量所含的频率成分；王晖[9]采用数字输出（digital output，DQ）电流控制搭建 CRH5 型 EMUs 仿真模型，对牵引网采用戴维南等效电路处理，实现了不稳定电气量的仿真再现；陶海东搭建了 HXD2B 型机车辅助供电系统仿真模型，并搭建牵引网降阶模型，仿真分析了供电线路长度、不同负载条件等因素对该现象发生时电气量不稳定的影响。在车网耦合稳定性问题的数学建模方面，大部分学者采用在车网系统稳定运行点处对机车的输入阻抗进行小信号建模，建立了统一的多输入多输出（multiple-input multiple-output，MIMO）的动车组-牵引供电系统耦合数学模型，进而分析系统的交互不稳定问题。也有学者对车网电气耦合系统进行纯数学描述，对机车进行数学离散化处理，通过求解不同供电制式下车网系统等效微分方程，研究列车接入位置、接入数量与牵引封锁现象间的定量关系[9]。

2. 稳定性分析

目前学者主要采用建立车网闭环系统小信号数学模型，利用稳定性判据分析系统稳定性的方法。韩智玲等[10]在车网耦合系统状态方程的基础上判定了车网系统开环稳定性,并在瞬态能量平衡方程的基础上,利用小增益原理对车网系统闭环稳定性进行分析。龚小燕结合大秦线湖东站测试实验,使用 Hurwitz 稳定判据和阻抗比判据分析了车网互联系统的稳定性,定性分析了机车接入牵引网需要考虑的前级系统与后级系统的阻抗匹配关系。Danielsen 基于赫尔维茨稳定判据(Hurwitz's Stability Criterion),分析了车网系统闭环传递函数,确定了车网阻抗伯德图(Bode diagram)曲线交接处为系统失稳临界位置,便于在伯德图上分析车网系统稳定性。王晖[9]在 DQ 坐标轴下建立牵引网的阻抗矩阵模型及考虑机车电压环、电流环、锁相环等环节的机车导纳矩阵模型,构建了闭环车网系统模型,利用系统主导极点的位置可以准确描述车网系统不稳定的机理;廖一橙[11]以 CRH5 型动车组车网系统为研究对象,建立了包括主电路及控制环节的整流器小信号模型,揭示了单相整流器的阻抗特性,比较研究了不同稳定性分析方法对车网级联系统的适用性。

3. 稳定性判据研究

针对车网系统稳定性问题,大多研究直接采用 Middlebrook 阻抗比判据,牵引供电系统与机车间存在级联关系,分析多车接入牵引供电系统引发的车网系统不稳定现象的关键可视为对车网级联系统的稳定性分析。总的来看,目前的研究主要基于 Middlebrook 阻抗比判据衍生拓展,如图 3-3 所示,相关判据[如增益-相角裕量判据(gain margin and phase margin criterion,GMPM)、对立论证判据(opposing argument criterion,OAC)、多源联合分析判据(energy source analysis consortium criterion,ESACC)、根指数稳定性判据(root exponential stability criterion,RESC)]的研究为车网交互不稳定问题的研究提供了验证工具,促进了问题的分析解决。

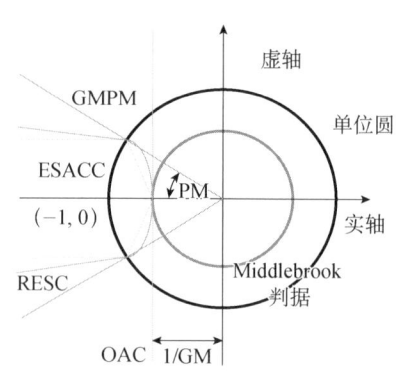

图 3-3 车网交互不稳定性分析判据

4. 车网交互不稳定抑制

现有研究主要集中在增加设备抑制系统中交互不稳定现象的发生和从控制角度改变控制器参数或算法以防止车网交互不稳定的发生。王晖[9]根据欠阻尼机理，提出了在整流器控制器中加入功率振荡抑制的方法，实现了车网系统不稳定现象的抑制。韩智玲等[10]通过调节机车整流器 PI 控制参数，调整机车负载模块输入导纳，使其满足阻抗比判据，从而实现车网系统的稳定。张道俊[12]提出改变同型的机车变流器脉冲宽度调整等参数，通过对其模糊控制实现该现象的抑制。Heising 等[13]提出将机车整流器的网侧电流与直流环节电压两个状态变量同时控制的多变量极点配置控制法，仿真结果表明这种控制方法对本文提及的电气不稳定现象有良好的抑制作用，且该方法具备较好的动态响应速度。连巧娜[14]提出了抑制四象限变流器电气量不稳定的主动阻尼补偿控制策略，针对调整控制参数、增设比例反馈阻尼补偿环节和增设低通滤波反馈阻尼补偿环节这几种方案，对比发现增设低通滤波反馈补偿方法可保证更多数量的列车同时稳定运行，且动态效果较好。

（四）高铁供电安全可靠领域的发展趋势分析

高铁供电安全可靠领域的发展趋势主要体现在以下几个方面。

第一，进一步提高对大数据资源的利用率。未来牵引供电系统将密集使用更多的传感器，更全面、更细致地采集和分析牵引供电系统相关数据，为牵引供电系统 PHM 提供更加丰富的资源。随着 PHM 更深入地发展，大量的传感器数据将有助于及早预测和识别牵引供电设备的故障，更丰富的数据库设施可以为系统故障诊断提供支持，提高系统故障决策的准确性。

第二，进一步推进高铁牵引供电系统的测距与保护方面的研究。由于牵引供电系统结构复杂，传统的故障测距方法在牵引供电系统中面临成本较高、准确性较差的问题，且多适用于传统电气化铁路，因此针对高铁牵引供电系统特点而应用的故障测距方法需要做进一步的研究。扩展行波测距法对牵引供电系统的研究，有助于丰富故障判断分析的理论体系。

第三，深化在高铁供电保护方面的研究。在牵引供电系统牵引网保护方面有待进一步的研究，加快建设针对高铁牵引供电系统方面的距离保护、过电流保护等方案的理论体系，完善相关技术的应用。

第四，完善牵引供电系统弓网建模。研究弓网受流稳定问题和车网交互不稳定问题离不开准确的系统建模。精确的建模提高了受电弓主动控制技术的准确性，由于机车在实际运行过程中路况复杂，高速时机车与轨道的耦合振动对弓网系统的动态特性影响较大，目前建模仍存在一定问题，还需要进一步完善。

第五，深入研发同相供电系统。从长远来看，同相供电可以取消电分相环节，提高牵引供电系统的安全性、机车运载力和速度，是电气化铁路的发展方向。同相供电技术可以解决牵引供电系统负序问题，没有电分相环节后，弓网间拉弧减少，有利于牵引供电系统设备的安全可靠运行。目前同相供电技术已经在试验线路上成功运行，但相关同相供电系统的补偿、保护和控制系统协调等方面需要进行更深入的研究。

第六，稳定性研究更加标准化。在牵引供电系统车网交互不稳定分析方面，目前已经有了初步的理论基础，目前车网系统交互不稳定问题负阻尼机理也在不断深入和完善。为了从源头上抑制牵引供电系统车网交互不稳定问题，在现有稳定性理论的基础上，需要制定车侧和网侧的阻抗标准化模型，符合标准的系统接入拥有足够的稳定裕度，才能最大限度地降低系统出现交互不稳定问题的可能性。

二、节能增效领域的发展现状及趋势

对整个牵引供电系统来说，整个系统存在许多的能量损耗，包括牵引变压器、牵引电机等，从节约能源、可持续发展考虑，减少整个牵引供电大系统的能量消耗，是十分有必要的，而牵引供电系统节能相关的研究目前主要包括高铁能源互联网、高铁能耗分析、高铁储能技术等。

（一）高铁能源互联网

能源互联网作为电力系统的重要组成部分，轨道交通供电系统有必要顺应电力系统的技术发展潮流，以能源互联网为基础，根据轨道交通的自身特点，构建轨道交通能源互联网，从而提高轨道交通系统的节能水平，增加轨道交通系统的经济效益，改善轨道交通供电系统的供电品质，实现轨道交通系统的智能化。大力发展轨道交通充放电调节控制、参与削峰填谷、平抑负荷波动等电网优化运行，将有效促进能源、交通和信息系统的融合，成为能源互联网的重要组成部分，实现轨道交通系统安全、高效、环保、可持续的能源利用。

交通能源互联网是集能量流与信息流于一体的多能流复杂网络。能量流是指在"源-网-荷-储"流动的电能,信息流是指"源-网-荷-储"中的电压、电流、功率、行车运行图、交通状况等信息。交通能源互联网从基础条件分析、系统规划、系统运行层面进行统一优化规划与优化运行,通过信息流调控能量流,以实现"源-网-荷-储"的协调规划与运行,如图 3-4 所示。在基础条件分析阶段,结合未来交通系统的发展及气候地理条件,对多元能源需求进行分析和预测;在系统规划阶段,结合能源传输规律,对能源的选址定容及传感、通信网络等进行统一协调规划;在系统运行阶段,利用信息技术对系统中的信息流价值进行挖掘,通过自动远程控制技术对能量流与信息流进行整合,调用最优机组组合、新型网架规划、需求侧响应技术及储能充放电控制等实现"源-网-荷-储"的横向多源互补与纵向"源-网-荷-储"协调。

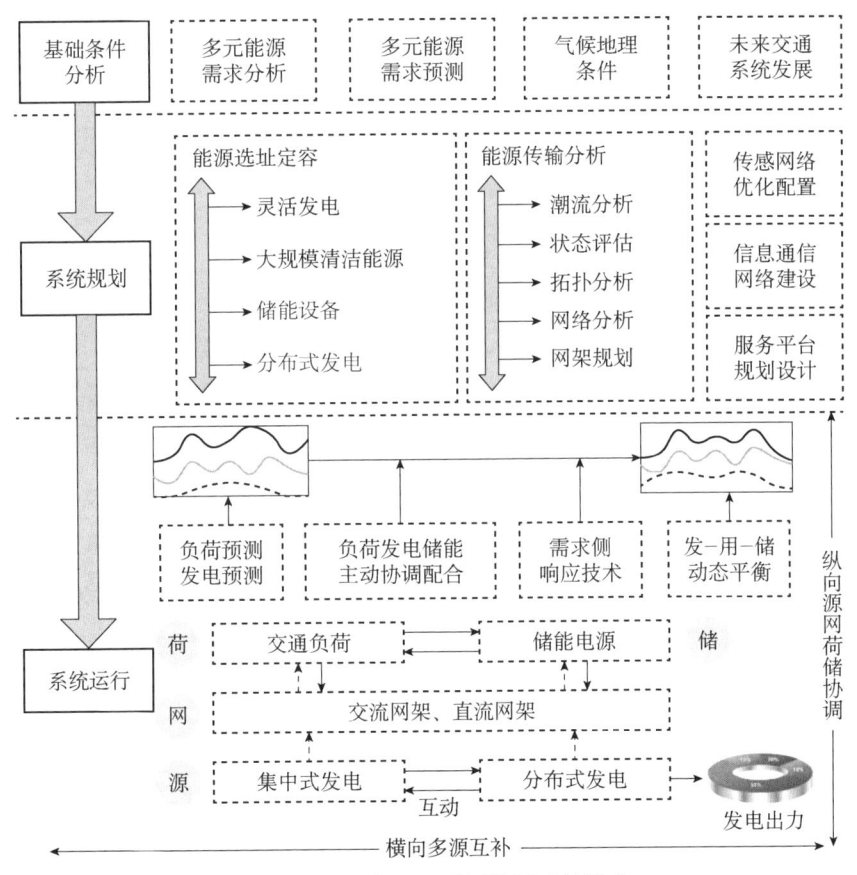

图 3-4 交通能源互联网协调运行模式

随着轨道交通和电动汽车的快速发展，综合考虑电动汽车和轨道交通负荷特性，构建统一的交通能源互联网具有重要的现实意义和推广前景。根据能源互联网的特点，胡海涛等[15]结合电气化交通的特点及未来发展趋势，构建了交通能源互联网的体系架构，通过多项关键技术"源-荷-储"协同规划、"源-荷-储"协同运行与控制、先进储能技术等，实现可再生能源的就近消纳以及再生制动能量的回收利用。

在交通能源互联网架构体系中，分布式电源与交通负荷具有间歇性、随机性和波动性。通过配置先进的储能系统，可实现"源-荷"供需差异的平抑、平滑、稳定系统运行，降低系统运行风险。此外，"源-荷"的供需差异具有较宽的时间尺度范围，单一的储能装置难以同时满足系统快速响应与大容量存储的要求。因此，需要构筑多种传统储能技术相结合的先进储能系统。

（二）高铁能耗分析

据中国铁路总公司统计，2017年全国铁路消耗的牵引电能为620.33亿 kW·h，比2015年、2014年分别上涨15%、32%，占全国总用电量的1.0%~1.5%，是最大的单体负荷。其中，高速铁路牵引能耗为208.84亿 kW·h，占比33.67%。深入研究电气化铁路能耗分布规律、提出节能减排措施、研制节能减排装备、形成铁路节能减排标准体系，对于支撑"一带一路"倡议与高铁"走出去"、提高铁路运输经济效益具有重要意义。

铁路系统的损耗主要分为三个部分：牵引供电网络损耗（如牵引网线路阻抗损耗、牵引变压器损耗）、机车传动系统损耗（如车载变压器损耗、整流器损耗、逆变器损耗）和运行阻力损耗（如线路条件损耗、空气阻力损耗、摩擦阻力损耗）。针对能耗环节中存在的问题，国内外学者做了大量的工作，这些工作可总结为牵引供电能量流动及消耗途径、牵引供电系统能耗优化方法、牵引供电系统能耗与电能质量监测三个方面。

1. 牵引供电能量流动及消耗途径

潮流计算是牵引供电计算的核心，是牵引供电系统各个电气量求取的本质。牵引供电系统拓扑结构的复杂性，致使传统电力系统的潮流计算方法在迭代计算时往往收敛较困难。为了获得较好的收敛性，国内外学者结合牵引供电系统特性，研究了在给定条件下的潮流计算方法，如蒙特卡罗法、改进快速分解法（又称PQ分解法）、连续线性潮流法等。这些潮流计算大多进行的是静态潮流计算，并未计及实际的行车运行安排，故而无法准确反映整个牵引供电系统的运行情况。目前已有项目组前期研究计及动态运行因素的影响，提出基于行车运行图的牵引供电系统动态潮流计算，这对于牵引网潮流计算具有重要意义。然而，目前的研究还并不充分，对动态牵引网潮流计算中的车型、高铁线路条件、外部供电条件等因素还需要更细致地考虑[16]。

2. 牵引供电系统能耗优化方法

当前，国内外主要从列车节能操作优化、降低运行能耗、实现再生能量回收利用三个方面开展牵引供电系统能耗优化方法的研究。

在列车节能操作优化方面，随着信息技术的发展，现代控制方法和智能控制理论开始应用于求解列车优化控制问题。这些方法包括动态规划、模糊预测控制、遗传算法等。针对单车的节能操纵研究已经进行得较为深入，但是对于机车特别是高速列车能耗的构成研究相对较少，损耗机理不清晰，能效提升方法不明确，部分研究以国外高速铁路数据为基础，定性分析居多，很少定量研究国内高速铁路的实际运行能耗状况。

在降低运行能耗方面，通过前期研究发现，当列车运行速度超过300 km/h 时，气动阻力占运行阻力的70%以上，而且气动噪声十分显著。等离子体流动控制技术是利用放电产生等离子体对高速气流进行诱导，改变高速气流场的分布，破坏局部湍流条件，从而实现对高速运动物体减阻、降噪。该技术的优点是不需要对物体外形做任何改变，通过调节等离子体激励器参数即可实现气流场的智能可控调节。

在实现再生能量回收利用方面，随着高速铁路的快速发展，其能量的利用率逐渐受到关注。在多列车环境，特别是在同一供电区间出现多列车时，列车再生制动产生的能量可以供其他列车牵引加速使用，制动能量实现再利用，提高了能量利用率，是列车节能控制研究的重要方向。在高速铁路中，高速动车组具有运行速度高、功率大、负载重的特点，列车制动时需要足够大的制动力以满足在规定的安全距离内停车的要求，因此制动产生的再生能量也比普速列车和城轨列车大得多。当前我国高速铁路再生制动能量利用和存储研究尚处于起步阶段，在借鉴城轨系统成果的基础上，需要更深入地研究。

3. 牵引供电系统能耗与电能质量监测

早期电能质量监测需要采用人工现场测量的方式来对电网中的电能质量

参数进行监测，这种方式需要人工抄表，数据量巨大、采集信息不全面、耗时耗力、实时性差。目前国内外对电能质量的监测方式有三种，即专项测量、定期或不定期检测以及在线监测。

（1）专项测量。主要用于评估负荷容量变化大的设备接入电网前后对电能质量各项指标的影响，与电能质量的国家标准进行对比，决定这些设备是否可以投入运行。

（2）定期或不定期检测。适用于不具备连续监测条件或者不需要连续监测的监测方式。定期检测主要是对电网电能质量进行定期普查，不定期检测多用于检测分析用户的特殊电能质量问题。

（3）在线监测。主要是对整个供电系统的电压质量状况以及大用户电能质量状况进行全面的跟踪和了解。电压偏差、频率偏差以及大型干扰源、容易引起电力事故的相关电能质量指标都需要连续在线监测。

由于牵引供电系统具有冲击性和随机性，因此牵引变电所一般采用在线监测的方法进行电能质量监测。国内有学者采用基于计算机技术和现代测试技术的虚拟仪器，研制出了适用于牵引变电所电能质量监测以及负载（如电力机车）特性测试的软件工具；有学者提出了一种基于分布式体系软件平台构建的分层、分布式电气化铁路电能质量监测平台，监测平台采用分布式结构设计以及嵌入式因特网（Internet）技术，支持多种通信方式，能够对谐波、电压波动和闪变、三相不平衡、功率因数等电能质量指标进行在线监测，该平台已在胶济电气化铁路沿线的电网中投入运行。还有学者基于LabVIEW开发了一套适合牵引供电系统特点的电能质量检测与分析程序，该系统完成了牵引网多路同步信号采集，能够同时实现多种稳态电能参数的实时计算存储、统计分析、报表等功能，满足了对铁路牵引供电系统在不同供电方式下实时在线检测的要求。尽管国内外研究学者对牵引变电所电能质量已有一定的研究，但这些方法仍然在通信系统、海量监测数据的存储和利用方面存在不足[17]。

（三）高铁储能技术

国内外轨道交通列车的制动系统普遍采用空气制动和再生制动混合的形式。以再生制动为主，空气制动为辅，当列车制动时，首先采用再生制动的方式，机车牵引电机从电动机状态转换为发电机状态，将机械能转换为电能返回到牵引网系统，返回牵引网系统的能量只有部分被相邻列车吸收，而很大部分能量不能被回馈，这将会使牵引网电压急剧上升。为此机车上设置了制动电阻，将这部分能量通过电阻变成热能吸收，稳定系统电压，但是这部分再生能量没有被利用，这种方法极大降低了能量综合使用效率。储能技术的发展是解决这一问题的有效手段。目前国内外主要的储能方式有超级电容储能、飞轮储能、镍氢电池储能和混合式储能等。

超级电容储能型吸收技术是采用超级电容作为储能元件，设置直流双向变流器作为储能和回馈的功率控制转换。在列车制动时将能量储存在超级电容中，在列车牵引时将储存的电能回送至牵引直流电网，保持牵引直流电网的稳定。超级电容是一种新型的储能元件，其利用电极和电解液之间形成的界面双电层电容来存储能量。超级电容具有容量大（可达几千法拉）、充放电寿命长（可达100万次）、可承受充放电电流大（可达千安以上）、充电迅速（可在数十秒到数分钟内快速充电）、大电流能量循环效率≥90%等优点。因此，超级电容十分适合于轨道交通再生制动能量的存储[18]。

国内外对超级电容储能技术展开了广泛的研究。张存满教授课题组联合Mei Cai博士在高能量密度超级电容器方面开展研究，通过优化制备方法和生物质源，研制出能量密度更高的超级电容器。它的能量密度是目前超级电容器产品的10倍左右。北京交通大学的夏欢等[19]研究了应用于城轨交通的地面式超级电容储能装置的控制策略，通过获取列车实时功率、位置数据，动态调整储能装置的充电电压指令，从而调整超级电容的充电功率，使储能装置工作在最优状态，有效提高超级电容的利用率。超级电容器组实际参数对系统储能效果影响较大，能量回收系统由多个部分组成，结构复杂，需要合理控制系统，才能控制和协调各部分正常工作。近几年，国内外超级电容技术发展迅速，目前法国钛柯（ADETEL）电子科技有限公司、德国西门子公司、瑞士阿西亚-布朗-勃法瑞（ABB）公司及日本明电舍公司等均有成熟的产品在轨道交通领域应用。德国西门子公司开发了基于超级电容的储能器静态储能装置，用于750 V和600 V直流供电的地铁和轻轨系统；法国钛柯电子科技有限公司的超级电容型再生能量吸收装置也在里昂轻轨2号线、巴黎大区块铁C线等项目中得到了应用。国内一些企业（如中车株洲电力机车有限公司）等也开展了基于超级电容器储能的能量回收和利用技术研究，研发出了一套超级电容储能系统来作为动力带动城市轨道交通的运行，而且用一条试验线路来检验该超级电容储能回馈系统。

飞轮型再生制动能量储存装置作为再生能回收利用装置的一种，具有使用寿命长、充放电速度快、瞬时功率大的优点。它直接将吸收的列车再生制动能量用于列车加速启动过程，可有效降低牵引网压波动，降低牵引能耗。

该储能系统主要由三个核心部分组成：飞轮、电机和电力电子变换器，如图3-5所示。当进行能量储存时，由电动机驱动飞轮高速旋转，将电能转化成机械能储存起来；当需要输出能量时，飞轮带动发电机进行发电，将机械能转化成电能输出。在空闲时间里，虽然飞轮在真空中高速旋转，但是能量损耗极小。因此，飞轮储能系统通过控制飞轮的速度来实现能量的储存和输出。

图3-5 飞轮储能系统的储能原理图

20世纪90年代至今，全球飞轮储能技术的研发力量主要集中在美国、欧洲和日本。美国得克萨斯大学奥斯汀分校的机电研究中心为美国联邦铁路的超级机车牵引系统（Advanced Locomotive Propulsion System，ALPS）计划研发了基于储能飞轮的混合动力牵引系统，飞轮采用电磁轴承支承，储能量达到130 kW·h，可用于机车刹车动能回收和加强启动功率，飞轮密闭于真空腔体中，位于大气环境中的2 MW高速电机采用动密封技术驱动飞轮。该系统可以提供额外的机车加速功率和足够的机车爬坡功率，以回收制动动能。英国飞轮储能技术的开拓者当属欧洲铀浓缩（Urenco）集团英国公司（UPT）。该公司开发了PQ系列飞轮，复合材料飞轮在缠绕时掺入钕铁硼（NdFeB）磁粉，转子/电机合二为一，下端采用针状轴承，摩擦损耗大幅降低。日本在1984年建设的215 MW/1.1 MW·h的飞轮系统，是迄今全球最大的飞轮储能系统。该系统采用低速钢质飞轮，应用于日本JT-60核聚变反应堆项目中。在开展传统飞轮技术研究的同时，日本多家研究机构和企业也在开展针对超导磁悬浮飞轮的研究，包括东京电力、东芝、三菱等多家企业都积极参与，并陆续研制出低温超导磁悬浮和高温超导磁悬浮飞轮储能试验系统[20]。就国内而言，我国研究飞轮储能系统起步较晚，现有研究集中于对飞轮储能控制策略的研究，取得了一定的成绩。

（四）高铁供电节能增效领域的发展趋势

由于负荷的间歇性和行车编组的周期性，高速铁路牵引供电系统的主变压器、自耦变压器等大部分时间处于空载状态，数量庞大的变压器产生的极大空载损耗造成了大量的电费损失。此外，目前高速列车再生制动时的能量未能得到高效利用，高铁车站的综合能效较低。如何实现轨道交通的节能高效运行仍需要深入开展研究。交通能源互联网、能耗分析、储能技术等领域的研究成为轨道交通未来的重点研究方向。

1. 交通能源互联网

在高占比可再生能源场景下电气化交通能源补给的优化控制、交通网"源-网-荷-储"协同规划理论与方法、计及通信信息安全的"源-荷-储"协同调度三个方面仍面临诸多挑战，如何高效地解决这些问题是今后研究的重点。

（1）高占比可再生能源场景下电气化交通能源补给的优化控制。如何采用先进的调度与控制技术，降低大规模电气化交通功能需求对能源网的影响，并利用交通用能需求的灵活性，提升可再生能源消纳能力和降低用能成本，是交通能源互联网实施的关键。

（2）交通网"源-网-荷-储"协同规划理论与方法。能源系统优化规划的主要目标是实现高比例可再生能源发电消纳和满足电气化交通的用能需求。交通系统规划的主要对象是能量补给设施，目标是以最小的成本满足交通出行需求。在交通能源互联网架构中，"源-网-荷-储"均具有不确定性，针对规划模型中存在的不确定性问题，在明确不确定性来源、提取不确定性特征的基础上，应用概率论等数学工具进行建模，然后通过蒙特卡罗模拟等方法分析这些不确定性对规划模型的影响。

（3）计及通信信息安全的"源-荷-储"协同调度。可靠的通信网络是"源-荷-储"协同调度的重要保障，当通信网络通信信息系统发生异常（如出现自然故障、遭受恶意攻击等）时，如何对通信信息风险进行可靠预警、辨识、剔除，进而根据历史信息实现对通信信息故障进行的决策支持，是未来交通能源互联网的重要研究课题之一。

2. 能耗分析

电气化铁路的能耗问题集中表现在如下四个方面。

（1）空载损耗造成大量电能浪费。电气化铁路负荷的间歇性和行车编组的周期性，使得牵引供电系统的牵引变压器、自耦变压器等大部分时间处于空载状态。数量庞大的电气化设备产生的空载损耗造成了大量电能的浪费，同时仍需缴纳高额的牵引变压器容量费用。从2017年的统计数据来看，全路平均电能（空载）损失率高达 7.16%。

（2）再生能量缺乏高效利用手段。高速动车组和交流传动机车大多采用再生制动方式，再生制动返送的电能仅占总消耗电能的 10%～20%，未得到有效利用或储存。

（3）分布式能源接入铁路负荷不足。新能源接入是牵引供电系统节能减排的关键技术。《铁路"十二五"节能规划》《铁路"十三五"发展规划》等明确提出，要在铁路沿线站段，按照因地制宜、多能互补原则，推广及应用新能源和可再生能源，加大节能减排力度。我国电气化铁路具有地域分布广、沿线分布式能源丰富等特点。例如，东北、华北北部和西北地区（"三北"地区）的电气化铁路，沿线分布着大量的风能和太阳能资源。同时，随着光伏发电技术的成熟，国内外铁路车站、信号系统以及站舍屋顶已大量应用了光伏发电系统，但对于能耗最大的牵引供电系统，目前我国还没有接入和利用新能源。

（4）全系统节能减排措施针对性不强。当前，针对电气化铁路节能降耗问题，各科研院校、铁路部门、设备供应厂商大多围绕各自涉及的对象进行了相关的优化。然而，这些独立的减排措施缺乏系统层面的综合考虑，导致系统整体节能效果差。出现上述问题的根本原因在于对铁路节能减排的理论研究不够深入，没有从整个铁路系统的角度全面研究能量耗散机理，没有针对性地采取节能减排措施并形成技术标准/规范。因此，电气化铁路的节能降耗工作，是从电气设备制造、行车组织、牵引供电系统优化到再生能量综合使用与回收的系统性工程。

针对能耗问题，未来仍需强化能量流动及消耗途径、能耗优化方法、能耗监控系统三个方面，开展电气化铁道的能耗分析工作。

3. 储能技术

现有研究表明，飞轮储能技术较超级电容储能而言在轨道交通领域中应用较少。超级电容储能在轨道交通中的车载式和地面式系统都有应用。对依靠架线供电的轨道交通系统，可通过在线路上设置功率密度大的地面式超级电容储能系统来达到节能的目的。针对超级电容储能技术的优化研究主要有以下几方面：①进一步减少能量消耗；②减小地面式储能系统的线上峰值功率；③稳定牵引网电压水平；④车载式储能系统自动运营。由于飞轮储能优点更加突出，作为新一代储能装置，飞轮储能值得深入研究。飞轮储能关键技术的发展方向及研究热点有以下几点。

（1）飞轮转子的材料选择、结构设计、制作工艺及装配工艺四个方面的改进，都有助于增加飞轮储能系统的储能密度，提高飞轮储能的性能。

（2）无轴承电机具有体积小、能量消耗低、较短的轴长和更高的临界速度等优点，代替传统的飞轮储能支承形式是必然趋势。无轴承电机和传统的电机在结构、控制系统方面有很大的区别；无轴承电机本身产生悬浮力的磁场和电机原有磁场的依存关系错综复杂；飞轮储能的电机本身是电动/发电机双向电机，因此，对其控制要求更高，是飞轮储能下一步值得研究的热点。

（3）随着飞轮储能储存密度逐渐增高，飞轮转速越来越高，应该倍加注意其辅助设施的安全，优化设计其结构装置等，以保证人身及其他设备的安全。

三、大数据与智能化领域的发展现状及趋势

高速列车在上千千米的线路上持续高速运行，由于磨耗加快、振动加剧、性能参数快速蜕变等原因，其运行安全具有特殊性。随着服役时间的增加，高速列车的服役性态也在不断发生变化，其中一些性能的恶化会严重威胁高速列车的安全运行，如列车车体、走行部、轨道等的状态变化对高速列车运行安全具有最为直接的影响。在长期服役过程中出现的性能恶化将严重影响高速列车的运行品质，造成严重的安全事故。目前我国正在进行高速列车服役性能的长期跟踪监测，通过对高速列车运行状态进行监测，并且对高速铁路服役性能进行常态化的实时监测，已经获取大量监测数据。这些监测数据为观测高速列车服役性能的退化并针对性地采取相应措施提供了可能。在此基础上，进一步地提出了智能牵引供电系统的概念。图3-6为智能牵引供电系统架构。

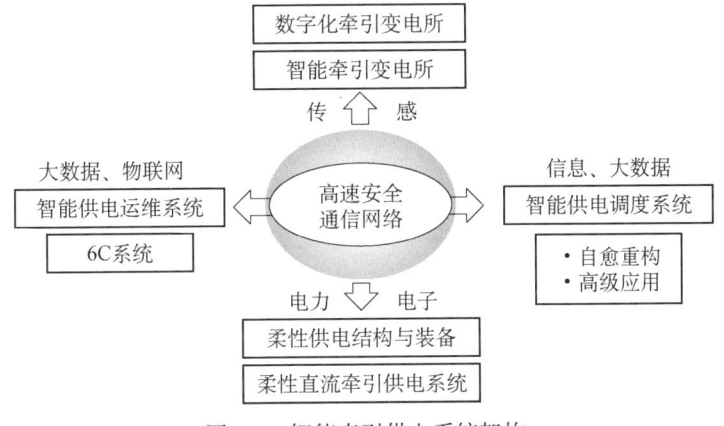

图3-6 智能牵引供电系统架构

智能牵引供电系统包含智能牵引变电所设施、智能供电调度系统、智能供电运维系统、柔性供电结构与装备等，各组成部分介绍如下。

（1）智能牵引变电所，含高压开关设备（断路器、隔离开关等）、牵引变压器等一次设备。在IEC61850通信标准的基础上，系统中各种供变电设施按分层分布式结构来实现智能电气设备间的信息共享和互操作性。

（2）智能供电调度系统，指对智能牵引供电设施设备进行远程监视、测量、控制及调度作业管理的系统，它实现了多个牵引变电所、供电臂的故障重构和自愈控制，具有源端维护、综合告警、辅助调度决策等高级功能。

（3）智能供电运维系统，指在已检测的数据基础上，对智能供变电设施进行监测、检测、检修作业、设备状态评估与预测等全生命周期管理的系统。智能供电运维系统在智能牵引供电系统中的作用是实现对牵引供电系统的PHM、安全评估与预测、应急指挥、运营安全保障及辅助决策等高级功能。

（4）柔性供电结构与装备运用现代先进的电力电子技术，有效解决了传统铁路存在的电分相、电能质量、再生能量利用等问题，实现了对现有铁路供电系统的改进与完善，使其运行性能更优、经济性更好，同时增强了其对于新能源的普适性。

（一）智能牵引供电系统

智能牵引供电系统旨在研究牵引供电系统的安全可靠性等基础问题，以实现高速铁路牵引供电系统的高效、安全、可靠运行。系统从电力系统-牵引供电系统耦合、车网耦合、弓网耦合、系统健康诊断和安全标准体系与技术规范等角度，以牵引供电系统安全可靠运行为核心，构建统一的高速铁路牵引供电系统安全可靠运行的基础理论体系。智能牵引供电系统是运用现代先进的测量、传感、信息、物联网、大数据等技术，在智能化牵引供电设施和高速双向通信网络的基础上，追求供电系统的信息化、网络化、自动化和互动化，从而构建一个具备全息感知、多维融合、重构自愈、智慧运维等特性的供电系统，为铁路提供安全可靠、高效、优质的牵引动力，为我国大规模的高速铁路牵引供电系统的设备制造、设计、建设和运营维护提供坚实的理论基础。

智能牵引供电系统将高级传感检测技术、信息技术、网络技术、智能化技术等应用于牵引供电系统，可构建覆盖牵引变电所、牵引网、自耦变压器所、分区所、自动化系统、检测维护系统、电力供电系统的全息感知系统。

通过高可靠、高可信的通信系统传输物理参数及状态信息，建立与其相适应的海量数据处理及存储技术，为牵引供电智能应用决策提供完备的数据支撑，由此形成包括信息感知、数据传输、数据处理、应用决策等组成成分的多层体系结构。目前智能牵引供电系统的关键技术主要体现自动化、变电站通信网络和故障标定三个方面。

1. 自动化技术

牵引变电所的自动化技术是跟随着电力系统变电站自动化技术的发展而发展的，其自动化功能以简单、可靠、安全、实用为主，技术发展步伐略滞后于电力系统，综合自动化系统先后经历了集中式、分散式以及分层分散分布式等不同结构形式，使得变电站设计更加合理，运行更可靠。随着信息技术的不断进步和IEC61850通信标准的逐步推广应用，电力系统掀起了数字化变电站和智能变电站的建设热潮。智能变电站的快速发展对高速铁路牵引供电技术产生了深刻的影响。有关数字化变电站、智能变电站的理论与应用研究已相当广泛，在智能一次设备、过程层网络构建方法、智能电子设备（intelligence electronic device，IED）的建模方法、IEC61850网络映射模型等各个方面都有较为深入的研究与应用探讨。

2. 变电站通信网络技术

网络通信的技术发展是推动变电站自动化系统技术进步的主要动力。通信网络是变电站自动化的技术基础，变电站内的监视、控制、保护等功能单元通过网络连接成一个"有机"的系统，进而构成功能分布、管理集中、控制分散的自动化系统。在智能化变电站中，数据采集、跳合闸命令、分布功能等都依赖于通信网络，通信网络已经成为智能变电站的一部分，其性能的优劣直接影响系统功能的实现。变电站通信网络经历了异步串行通信方式、现场总线方式、工业控制以太网方式三个发展阶段。以太网技术因使用广泛、开放性高、标准化好、可扩展性强、通信速率高、成本低廉等优势，在工业控制领域受到了人们的关注。随着工业控制以太网研究的深入，其应用也日益成熟，无可争议地成为智能变电站的唯一网络技术。

3. 故障标定技术

牵引供电系统是一种故障多发性的特殊电力系统。在高速铁路中电力机车依靠接触网通过受电弓获取电能，牵引接触网直接暴露在户外，受恶劣气候的影响较大，加上长时间与机车受电弓冲击摩擦，容易导致故障发生，对行车安全造成较大影响。在高速铁路牵引供电中，一个供电区间的长度大约为 20 km，沿线地理位置比较偏僻，特别是在夜晚或者恶劣天气时，依靠人工巡视的方法查找故障困难很大，因此需要配置自动化的故障标定装置，来及时、准确地定位故障。

（二）智能运维系统

智能运维系统示意图如图 3-7 所示，它是指以各类基础数据、检测监测数据进行分析、数据处理为基础，对智能供变电设施进行基础数据、检测监测、运行检修作业、设备状态评估与预测等进行全生命周期管理的系统。它主要实现对牵引供电系统的 PHM、安全评估与预测、应急指挥、运营安全保障及辅助决策等高级功能。

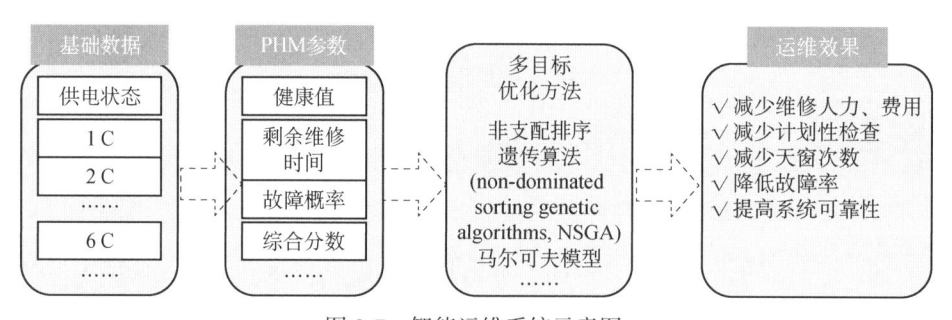

图 3-7 智能运维系统示意图

在接触网系统中，目前虽各类检测产品层出不穷，但一直缺乏统一的标准。在检测数据存储上，格式更是各异，无法交互。针对这一问题，2012 年 6 月 27 日，铁道部发布铁运〔2012〕136 号"关于发布《高速铁路供电安全检测监测系统（6C 系统）总体技术规范》的通知"并自 2012 年 7 月 1 日起施行。该规范的提出对统一我国弓网检测系统技术要求、信息交换方式提供了指导性意见。根据 6C 系统各项要求，1C 是指弓网综合动态检测，是一种测量接触网技术状态及弓网接触取流状态的方式。2C、3C、4C 主要进行移动视频监测，即利用安装在动车组、机车或检测车辆上的监测设备对接触网外观进行检查的方式。5C、6C 主要进行定点监测，即利用安装在接触网特殊地点、关键处所的监测设备，监测列车通过时接触网或受电弓状态，接触网设备温度、绝缘状态、位移变化，以及外部环境是否存在异常的方式。接触网 6C 系统各装置的主要功能如下。

（1）高速弓网综合检测装置（comprehensive pantograph and catenary monitor device，CPCM，即 1C）安装在接触网综合检测车、接触网作业车、普速客车车体或高速动车组综合检测车上，可实现对接触线动态几何参数、接触线平顺性、弓网受流性能、网压参数等的等速检测。

（2）接触网安全巡检装置（catenary-checking video monitor device，CCVM，即 2C）通过在运营的机车、动车组司机室内架设临时小型便携式检测设备，检测接触网设备有无明显脱、断、偏移及其他异常情况，有无鸟害、危树、异物等可能危及接触网供电安全的周边环境因素，有无侵入限界、妨碍机车运行的障碍等。

（3）车载接触网运行状态检测装置（catenary-checking on-line monitor device，CCLM，即 3C）是加装在运营动车组、电力机车上的接触网运行状态检测装置，对弓网运行状态进行实时动态检测与监测。检测类型有弓网动态参数、可见光、红外热成像、温度等，并可无线实时将报警数据传至数据中心服务器，结果用于分析接触网和受电弓的配合状态，及时对各类接触网缺陷数据进行报警，指导接触网运行维修。

（4）接触网悬挂状态检测监测装置（high-precision catenary-checking monitor device，CCHM，即 4C）安装在接触网作业车或专用车辆上，随运行车体对接触网悬挂系统的零部件及接触网几何参数，特别是腕臂区域的零部件进行高分辨率成像检测，通过检测数据缺陷自动识别与人工分析，指导接触网运行维修。

（5）受电弓滑板监测装置（pantograph video checking device，CPVM，即 5C）是通过安装在车站（咽喉区）、动车组（电力机车）出入库区域、铁路局局界、各类分界口处、支线联络线等有列车通过的关键处所的图像采集装置，监测并及时发现受电弓滑板异常状态，及时提供报警信息，指导弓网应急处置和接触网运行维修。

（6）接触网及供电设备地面监测装置（ground monitor device for catenary and power supply equipment，CCGM，即 6C）监测接触网及供电设备运行状态。在接触网特殊断面（如定位点、隧道出入口或分相绝缘器等处）及供电设备处设置固定监测装置，监测接触网的张力、振动、抬升量、线索温度、补偿位移及供电设备的绝缘状态、电缆头温度及泄漏电流等参数，将数据传输到服务器，并指导接触网及供电设备的运行维修[21]。

近几年，我国铁路供电 6C 系统有了大跨度的技术发展，其存在意义是全方位覆盖对供电设备的综合检测监测，6C 系统的主要功能涵盖供电设备运行参数在线检测、实时监测，弓网受流参数检测，接触网悬挂参数检测，接触网零部件参数检测、接触网腕臂结构（附加线索）等检测、受电弓碳滑板状态检测、接触网较特殊断面（横截面）及重要地点实时监测等。6C 系统的技术性能和功能需充分考虑铁路供电设备运行检测和监测的要求。其所采用的技术和设备应建立在我国铁路现有的成熟供电技术装备的基础上，而且要兼顾正在研发的供电技术装备等，并考虑技术发展延伸的可能性。

目前国外（如德国、日本、法国、意大利等国家）在铁路供电安全方面均不同程度地运用了先进的检测手段，多种手段主要侧重于视频监测、数据分析，而成形的如"6C 综合数据处理中心"在各类学术论文、期刊中的描述极少。在接触网系统中，目前虽各类检测产品层出不穷，但一直缺乏统一的标准。国外大致有 6 种接触网几何参数检测系统，分别为德国铁路股份有限公司（DB）基于图像处理检测系统、德国 Track-Eye 接触网检测系统、荷兰 ATON 接触网检测系统、西班牙基于计算机视觉原理的接触网磨损检测系统、意大利摩尔迈科（MERMEC）集团有限公司的接触线检测系统以及韩国 OPTISCAN 用于接触网检测的激光非接触式检测系统。以上检测系统均有对应的检测分析软件或程序，但都缺乏统一性，缺少数据的统一收集、分析、诊断的综合性数据处理平台。上述检测监测设备将获取大量数据，如何将这些数据更有效地运用和服务于轨道交通的安全稳定运行，成为近些年的研究热点。结合计算智能的大数据分析方法为大数据的应用找到了解决方法，包括大数据与神经计算、机器学习、语义计算以及人工智能其他相关技术的结合，成为大数据分析领域最受关注的方向。该类方法可以统称为智能化大数据分析方法，目前已表现出巨大的发展潜力。

（三）智能供电调度系统

我国电气化铁路供电调度作业十分繁重，以上海铁路局为例，2011 年全年铁路局供电调度为配合天窗作业，实时完成停电和送电作业任务分别达 21 154 次以上；按照平均每个停送电任务需完成 10 个以上的操作步骤计算，上海铁路局 2011 年配合天窗作业需要进行停送电操作的步骤在 21 万次以上，任务量巨大。如此大量的操作中发生任何一次错误，都有可能造成供电中断甚至引发事故，影响运输安全生产。目前，我国的供电调度作业绝大多数仍停留在传统的人工操作方式上，部分操作步骤由远动系统完成，整个作业流程存在以下三个问题：①管理效率低；②存在安全隐患，倒闸表和工作票依靠值班员口述，容易造成漏听和误编，从而引发调度事故；③资料不便存储共享。因此，提出了智能化供电调度系统概念，智能供电调度系统是对智能牵引供电设施设备进行远程监视、测量、控制及调度作业管理的系统，可以实现多个牵引变电所和供电臂的故障重构、自愈控制以及源端维护、综合告警、辅助调度决策等高级功能。智能供电调度系统的结构如图 3-8 所示。

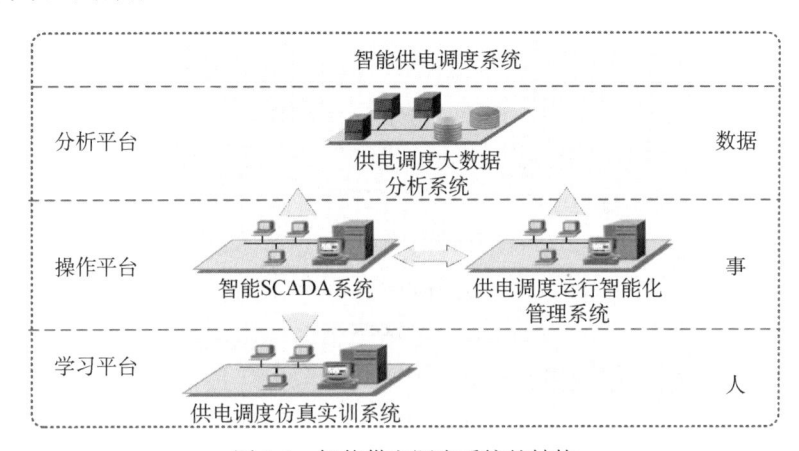

图 3-8 智能供电调度系统的结构

智能供电调度系统以供电能力、可靠性、恢复供电的快速性或其综合为目标，优化供电方式，可以自动实现自愈重构，使系统按新的供电方式运行；智能供电调度系统还有源端维护、综合告警、辅助供电调度决策、全景化信息展示、自动倒闸和开关自动巡检等高级应用功能，具体介绍如下。

（1）源端维护。基于 IEC61850 通信标准的建模标准对智能牵引供电设施的数据模型进行远程同步与更新，实现牵引供电设备静态参数的自动生成及同步，提高工程调试效率。

（2）综合告警。以供电臂为单元对一次开关跳闸产生的各类分散、孤立的故障和报警信息进行组织展示，也可快速切换至详细故障信息的查看界面，浏览故障报告、故障录波、故障前后一段时间相关电流电压趋势等详细的报警信息。

（3）辅助供电调度决策。利用预先建立的接触网负荷特性跳闸判定规则和处置建议，对智能牵引供电设施上送的跳闸时刻相关故障数据和人工输入的相关判据进行故障类型的推理决策，形成故障处理辅助建议。

（4）全景化信息展示。在供电示意图上对供电系统运行方式、变电所运行方式、列车信息、接触网作业信息进行全景化展示。

（5）自动倒闸。与供电调度运行智能化管理系统接口，获取程控卡片进行自动倒闸。

（6）开关自动巡检。对需要进行位置或遥控状态巡检的开关进行自动巡检，提前发现异常状态，消除安全隐患。

从国外电气化铁路技术现状来看，处于技术世界领先地位的日本、德国和法国，其牵引供电系统的自动化水平与目前国内客运专线的水平相当。其停送电操作方式与我国电气化铁路相似，以单点远动操作为主，不具备远动条件的由人工当地操作完成，尚未实现智能化操作。

随着智能运维调度系统的发展，我国已经逐步将智能化管理系统应用于铁路行业，应用范围主要局限于信号管理、铁路调度及信息发布等，在供电调度领域尚未建立起一套完善的智能化管理体系。我国在供电调度作业管理系统的开发方面仍处于起步阶段。部分铁路局针对传统供电调度的问题研发出了供电调度管理系统，但这些系统均按照铁路局自身的业务需求量身定做，不同铁路局的设计在功能和结构上存在很大的差异，没有形成统一的标准[22]。

（四）高铁供电大数据与智能化领域的发展趋势

在大数据、智能化的时代背景下，立足国情，运用新技术手段，结合智慧城市建设，构建具有中国特色的新一代轨道交通系统，是我国轨道交通发展的重要方向，重点要开展以下几个方面的工作。

第一，建立基于大数据分析的轨道交通信息服务系统，改善和提高公众出行的智能化服务水平。为满足公众出行多样化、个性化、动态化的轨道交通服务需求，以及应急救援、跨行业的综合交通服务需求，要应用大数据、云计算、新一代宽带移动通信、智能终端等新技术，大力推进个性化的移动服务发展，并创造新型商业模式，鼓励轨道交通管理、载运工具制造、信息产业等多方组成联盟，共同推进新一代轨道交通信息服务系统的建立。

第二，持续提升轨道交通感知智能化水平，完善网络化的轨道交通状态感知体系。感知是一切数据来源的前提。"十四五"时期，要突破车路状态感知与交互等关键技术，包括车辆动态组网、状态实时获取、环境智能感知、车路信息交互等一批前沿技术，来提升交通运行监测能力和水平；要建设覆盖轨道交通站点、综合运输枢纽的数据传感网络，形成全路网智能监控体系；要推动轨道交通实现信息共享，为交通大数据分析提供海量的数据基础。

第三，加强轨道交通数据标准化建设，进一步利用大数据资源推进智能化发展。推进轨道交通系统的数据标准化建设，特别是要建立和完善轨道交通系统的接口规范与数据标准体系，为跨部门、跨区域的轨道交通信息系统的互联互通奠定基础。同时，要加强数据安全防范措施，提升数据监管和保护能力，维护数据的安全使用。综合相关的不同部门、不同区域、不同类型的"数据仓库"，整合数据资源，建立综合性立体的轨道交通信息体系，形成数据资源共享平台，提升轨道交通数据资源的整体性服务能力。同时，建立轨道交通数据采集、更新、共享和信息发布制度，明确各相关方在数据信息交换方面的责任和义务。

第四，创新轨道交通大数据分析应用，实现基于大数据技术的轨道交通系统智能化高效运行。基于轨道交通数据资源互联共享、标准统一的原则，构建完备或准完备网络化信息环境，实现跨区域、跨模式的大范围调控、网络化诱导的协同联动控制。以互通的交通信息平台为基础，形成城际铁路、高速铁路、城市轨道交通等多轨道交通系统的协调运行体系，强化轨道交通运营管理的整体性功能，通过多个部门的相互配合，实现协同发展，为轨道交通运行高效有序、出行安全便捷提供更有力的保障。

第五，构建并完善轨道交通技术创新体系，加快轨道交通信息服务大数据和智能化产业化进程。加强轨道交通科技产业创新平台的建设，强化企业技术创新主体地位，加强"产-学-研"的联系与互动，注重协同创新，提高企业技术集成能力。加大研发投入，促进从研发到产业化的有机衔接，加快科研成果转化和技术转移。充分利用国际科技资源，扩大轨道交通科技开放合作，并加大对知识产权的保护力度。

四、新型供电技术的发展现状及趋势

目前超过 40% 的电气化铁路采用工频单相交流供电制，我国采用 25 kV 工频单相交流电向电力机车供电。工频单相交流的主要优点包括以下几点：①供电系统结构简单。牵引变电所从电力系统获得电能，经过电压变换后直接供给牵引网。②供电电压高。既可保证大功率机车的供电，提高机车牵引定数和运行速度，又可使变电所之间的距离延长，导线面积减小，建设投资和运营费用显著降低。③交流电力机车的黏着性和牵引性能良好，牵引电动机可在全并联状态下运行，防止轮对空转的恶性发展，从而提高运动黏着系数。④与直流制比，减小了地中电流对地下金属的腐蚀作用，一般可不设专门的防护装置。

然而，在长期应用过程中发现工频单相交流制式存在如下不足：①电力牵引负荷为单相非线性冲击负荷，功率大，在运行过程中有较大的负序电流注入电网，导致电力系统三相不对称运行；②牵引负荷不仅是负序源，而且是谐波源，对沿线通信产生不利影响，高次谐波还会使电网电压波形产生畸变；③牵引负荷是移动性和随机性的大负荷，牵引电流及其阻抗变化范围很大，造成接触网电压波动也很大，影响电力机车的正常运行；④列车过电分相时必然有速度损失问题，为高速电气化铁道的发展带来不利影响。

因此，如何研究新型牵引供电系统以满足高速铁路发展日益增长的需求，如何使系统更高速便捷、更安全可靠、更智能高效、更低碳环保、更可持续化，成为高铁牵引供电系统的研究目标。目前世界各国提出了许多新型供电技术和供电方式，如无线供电、智能牵引供电、核动力供电、自供电等。

（一）非接触式供电技术

非接触式供电是一种通过非物理接触的电能传输方式，是继无线通信、无线网络之后的第三次无线革命。非接触式供电被业界视为一项具有基础应用性意义的前沿科技，产品应用范围广泛，有望推动全国乃至世界通信、电子、物联网、新能源等产业的突破和创新。非接触式供电技术分为电磁辐射式无线供电技术、电磁谐振式无线供电技术和电磁感应式无线供电技术。电磁辐射式无线供电技术可用于远距离电能输送；电磁谐振式无线供电技术适用于中等距离电能传输；电磁感应式无线供电技术可用于近距离电能传输[23]。

列车在高速运行状态下，弓网关系将受到摩擦、离线、振动、电弧和环境等多方面的挑战，非接触式供电技术能很好地解决这一问题。非接触式供电方式代替传统的受电弓与接触网滑动取电，允许存在数十厘米的工作间隙，提高了绝缘强度，避免了弓网电弧频繁出现及高速移动时材料磨损等诸多问题，从而显著提高了受流质量。

非接触式供电技术涉及电磁耦合、电力电子、自动控制等多个领域，使得对于该技术的研究具有一定的难度。经过 20 多年的发展，非接触供电技术已经形成了一定的理论研究基础，并在部分关键技术上取得了突破性进展。目前，非接触供电技术逐渐从低功率应用快速向轨道交通等高功率领域推进。由于非接触供电系统能实现为运动的轨道车进行实时非接触供电，减小了车载储能设备的体积，增强了轨道车的续航能力，因此该技术引起了研究机构的广泛兴趣，逐渐成为未来轨道交通牵引供电技术发展的新方向。

新西兰奥克兰大学功率电子学研究中心作为非接触式供电技术的世界领先研究机构，所属的奇思公司基于20世纪90年代积累的研究基础，成功为新西兰罗托鲁瓦国家地热公园开发出基于感应式非接触式供电技术的30 kW感应电动运输车。21世纪初，德国奥姆富尔（WAMPELER）公司建造了一个总容量达150 kW、轨道长度近400 m、气隙为12 cm的载人列车，还成功将这种新型非接触能量传输技术用于电动游船的水下驱动当中。此外，韩国科学技术院（Korea Advanced Institute of Science and Technology，KAIST）作为目前全球研究电动车非接触式供电的领先机构之一，于2009年先后研发了三代非接触式供电电动车产品，包括非接触式供电概念汽车、非接触式供电公交车及非接触式供电载人汽车，并于2013年成功研制出一套能传输功率达500 kW、效率达85%、空气间隙达20 cm的非接触供电系统。2014年，KAIST更是将功率传输等级提升至1 MW，在5 cm的空气间隙下系统效率高达82.7%。

然而，国内对大功率非接触式供电技术的研究及装置的研制仍处于起步阶段，直到近十年才开始涉及这方面的研究，暂时仍未有大功率示范系统建成，研究尚处于相对落后的状态。系统高频电源供给问题是非接触式牵引供电系统应用于轨道交通系统中面临的首要问题。为提高逆变器的输出功率，目前国内外学者大多采用多电平技术与模块化多逆变器并联技术，通过减小开关器件的电压与电流应力的方法，提高高频谐振逆变器的输出功率。Rahnamaee等[24]提出将级联多电平技术应用于非接触供电系统，着重从价格、谐波及功率损耗方面对比分析了基于级联多电平逆变器的非接触供电系统相对于传统非接触供电系统的优势，但是未考虑逆变器输出电压的谐波消除方法以及未建立逆变器的模型。Hao等[25]研究了多个谐振逆变器并联技术，此并联拓扑具有结构简单、价格低廉等优点，主要分析开关器件的工作状态，但是研究中缺乏对环流产生机理、环流抑制方法、连锁故障产生机理及冗余控制的分析与研究。在对环流控制方面，通过采用加权功率均分方案、并联功率解耦控制策略和并联功率鲁棒控制策略，保证了不同等效输出阻抗下功率控制的快速动态响应。此外，也有研究学者采用环流阻抗调节器、耦合电感等器件，以及加入电压、电流双环反馈控制等来抑制并联逆变电源间的环流。为了进一步描述系统的动态响应特性，通过对逆变器并联系统进行工频相量建模，得到系统的小信号模型，最终基于模型设计适当的控制器，较好地消除了逆变器之间的环流。

虽然较多研究对多逆变器并联环流问题进行了深入研究，但并未充分考虑到非接触牵引供电系统的高频谐振逆变电源具有高频、非线性冲击负荷、强耦合等特点，直接应用工频逆变器并联的实现方法将会引起非接触式供电系统失效。同时，非接触式供电还需要基于电磁场有限元仿真软件对电磁耦合机构进行仿真分析，建立一套非接触式牵引供电系统的电磁兼容测试与评估方法。结合多场耦合理论模型以及电磁兼容测试结果，设计相应电磁屏蔽装置，可减小电磁场对敏感设备的影响和生物体的危害，从而优化系统电磁耦合结构。

立足于非接触式电能传输技术在轨道交通中的应用问题，西南交通大学何正友教授的研究团队展开了基础科学研究及工程应用探索，主要研究了适用于非接触式牵引供电系统的级联型以及并联型大功率谐振逆变器控制方法、动态调谐方法、针对轨道交通应用的电磁耦合机构设计方法，以及系统在多参数扰动下的控制问题，初步形成了一套面向轨道交通的非接触式电能传输技术应用及研究体系。由于系统中通有高频交流电的能量发射，导轨将在环境中产生较大的电磁干扰，因此需要对系统的电磁兼容问题进行研究分析，着重研究系统运行时所产生的磁场对环境及敏感设备的影响。在列车行驶过程中，高速列车负载随着运行状态的改变一直在变化，尤其是在高速列车上坡、下坡时，其消耗的功率变化较大，发送端与接收端的收发功率无法达到平衡，甚至非接触式供电的发送端不足以供给负载端的消耗，利用高频信号采集系统对负载端的接收能量信号进行检测，将检测到的高频信号反馈到发送端的数字信号处理器（digital signal processor，DSP）高频电源控制器，DSP控制发送端的高频电源进行功率补偿，如图3-9所示。

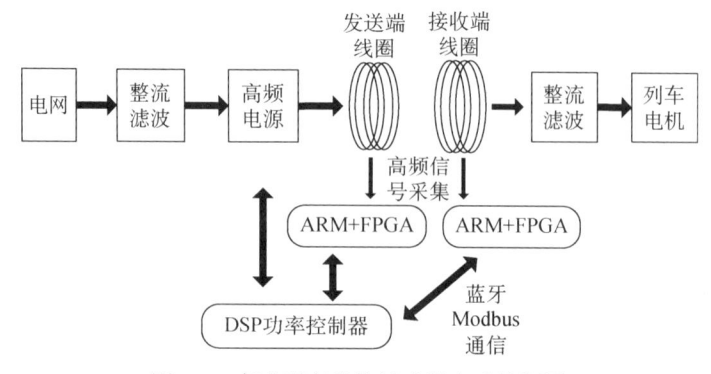

图3-9 高速列车非接触式供电系统框图

（二）中压直流供电技术

随着电力电子技术的发展以及直流输电技术的兴起，中压柔性直流牵引供电系统在未来高速铁路中的应用在技术上已成为可能。在中压柔性直流牵引供电系统中，电压源换流器（voltage source converter，VSC）作为电能变换的核心设备，将电力系统三相电压整流为一定等级的直流电压，通过牵引网供电回路，完成对机车的供电任务。与传统工频单相交流制式的牵引供电系统相比，在直流供电制式下，系统中不存在频率、相位和无功环流等问题，使得系统的控制更简单、可靠性更高。系统可以充分利用直流牵引供电系统的空间优势就近消纳铁路沿线丰富的可再生能源，实现对列车再生制动能量的回收利用，结合储能设备提高系统的能量利用率与稳定性。因此，柔性直流牵引供电可以作为一种更加理想的供电系统，对于革新现有的工频单相交流供电方式和促进牵引供电系统的绿色可持续发展具有重要的意义。

中压柔性直流牵引供电系统的拓扑结构如图3-10所示。牵引变电所连接牵引网与交流电网，实现交直流系统间的能量交换。铁路沿线的分布式可再生能源发电系统（风电、光伏）及储能系统等通过电力电子变换装置接入牵引网。牵引网可通过双向直流-直流变换器（DC-DC）与城市轨道交通牵引供电系统连接，实现电气化铁路与城市轨道交通的互联互通[26]。

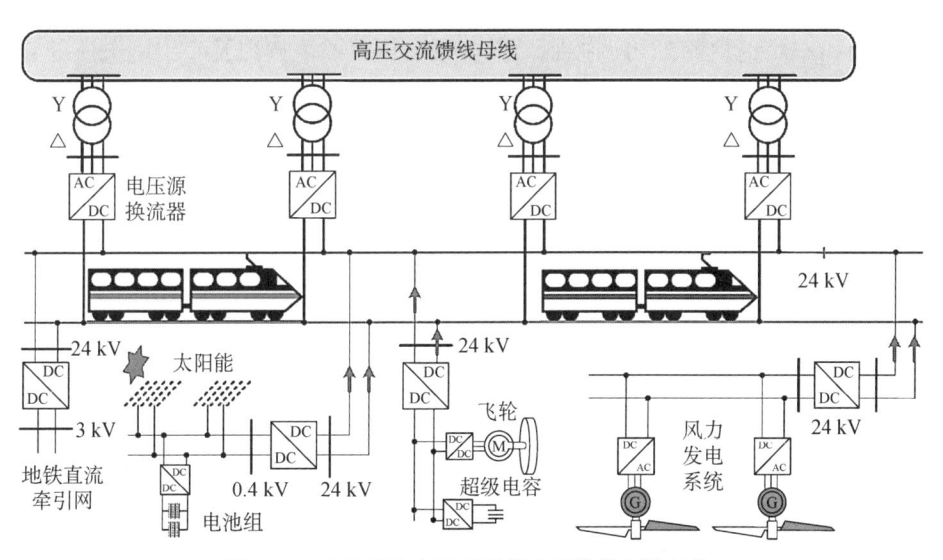

图3-10 中压柔性直流牵引供电系统的拓扑结构

历史表明，单相交流制式的牵引供电系统并不是最理想的供电系统。有学者分析了我国电气化铁路单相工频交流牵引供电网存在的问题，提出了高压直流牵引供电网的构想，并对供电电压等级、系统基本结构、技术经济性能、面临的历史条件、需要解决的关键问题等进行了阐述。有学者进一步提出了基于 VSC 的新型中压直流牵引供电系统，其中 VSC 作为牵引变电所电能变换的核心设备，将电力系统三相交流电变换为直流用于牵引列车；接触网全线贯通，完全解决了传统工频单相交流供电方式的负序和电分相问题。因此，中压柔性直流牵引供电系统可以作为一种更加理想的牵引供电系统，对促进牵引供电的绿色可持续发展以及革新现有工频单相交流制式的供电系统具有重要的意义[2]。

然而，迄今尚未有关于高压直流牵引供电系统的工程应用案例报道。同时，关于中压柔性直流牵引供电系统的控制策略也鲜有研究。国内外众多学者对直流微网的拓扑结构、关键装置、控制策略、能量管理等做了大量的研究工作。虽然中压柔性直流牵引供电系统和直流微电网有着较强的相似性，但牵引负荷与传统的电力系统负荷有着较大的区别，牵引负荷具有快速移动、波动剧烈、非线性等特点。在给牵引负荷供电的特殊环境下，对于这个新型多源-多负荷的复杂电力电子化系统，其构成系统的关键设备技术有什么样的需求，怎样实现可再生能源与储能装置的接入，其运行控制与技术体系是怎样的，以及怎样实现系统内牵引变电所、不同类型的新能源、储能系统以及机车负荷之间的协调控制，维持系统功率的平衡以及牵引网电压的稳定，从而保证系统高效、安全、经济运行，这些研究工作目前仍未开展，需要深化研究。

（三）核动力与组件式供电

1. 核动力供电

核动力供电是指以原子核裂变能作为推进动力的一种供电方式。核动力牵引系统包括核反应堆、为产生功率推动机车前进所必需的有关设备以及为提供装置正常运行的外部设备。目前核动力系统的工作方式是：首先通过核反应堆提供整个系统所需的能量，该过程要求所用反应堆的体积很小，输出功率很大，因此需要高浓铀原料来运行；其次将反应堆提供的热能通过水以蒸汽的方式传递能量；最后经稳压器，蒸汽驱动汽轮发电机产生电能，以供机车和相关的用电设备正常运行。

目前，各国对核能的政策及应用均不相同。美国每年产生的核能居全世界首位，美国人消耗的电能中有20%来自核能。2006年的调查显示，核能满足了80%的法国电能需求。欧盟需要的30%的电能来自核反应。核能每年提供人类获得的所有能量中的7%，或人类获得的所有电能中的15.7%。在世界各国军队，尤其是美国军队，就是以核能为动力对某些潜艇及航空母舰的系统进行供电。另外，德国自20世纪就开始将核能应用于铁路电力牵引等。自1977年以来，核电站每年以大约相当于发电机组功率一倍的能力，向德国铁路电网供电，约占牵引用电的17%。其通过将核电站与泵水蓄能发电厂进行配套供电：在夜间用电低峰时，用多余电能把水泵送至高位蓄水库；在白天用电高峰时，再用水轮机组发电的方式，使得不管供电线路负荷如何变化，都能持续均匀地发电[27]。

当前核动力供电主要面临三个问题，分别是核反应堆技术问题、热工流体稳定性问题和核反应实验设施问题。

对于核反应堆技术问题，一方面，如何根据本身具有的动力结构来选取核反应堆的方式需要后期的斟酌；另一方面，为了获得反应堆的临界特性、动态功率响应等，有必要开展反应堆的数值模拟研究与安全控制研究。反应堆中的流体由于受温度差过高、温度梯度大、压力差等因素影响，需要在高温高压下对流场进行深入研究。与此同时，进行核反应实验时的辐射与氢气浓度等因素对实验的安全性要求极高，实验的设施与技术面临巨大考验。目前我国核能主要应用于核电领域。核动力传动系统领域的开发，相当于拓宽了我国核资源的利用空间。核能的商业性运作将不仅仅局限于核电及医疗卫生方面，还能促进我国核工业产业链的发展。

2. 组件式供电

组件式地理信息系统（geographic information system，GIS）的基本思想是把GIS的各大功能模块划分为几个控件，每个控件完成不同的功能，各个GIS控件之间，以及GIS控件与其他非GIS控件之间可以通过可视化工具集成起来，形成最终的GIS应用。通过设计各控件以实现不同的功能，并根据需要把各控件搭建起来，从而构成组件式应用系统。在牵引供电系统中，以接触网为例，将接触网中的接触悬挂、支持装置、定位装置和支柱基础作为控件，以此实现各个功能并组成接触网模块。由此看来，组成牵引供电系统的牵引变电所和接触网是组成供电系统的模块，这些模块中的各个控件发挥着各自的功能。

新能源接入综合系统是供电系统发展中一项至关重要的技术，其组成比较复杂，主要组成模块有风力发电、光伏发电、电动汽车以及风火联调等。但新能源接入综合系统在发电过程中电量具有较大的波动性，导致电网存在安全隐患。通过设计不同新能源接入的组件式功率模块，电力 GIS 系统将电力企业的电力设备、变电站、输配电网络、电力用户与电力负荷和生产及管理等核心业务连接起来，形成电力信息化的生产管理的综合信息系统。通过面向对象的数据建模，电力 GIS 平台内置建模规则库、电网图编辑库及相应的输出工具库，包括基本构件层、系统环境层、数据库连接层、图形与数据接口工具层、应用系统层等，分层建立各种数据模型，并建立了各层数据模型之间的连接关系。

电网的多属性数据要求 GIS 系统具有良好的稳定性和可靠性，同时为了满足电力行业技术标准及电力企业业务需求，系统需要具有良好的可维护性。电力 GIS 能够实现数据的一次输入和多次输出，以保证数据的一致性操作，实现数据的统一管理和多层保护等，从而构建高可靠性和高准确性的业务系统。此外，电力系统是一个庞大的复杂系统，电力网的广域性、电力设施的分散性及设备的多样性，导致系统中实时信息量大、系统接口复杂、信息的覆盖面广、电网电压等级繁杂，需要 GIS 系统具备拓扑分析能力和转换能力。由于电网设备的经纬度坐标数据是国家基础信息资源，属于电力安全信息，所以电力 GIS 应具备良好的安全保密性。

3. 自供电技术

自供电技术是一种新型供电技术，它通过将周围环境中的各种能量转化成电能，从而驱动低功耗电子设备运作。利用自供电技术，能够有效实现零电能消耗，节约安装和使用成本，保护环境。目前主流的自供电方式有 TA 供能、激光供能、光伏电池供能、超声波供能、电容分压供能以及微波辐射式供能等。激光供能输出精度高、供能稳定，但成本较高；光伏电池是一种可再生能源，不产生温室气体，但易受外界环境的影响，不能实现持续供能；超声波供能与激光供能较为安全可靠，但设备成本较高，并且超声波—电能的转换率较低；电容分压供能由于缺少电气隔离，存在一定的安全隐患；微波辐射式供能能够实现远距离无线输电，定向性好，但传输效率低，并且成本较高[28]。虽然现有的各种自供电方式都有各自的特点及应用范围，也具有较为完善的理论体系支持，但是一些关键技术还有待进一步研究，截至目前，国内外还没有研制出传输距离远、输出功率大且安全稳定的自供电方式。随着智能电网的发展，电力设备自供电技术凭借其无须独立电源供电、适用性强等优势，在电力系统电气设备中具有一定的应用前景。

4. 高铁供电新型供电技术领域发展趋势

1）非接触式供电技术

物理参数的漂移、结构的改变等都会极大地影响现有控制器的性能，导致系统的传输效率和可靠性大大降低，甚至导致重大故障的发生，因此给非接触式供电系统的运行带来重大安全隐患。大功率无线牵引供电系统仍然存在很多科学问题与关键技术亟待继续攻克，为了提升低速磁浮交通的技术竞争力与系统成熟度，未来仍需对非接触式牵引供电系统中存在的科学问题与关键技术进行研究。

第一，提升系统功率。在建立大功率非接触式牵引供电系统的目标上，构建大功率非接触供电系统组合式多逆变器模型，研究组合式多逆变器的非接触供电系统各逆变器输出功率的传输机理，揭示各逆变器的功率传输特性受系统参数、负荷变化、并联逆变器数量的影响规律。研究快速切除故障逆变器的控制方法，防止连锁故障的发生，提高系统的稳定性与可靠性。

第二，优化能量效率。通过理论、仿真和实验相结合的方法来分析负荷非线性、电路参数时变性和外部环境复杂性等特征对供电效率的影响规律，旨在揭示移动供电过程中系统电路能量损耗机理和磁路能量泄漏机理，并探索电路参数动态控制策略、电磁耦合机构优化方案、磁场能量泄漏抑制措施相结合的效率提升方法。

第三，分析及抑制电磁干扰。构建非接触牵引供电系统与外界环境的电-磁-热场耦合模型，研究系统电磁干扰的产生及传播机理，采用合理的磁路设计以控制空间磁场分布，对保障非接触牵引供电系统的安全可靠、抑制电磁干扰对周边生物体的影响，都具有重要的意义。

第四，提高安全稳定性。研究多参数摄动下的系统鲁棒控制及协同优化方法，揭示系统参数摄动与其鲁棒性之间的定量关系。通过设计合理的全局多代理机制下自组织协同控制算法，以增强非接触牵引供电系统的鲁棒性，实现机车移动过程中的安全可靠、稳定供电。

2）中压直流供电技术

在高速铁路迅速发展的背景下，单相工频交流制式牵引供电系统的电能质量和过分相问题制约着铁路高速、重载化的发展。同时，由于电分相的存在，牵引变电所之间难以做到相互支持，机车再生制动反馈能量无法得到有效利用。此外，在当前能源危机的背景下，未来新能源接入牵引供电系统为大势所趋。中压柔性直流牵引供电系统作为一种理想的供电方式，可以较好地解决上述问题。然而，柔性直流牵引供电系统处于理论研究阶段，尚未投入实际运用，未来在对其进行继续深入研究中，可从以下几个方面进行深层次发展。

第一，探索直流供电关键技术。直流牵引供电系统作为新型多源-多负荷的复杂电力电子化系统，构成系统的关键技术与重要设备应结合具体需求进行设计与发展。

第二，实现新能源与储能装置的接入。

第三，深入研究直流供电的运行控制与技术体系。如何实现系统内牵引变电所、不同类型的新能源、储能系统以及机车负荷之间的协调控制，进而维持系统功率的平衡以及牵引网电压的稳定，从而保证系统高效、安全、经济运行，这一问题作为投入实际应用的关键，将成为直流供电发展的重中之重。

3）核动力供电

核动力供电领域将从以下三大方向发展。

（1）完善核反应堆。超临界水冷堆系统，能够大大提高燃料的利用率，简化系统结构，甚至可以省略蒸汽发生器、主冷却泵和稳压器等装置；超高温气冷堆系统，高温气冷堆，能使发电效率大大提升，具有良好的固有安全性，能保证反应堆在任何事故下都不发生堆芯熔化和放射性物质大量释放，且由于氦气化学稳定性好、传热性能好、诱生放射性小，停堆后能将余热安全带出，安全性能好。

（2）拓宽核动力发动机的应用市场。核动力发电机运行时间长、输出功率大，必将具有极其广泛的应用前景及市场价值。目前基于核动力的潜艇以及航母等装置研究在军工上已经较为成熟，只是在民用方面的普及较为不足，研究仍然处于起步阶段，只有使核动力满足安全化和轻量化等要求，并且有效控制核污染时，核动力发动机才有可能真正走向实用化。

（3）缩小核装置的结构体积。目前工作稳定的核装置结构由核反应堆、蒸汽发生器、稳压器、主冷却剂泵、汽轮发电机机组组成。虽然核燃料体积较小，但核动力装置体积较大，原因是核燃料散发的热量必须由冷却水载出，而载热剂系统体积庞大，目前只有航母、巡洋舰、核潜艇等船能够承载。因此，缩小核装置结构体积、采用良好的冷却系统是核动力在牵引供方面应深入研究的一个发展方向。

五、新能源、新材料、新技术的应用

(一)新能源的应用

为了实现铁路系统的节能减排,应用可再生能源成为一项重要举措。为了发展铁路系统的新能源及可再生能源的利用,我国铁路系统先后制定了多项有针对性的措施。二十多年来,《铁路节能技术政策》《铁路"十一五"节能和资源综合利用规划》《铁路"十二五"节能规划》《铁路主要技术政策》等多个文件发布,鼓励铁路系统发展新能源及可再生能源应用技术。特别是《铁路"十二五"节能规划》中提出"要推广应用新能源和可再生能源,要按照因地制宜、多能互补的原则,在有条件的地区积极推广太阳能、地热能等新能源和可再生能源使用"。由此可见,应用新能源与可再生能源以实现铁路节能减排非常有发展前景。

将光伏发电通过合理的方式接入电气化铁路牵引供电系统是改善其用能结构最有效的手段,同时牵引负荷可以直接消耗光伏所发电能,有助于缓解当下光伏电能的消纳问题。目前研究的光伏发电在铁路中的应用有非牵引领域和牵引领域之分。非牵引领域的光伏发电应用包括光伏为铁路沿线设备供电以及为铁路车站、站舍供电等,其应用形式与传统的光伏发电应用形式无异。牵引领域的光伏发电应用属于新兴技术,由于大部分铁路牵引供电系统是特殊的两相系统,传统的单相、三相光伏发电系统无法直接使用,因此必须应用特殊的拓扑结构及接入方式,才能令光伏发电更为合理地应用于牵引供电系统。考虑到用于牵引供电的能耗占据了铁路系统总能耗的大部分,将光伏发电应用于牵引供电系统,能更为有效地改善铁路系统的用能结构,实现节能减排。此外,我国铁路日益提高的电气化率也为光伏发电有效地应用于牵引供电系统提供了必要的技术条件。

光伏发电技术虽然是当前的研究热点,但对其的研究主要集中于分布式光伏发电系统、光伏电站、微电网等领域,对光伏发电与铁路系统相结合的研究为数尚少。在非牵引领域,现有研究中大多数将光伏发电应用于铁路车站以及通信、信号系统中。涂利[29]介绍了光伏发电在日本、意大利、墨西哥、巴基斯坦、孟加拉国等地的铁路车站、铁路信号系统中的初步应用。Verma 和 Kakoti[30]介绍了光伏发电在日本铁路中已有成规模的应用,包括铁路车站的屋顶光伏以及沿铁路线架设的分布式光伏电站。在国内，光伏发电在铁路系统中也已有相关的应用，但仍以铁路车站以及通信、信号系统中的应用为主。出于对运输安全的考虑，目前国内对牵引领域的光伏发电应用并没有足够的重视，但实际上从使用能耗的占比来看，从牵引领域着手优化铁路的能耗结构将更为有效。为此，有学者提出"捆绑式供电模式"，即光伏发电系统直接向牵引供电系统供电，当光伏电能富余时，向电力系统返送电能；当光伏电能不足时，由电力系统补充缺额[31]。

风电多通过电力系统间接向牵引供电系统供电。目前国内研究相关问题主要围绕牵引供电对风电场的影响而展开。在电气化铁路牵引负荷对风电场的影响研究中，有学者针对新疆风电聚集区提出：随着电力系统运行方式的变化，即使电铁对电力系统产生的谐波一定，但是当电力系统处于最小运行方式时，电铁也有可能对风电场产生影响，破坏风电机群的安全与稳定运行。还有学者针对部分地区存在的电铁与风电场同时接入同一地区的电网情况，从理论上进行分析后认为电铁谐波会使风电场变压器的附加损耗增加，造成风电机组产生附加损耗、附加振动及补偿电容器的过电流跳闸甚至损害[32]。

（二）新材料和新技术的应用

1. 燃料电池混合机车

燃料电池在各个领域已经有了一定的应用，目前已有关于燃料电池技术应用于轨道交通的研究。但燃料电池在面对剧烈变化的负载时，难以快速调节自身功率，故单独使用时无法满足机车工作时功率变化快的需求，因此需要性能可与之互补的储能装置辅助。磷酸铁锂电池或超级电容器等储能设备可作为燃料电池的辅助储能装置，通过双向DC/DC接入直流母线，再通过逆变器对牵引电机供电。

以氢能作为燃料提供动力的质子交换膜燃料电池（proton exchange membrane fuel cell，PEMFC）混合动力机车成为国内外的研究热点，并取得了一些显著的成果。目前，全世界发展燃料电池电动机车和燃料电池混合动力机车的积极性日益高涨。国内对于燃料电池在轨道交通领域的应用研究刚刚起步，在大功率燃料电池混合动力机车方面研究较少。为了实现大功率燃料电池混合动力机车系统的高性能、高可靠性运行，开展机车用燃料电池混合动力系统建模与能量管理方法研究，将对燃料电池机车的研发起到重要的指导和参考作用。

2. 卷铁芯节能变压器

变压器是整个牵引供电系统中最重要的设备之一，也是电能损耗的重要设备之一。为了降低牵引供电系统的运行损耗，提高其运行经济性，采用新材料、新工艺和新技术，研究开发节能型牵引变压器具有重要意义。

非晶合金变压器和常规卷铁芯变压器是当前发展前景较好的节能型变压器，非晶合金具有高磁导率、低损耗等优点，但其对机械应力较为敏感，且热稳定性能欠佳，较难应用于大型铁芯中。常规卷铁芯变压器在硅钢片的基础上，由于其先进的结构性和在降低空载损耗上表现出的优异性能，是目前节能型牵引变压器的首选。

西南交通大学的高仕斌等[33]联合常州太平洋电力设备（集团）有限公司研发了 220 kV 级卷铁芯牵引变压器，该节能型牵引变压器以卷铁芯结构为基础，采用 V/X 接线形式，重点研究了卷铁芯结构及油道设置方案、主绝缘设计及过负荷温升控制方案，同时突破了大容量卷铁芯卷绕、拼装、退火及其线圈一体化绕制等关键技术。该样机通过了国家变压器质量监督检验中心试验，符合国家及行业相关标准，其试验结果与传统叠片式铁芯牵引变压器相比，空载损耗下降 44.2%，噪声值下降 30.9%，节能降噪效果良好。其牵引变压器由 2 台单相三绕组变压器构成，每相有 2 个二次绕组，置于同一油箱中，组成 V/X 接线方式，考虑卷铁芯结构的特殊性及铁芯卷绕的工作量和拼合的难度，只设置 1 个散热油道，如图 3-11 所示。

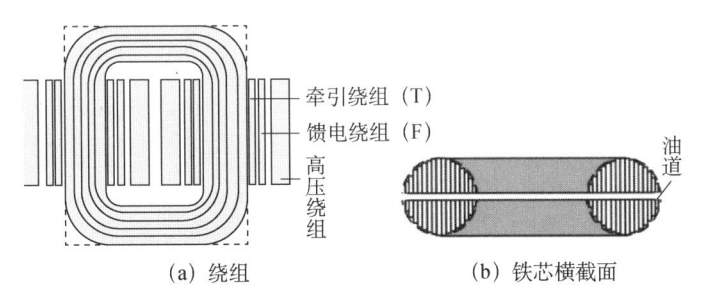

(a) 绕组　　　(b) 铁芯横截面

图 3-11　单框式卷铁芯及绕组结构

注：T—接触线；F—正馈线

3. 永磁同步牵引电机

牵引电机作为轨道交通车辆牵引系统的核心部件，是轨道交通车辆的动力来源。目前，轨道交通车辆牵引系统大部分以异步电机牵引系统为主，但由于永磁系统的高功率密度和高效率可以提高牵引功率，实现直接驱动，取消齿轮箱，降低传动过程中的损耗，在节约能源、减少维护量和降低系统生命周期成本的同时，永磁系统的低噪声还可以提高乘客的舒适度，因此轨道交通牵引系统的应用日益引起国内外同行业的关注。随着永磁材料和电力电子技术的发展，永磁电机在轨道交通牵引系统中的研究与应用也日益广泛。永磁同步电机是靠装在转子上的永久磁铁产生磁场的同步电动机，由定子、转子和端盖等部件构成。定子与普通异步电动机基本相同，由叠压硅钢片构成的定子铁芯和嵌在定子铁芯槽内的定子线圈组成，线圈的连接使三相交流电产生旋转磁场。但是转子却由磁性很强的磁铁组成，其磁场并不会消失（理论上可以长久存在），因此称之为永磁。

永磁电机在国内轨道交通领域已经有所应用。中车永济电机有限公司的李磊等[34]从系统原理、牵引逆变器主电路工作原理和特点、结构特点及其关键技术等方面介绍了永磁同步牵引系统在西安地铁 2 号线车辆上的应用。采用永磁同步牵引系统后，地铁交通车辆可降低电能消耗约 10%。另外，长沙市轨道交通运营有限公司的邓浩衡和钟碧羿[35]介绍了长沙地铁 1 号线列车能耗记录，对能耗数据进行了统计和分析，对长沙地铁 1 号线永磁同步牵引系统列车的牵引能耗、再生能量和总能耗与异步牵引系统的列车进行对比，并从永磁电机结构上分析其节能原因——永磁电机在工作时无须励磁电流，转子不产生损耗。异步电机在工作时，转子绕组要从电网吸收部分电能励磁，消耗了电网电能，这部分电能最终以电流在转子绕组中发热的形式消耗掉。相比异步电机，永磁电机的工作效率显著提高，包括额定点的效率、最高效率以及整个运行范围高效率区的提高，使永磁电机的能耗大大降低。

4. 电力电子变压器

目前，传统的工频变压器广泛分布在电力系统中，发挥电压隔离和电压转换等基本功能。通常，在中高压环境下要解决电能质量问题（如跌落、骤升、闪变和谐波）需要外加多种形式的高开关频率的电力电子变换器，这就导致了整个设备安装体积的增大，因此变换器在机车车辆、风力发电机、船舶、飞行器等安装空间有限的场合运用中受到了限制。在低电压应用领域，已经成功采用中高频变压器代替工频变压器，变压器频率的增加与其整体的体积大幅减小，使得电力电子转换器设计更加紧凑。这种采用中高频变压器环节的电力电子变换器装置即电力电子变压器（power electronic transformer，PET）。

传统的机车牵引供电由于采用传统工频变压器的牵引动力单元，功率密度一般为 0.25～0.5 kVA/kg，其效率比较低，为 90%～92%。目前，动车组牵引动力单元能够做到最优的功率密度约为 0.5 kVA/kg，在现行技术基础上要进一步提升功率密度比较困难。一种可替代的新技术解决方案是使用电力电子变压器。PET 由源边电感滤波器、高压整流器、高频逆变器、中高频变压器、高频逆变器环节组成。PET 的高压整流器直接连接到 25 kV 交流接触网，中高频变压器起到电压隔离和变压的作用。中高频变压器的次级绕组连接高频整流器，高频整流器整流到所需的中间直流母线电压，中间直流母线再连接牵引电机逆变器，牵引电机逆变器驱动连接的电机运转实现机车动力牵引功能[36]。

目前，单个半导体器件的耐压有限，无法直接接触到高压电网，需要采取多模块级联分压以满足器件运行电压水平。瑞士 ABB 公司设计了拥有 8 个级联单元（含 1 个冗余单元）的中高压型全尺寸的 PET 样机，设计容量为 1.2 MVA，适应电压等级为 15 kV、16 2/3 Hz 的铁路供电网，中间直流输出电压为 1.5 kV，绝缘栅双极晶体管（insulate-gate bipolar transistor，IGBT）器件开关频率及高频变压器的额定工作频率为 1.8 kHz。样机重量约为 3100 kg，而传统工频变压器重量为 6800 kg，重量降低高达 54%。但是 PET 样机的制造成本提高了 50%，同时在高压侧使用 6.5 kV 的 IGBT 器件，其可靠性也有所降低。全尺寸 PET 原型样机已经安装在工程检修机车上，与瑞士联邦铁路公司进行了现场测试试验。自 2012 年初开始，已经进行了为期一年的现场试验测试[37]。在电力机车牵引供电领域，电力电子变压器重量和体积的减小，同时伴随着供电电能的提升等，是替代现有工频牵引变压器的一个可行的解决方案。

5. 列车节能驾驶

降低列车牵引能耗是减少轨道交通系统耗能的重要途径之一，单列车的牵引能耗由列车在站间的驾驶策略决定，因此研究列车在区间的牵引控制节能操纵序列，快速求解列车最节能控制曲线，可以使列车运行中的能耗降到最低。对于列车节能优化问题，国内外学者将铁路运营的能耗作为研究热点，且以牵引能耗的研究为重点。在求解最优推荐驾驶速度方法方面，通过对已有的列车节能运行研究的统计分析，方法主要分为三类：极大值原理和动态规划等解析算法、梯度法和序列二次规划等数值算法、蚁群算法和遗传算法等智能算法。

（三）新能源、新材料、新技术应用于轨道交通的发展前景

（1）新能源接入牵引供电系统的稳定性问题需要进一步研究。由于机车负荷的冲击性、波动性，牵引供电的接入对光伏/风电等新能源系统的谐波影响和稳定性影响仍需进一步分析。

（2）储能技术需要进一步研究。由于光伏发电受到其出力的波动性、间歇性的影响，多地"弃光"现象频发，光伏接入牵引供电对光伏能源就近消纳具有重要意义。光伏的波动性较为明显，由于牵引供电对电能质量要求较高且需要较为稳定的供电质量，因此需要就近结合相关的储能装置，加强光伏和储能装置的相关协调配合，保障供电电压的长期稳定。

（3）新材料与新技术是实现高速铁路更安全可靠、智能高效的重要手段。新材料与新技术在推动高速铁路快速发展的过程中扮演着非常重要的角色，在牵引供电领域，新材料与新技术着重关注节能降耗领域，通过技术与材料的进步来实现牵引供电系统节能增效的目标。

六、特殊艰险山区、薄弱地区的供电安全保障技术

特殊艰险山区、薄弱地区受地理条件限制，在维持其牵引供电平稳方面存在不利因素。缺乏强电网支撑是复杂大坡道和高原山区高标准电气化铁路建设面临的主要困难。目前国内关于特殊艰险山区、薄弱地区的供电安全保障技术课题研究较少。未来应着重围绕电网系统电源、传输网络、电气化铁路供电系统以及电气化铁路负荷相结合的"源-网-荷"一体化做研究，确保电网系统与牵引供电系统技术方案的最优化和综合效益的最大化。其亟待研究的关键科学问题包括如下几个方面。

（1）极端薄弱电网条件下电气化铁路"源-网-荷"一体化供电技术，包括："源-网-荷"相互作用机制；电网、牵引供电与电力供电一体化技术；电气化铁路长大坡道区段贯通式供电技术。

（2）复杂艰险环境及特殊工程条件下牵引供电系统设计与建造关键技术，包括：高海拔牵引供电系统绝缘配合与电气设备适应性分析；恶劣环境下接触网系统设计关键技术；恶劣环境下车网电气匹配与弓网关系；艰险山

区牵引供电关键技术；恶劣环境下牵引供电系统建造技术等。

（3）恶劣条件下牵引供电关键装备研制，包括：高海拔长大隧道内模块化预装式智能牵引变电所研制；长大隧道内时速 200 km 架空刚性接触网研制；复杂恶劣环境下高可靠性接触网关键装备研制；牵引供电系统智能化施工关键装备研制。

（4）高海拔地区铁路牵引供电系统安全服役技术，包括：多物理场耦合条件下牵引供电关键设备服役性态演变规律；复杂艰险环境下的牵引供电检测监测与故障诊断技术；牵引网阻抗频率特性检测技术及装备研制；相应的牵引供电智能安全服役保障系统。

第三节　重点研究方向与前沿科技问题

一、牵引供电及传动学科前沿和热点技术集合

随着高铁事业发展的需求由总体规模的扩大转向整体质量的提升，以及未来智能化和绿色可持续发展理念的提出，高铁供电学科领域也需要逐渐从解决牵引供电系统的稳定、安全、可靠性等问题转向节能、高效、智能化和供电牵引模式革新等问题，能效提升、新能源、新供电模式成为未来的发展方向。未来高铁供电学科领域的研究热点体现在以下几个方面，如图 3-12 所示。

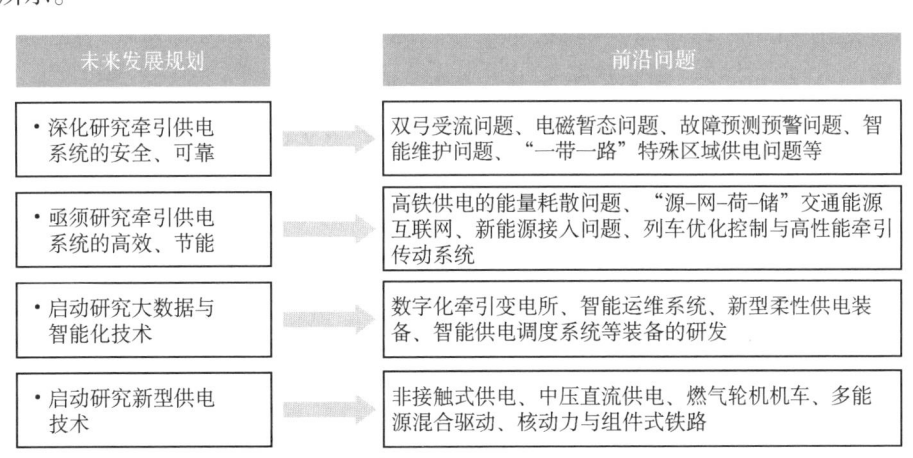

未来发展规划	前沿问题
・深化研究牵引供电系统的安全、可靠	双弓受流问题、电磁暂态问题、故障预测预警问题、智能维护问题、"一带一路"特殊区域供电问题等
・亟须研究牵引供电系统的高效、节能	高铁供电的能量耗散问题、"源-网-荷-储"交通能源互联网、新能源接入问题、列车优化控制与高性能牵引传动系统
・启动研究大数据与智能化技术	数字化牵引变电所、智能运维系统、新型柔性供电装备、智能供电调度系统等装备的研发
・启动研究新型供电技术	非接触式供电、中压直流供电、燃气轮机机车、多能源混合驱动、核动力与组件式铁路

图 3-12　高铁供电前沿科技问题汇总

（一）高铁供电安全可靠领域

高铁供电的安全可靠领域需研究的前沿问题包括以下几个方面。

1. 双弓受流下接触网波动理论与弓网优配、评价体系

须解决的关键问题包括：①双弓运行下弓网振动行为及波动传播规律；②双弓运行下弓网参数匹配优化选型方案；③双弓运行下接触网关键部件的服役特性；④双弓运行下弓网受流质量评价体系。

2. 牵引供电系统电磁暂态计算理论与抑制方法

须解决的关键问题包括：①长大隧道、高架桥等铁路特有环境条件下牵引网电气参数计算方法；②钢轨电磁特性及其对牵引回流的影响；③不同结构牵引网电磁暂态建模及仿真计算方法；④高速滑动电接触与高速滚动电接触相关的电磁暂态仿真及抑制措施；⑤过分相暂态过电压、谐波谐振过电压、雷电过电压在牵引供电系统传播特性及对供变电设备绝缘性能的影响规律和破坏机理。

3. 高速铁路供变电设备与绝缘子污秽在线监测与诊断

须解决的关键问题包括：①铁路隧道的绝缘子和污染严重区域附近的绝缘子污闪问题的研究，对高速铁路绝缘子污秽状况进行实时在线监测和状态评估；②高温、高湿、高寒、大风沙、高污染等恶劣环境、气候、天气条件下供变电设备的服役性能、腐蚀老化磨损机理及防护措施；③供变电设备状态的演化规律及在冲击性非线性负荷、恶劣环境、气候、天气条件下耐受能力的研究也直接影响高速铁路牵引供电系统的安全预测。

4. 基于多源数据驱动的动车组车载电气设备 PHM 系统

须解决的关键问题包括：①高速动车组车载关键电气设备（如主断路器、牵引变流器等）安全服役状态信息的选取、感知与优化技术；②数据驱动的健康评估方法；③基于统计规律与数据驱动相结合的可靠性与风险评估方法；④多信源融合的故障快速诊断与故障预警技术；⑤研究基于多目标的车载设备主动维修策略。

（二）高铁供电节能增效领域

高铁供电节能增效领域需研究的前沿问题包括以下几个方面。

1. "车-网-地"一体化能量耗散机理与综合能效提升

须解决的关键问题包括：①从"车-网-地"一体化的角度提出牵引供电能量耗散机理与效率提升方法；②动态条件下的"车-网-地"系统能量的产生、传输、消耗、再生反馈、储能等联合分析建模；③能量流动路径研究、损耗机理分析和效率提升方法；④列车运行节能大数据分析及（车-车通信、多车-地通信）优化方法研究。

2. "源-网-荷-储"交通（高铁）能源互联网

在"源"侧，须就近消纳可再生能源，提高可再生能源渗透率；在"网"侧，可构建更加开放的牵引网，或者构建直流牵引供电系统；在"荷"侧，研究重点在于回收利用列车再生制动能量；在"储"侧，关注研发高铁牵引供电系统配备的储能电源。

（三）高铁供电大数据与智能化领域

高铁供电大数据与智能化领域需研究的前沿问题包括以下几个方面。

1. 智能供变电设施研究

将高压开关设备（断路器、隔离开关等）、牵引变压器等一次设备按分层分布式来实现智能电气设备间的信息共享和互操作性，从而实现一次设备的智能化、以供电臂为单元网络化保护、使用电子式互感器等。

2. 智能运维系统研发

智能运维系统是以各类基础数据、监测数据分析、数据处理为基础，对智能供变电设施的基础数据、检测监测、运行检修作业、设备状态评估与预测等进行全生命周期管理的系统。实现对牵引供电系统的故障预测与健康管理、安全评估与预测、应急指挥、运营安全保障及辅助决策等高级功能。

3. 柔性供电结构与装备研制

采用现代先进的电力电子技术及装备解决传统铁路存在的电分相、电能质量、再生能量利用等问题，实现对现有铁路供电系统的改进与完善，使其运行性能更优、经济性更好、新能源消纳等。

4. 智能供电调度系统开发

智能供电调度系统是对智能牵引供电设施设备进行远程监视、测量、控制及调度作业管理的系统。实现多个牵引变电所、供电臂的故障重构、自愈控制，源端维护、综合告警、辅助调度决策等高级功能。

（四）高铁供电新型供电技术领域

高铁供电新型供电技术领域需研究的前沿问题包括以下几个方面。

1. 高铁非接触式牵引供电系统基础理论与关键技术

须解决的关键问题包括：①大功率移动感应供电能量泄漏机理；②高速移动供电电磁场耦合关系；③动态环境下多物理场的相互耦合机理及对系统参数的影响规律；④参数摄动下系统稳定性和鲁棒性分析及系统整体鲁棒控制策略。

2. 中高压直流牵引供电理论及关键技术

须解决的关键问题包括：①中高压整流及控制技术；②多种分布式新能源接入技术；③直流牵引供电系统保护配置方案。

3. 新型牵引网供电理论与技术

须解决的关键问题包括：①主变电所潮流控制技术，新型同相供电交-直-交变流器关键技术研发；②均衡电流与电网合环运行的异同，均衡电流限值与标准研究；③大电网与铁路大范围连通供电的相互作用；④复合牵引网运行、备用方式及其保护与自动化装备配置；⑤高速接触带与集电器系统的优化设计与试验研究。

4. 独立牵引供电系统及燃气轮机机车

该类型机车的优点包括：单机功率大、输送能力强、废气排放量少；适于高寒、高原、山区多坡道区段等恶劣环境；同时可省去变电所、牵引网系统的建设、运维、管理成本。所需的关键技术包括：①燃气轮机基本原理及控制技术；②试验样机的开发研制。

5. 核动力与组件式铁路

该类型铁路的优点包括：体积小、载重轻、清洁环保、取消接触网；适于长时间运行、输出功率大的铁路。目前基于核动力的潜艇以及航母等装置研究在军工上已经较为成熟。所需的关键技术包括：①完善反应堆及水冷却系统；②利用核动力发动机原理，具有长时间运行、输出功率大的特性，核动力满足安全化和轻量化等，并且在核污染方面能做到有效控制；③缩小核装置结构体积。

（五）高铁供电新能源、新技术、新装备应用领域

高铁供电新能源、新技术、新装备应用领域需研究的前沿问题包括以下几个方面。

1. 新能源并入高铁供电的协调控制与稳定性问题

须解决的关键问题包括：①系统建模与耦合机理分析；②含光伏发电的牵引供电系统混合储能系统的构筑及优化配置；③含光伏发电的牵引供电系统能量优化调度机制；④含新能源发电的牵引供电系统的电压稳定机理与分层控制策略。

2. 轨道交通巡检机器人-现代化监测维修装备

须解决的关键问题包括：①极端气候和环境条件下的目标高精度识别方法和技术；②复杂环境和强干扰条件下的移动机器人自主定位和导航方法与技术；③巡检机器人-数字化牵引变电站一体化技术与系统。

3. 列车优化控制与高性能牵引传动系统

针对列车开展列车优化操纵及辅助驾驶技术研究，实现安全可靠、节能准点。针对高性能牵引传动技术开展研究，实现电力牵引传动系统高性能、高可靠、安全环保节能等。

（六）特殊艰险山区、薄弱地区的供电安全保障技术

须解决的关键问题包括：①极端薄弱电网条件下电气化铁路"源-网-

荷"一体化供电技术；②川藏铁路复杂艰险环境及特殊工程条件下牵引供电系统设计与建造关键技术；③川藏铁路牵引供电关键装备研制；④川藏铁路牵引供电系统安全服役技术。

二、牵引供电及传动学科发展目标和思路分析

过去十几年，高铁供电学科领域吸引了众多的专家学者。为了观察学者们的研究兴趣，可将高铁供电学科领域划分为安全可靠、节能高效、大数据与智能化和新型供电技术四个方向，从申请基金项目数量和硕士学位论文、博士学位论文数量两个方面来预测各个方向的研究情况。例如，以科学基金共享服务网的检索数据为例，各年项目统计结果如图 3-13 所示。可以看出，10 年间安全可靠领域的基金项目占据主流，而其余三个研究领域所占比例较小，高铁供电学科领域的专家学者聚焦于解决高铁供电的安全可靠问题。

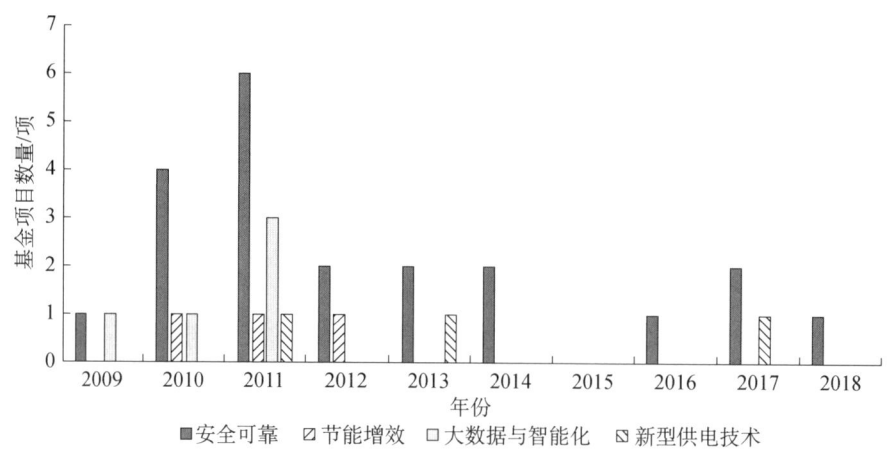

图 3-13　高铁供电各领域项目统计图

硕士学位论文和博士学位论文数量也能较好地体现高铁牵引供电学科各研究领域的变化趋势。例如，以知网上的硕士学位论文和博士学位论文检索数据为例，在高铁牵引供电学科领域硕士学位论文和博士学位论文的研究情况如图 3-14 所示。可以看出，2014~2018 年在高铁牵引供电学科领域安全可靠研究方向的研究人数占据绝对优势。

第三章 牵引供电及传动系统

图 3-14 高铁供电各领域硕士学位论文和博士学位论文趋势图

此外，专利的申请情况也能反映学者们的研究兴趣。图 3-15 展示了 2012~2018 年在万方数据检索平台上检索到的高铁供电各领域的专利申请情况。可以看到，节能增效领域近年来申请的专利数量在 5 个方向中数量最多，说明高铁供电学科领域的学者十分重视该领域的技术保护。

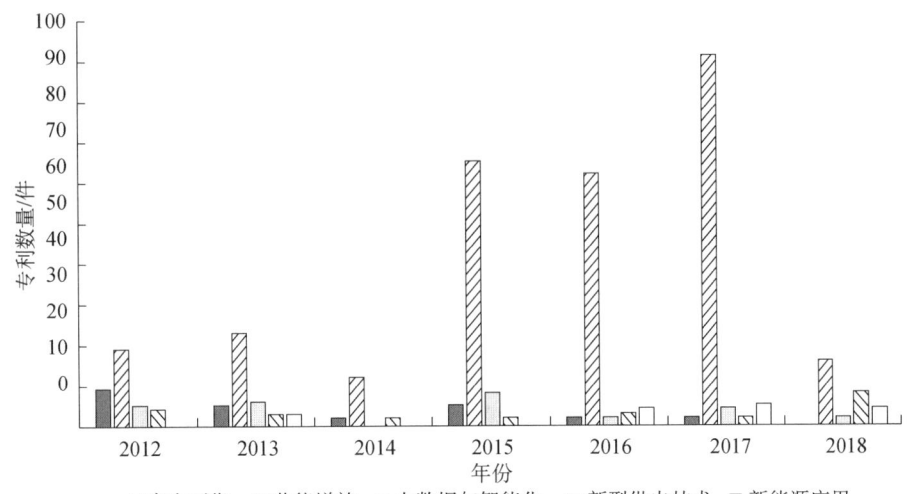

图 3-15 高铁供电各领域专利申请情况统计图

综合来看，高铁牵引供电学科的安全可靠方向已有较好的研究基础，同时有学者已经将研究视野转移至高铁供电的节能高效领域。为建设更高速便捷、更安全可靠、更智能高效、更低碳环保、更可持续化的高速铁路，需要越来越多的专家学者将视角转移至节能高效、智能化和新型供电技术等新兴领域开展研究，为我国高铁供电技术创新并持续引领世界、保障我国高铁安全可靠高效运行奠定理论基础。

宏观来看，近年来我国高速铁路发展迅猛，取得了一系列可喜的成绩。例如，在规模质量上，形成路网最发达、场景最复杂、运输最繁忙的铁路网，电气化率世界第一；在装备技术上，"复兴号" 350 km/h 双弓商业运营成为世界铁路新标杆，并建有世界上规模最大的高铁供电调度 SCADA 系统；在运行维护上，已初步构建了科学有效、制度配套的养护维修管理体系。

对于高速铁路，除了更加安全可靠，还需要高效环保，更需要可持续。建设更高速便捷、更安全可靠、更智能高效、更低碳环保、更可持续化的高速铁路成为中国高铁发展的五个前沿需求。然而，我国高铁牵引供电能否实现最可靠、最高效、最环保、最经济的要求？能否从技术先进到技术引领？高铁牵引供电系统方面继续关注的问题有以下五点。

（一）"十二五"集中解决供电可靠性问题，对运行质量、能效的研究较少，未考虑效益效率的提升

随着高速铁路的快速发展，牵引供电系统变得越来越庞大，动车组功率大、行车密度高、运行速度快，其能量损耗问题越来越严重。例如，2016年，全国铁路消耗牵引电能达 645 亿 kW·h，比 2015 年、2014 年分别上涨 32%、15%，占全国总用电量的 2%~2.5%，是单体最大负荷。其中，高铁牵引能耗达 268 亿 kW·h，占比 41.55%。由于牵引负荷的间歇性和行车编组的周期性，高速铁路牵引供电系统主变压器、自耦变压器等部分时间处于空载状态，造成了大量的电能损失。此外，由于行车编组的追踪问题，动车组再生制动产生的能量有较大比例返送电网，未得到充分利用。从京沪高铁能耗测试中发现，控制损耗占总损耗的 9.566%，再生制动返送能量占注入列车电能的 13.409%。

（二）高铁牵引供电系统的安全、可靠问题仍需重视

近年来，轨道交通牵引供电系统事故不断发生，造成了重大经济损失，其中，过半的事故是由接触网故障导致的。为此，减少或消除接触网相关故障是提高轨道交通可靠性的关键所在。高速铁路的弓网问题随着运营速度、行驶密度、载流量的大幅提升，双弓受流等因素愈发突出，易出现弓网燃

弧、接触网断裂、舞动、受电弓刮弓等问题，引发重大的安全事故。因此，稳定可靠的弓网关系，尤其是在双弓运行下的弓网关系至关重要。

（三）新能源是国家战略和必然趋势，新能源资源丰富，符合高铁线路分布特点，但尚未得到综合高效的利用

随着风电、光伏等新能源开发规模的逐渐增大，受跨大区电网互联规模有限和交换能力不足的约束，我国大容量送出风电、水电等，尚未实现在全国范围内进行调配。如何就近消纳更多的风电等新能源，成为摆在国家（电网）面前的一道时代难题。光伏、风力等新能源发电的空间分布特性与高铁相一致，使铁路部门和电力行业共同聚焦于将新能源接入牵引供电系统。到2050年，新能源发电占比将达到50%以上，而我国电气化铁道的用电量将达到2%～4%的规模，新能源接入电气化铁道甚至高速铁路将是未来发展趋势，实现新能源的就近消纳和削峰填谷，将改变高铁发展格局。此外，新型高速列车具有再生制动功能，通过再生制动返送电能占总消耗电能的10%以上，但这一部分能量并未得到有效利用或储存。

（四）高铁供电模式没有革新和突破，需要创新和引领

现有的牵引供电系统结构仍然存在很多发展的阻碍。例如，仍然存在过分相，存在速度损失和带来过电压、暂态等增加设备故障率，可否新一代贯通供电？国外开始研究大功率轨道交通无线供电，可否前瞻性地研究高铁非接触牵引供电？接触网-受电弓作为电力机车的唯一取电结构，弓网动态匹配、接触网舞动、挂冰漏电以及受电弓摩擦、暂态过电压、拉弧、磨损、寿命有限等仍然是高铁安全可靠的最大隐患。目前高铁牵引供电系统过分相频繁、弓网匹配、供电损失与能耗较高、电能质量问题突出，已经无法引领未来10年甚至20年的高速铁路发展，急需在新型供电模式、供电结构、机车载重等方面进行改革与大胆创新，如非接触式供电、直流供电、贯通供电等。

（五）互联网、信息技术的飞速发展适合解决高铁供电问题

高速铁路供电系统具有可再生、分布广、能耗高、规律强、波动大等特点。快速发展的互联网与大数据技术能够很好地对高铁供电系统进行能量管理，因此可利用互联网思维，降低高铁牵引供电系统能耗，增加能效。

结合牵引供电及传动学科的研究现状，学科发展可总结为三条主线：

①主线1：节能高效、智能化发展；②主线2：牵引供电、牵引传动模式革新；③主线3：新能源技术、电力电子技术的广泛应用。三条主线可概括如图3-16所示。

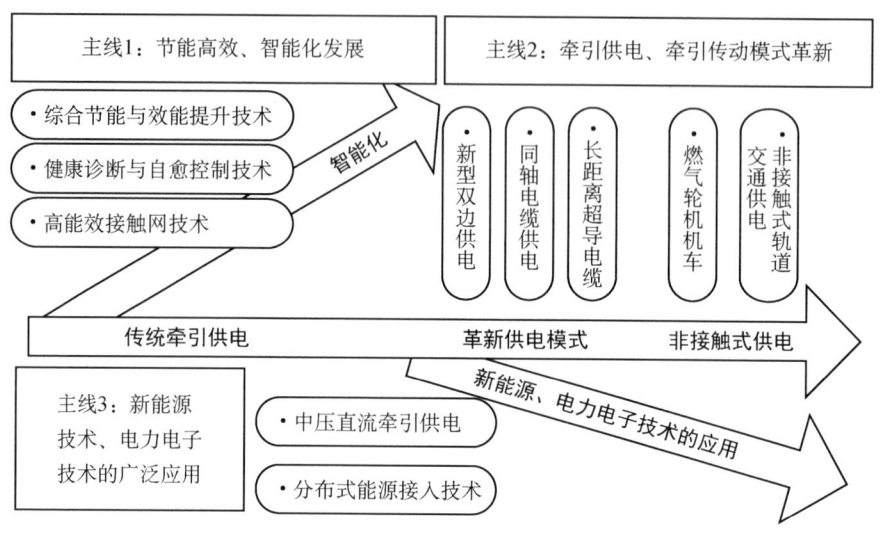

图 3-16　牵引供电学科发展主线

目前社会各界对高铁供电领域的关注度越来越高，对其也提出了更高的要求。高铁牵引供电系统需要从"学习'跟跑'"向"创新引领"转变，从"快速扩张"向"提升质量"转变，从"粗放管理"向"讲求效益"转变。实现建设更高速便捷、更安全可靠、更智能高效、更低碳环保、更可持续化的高速铁路。

三、未来重点研究方向

从高铁牵引供电的电网-牵引变-牵引网-列车-回流等方面开展研究，实现中国国家铁路集团有限公司（中国铁路总公司前身）对高速铁路的安全、可靠、节能、高效、引领、"走出去"等要求。未来牵引供电及传动学科的重点研究方向体现在图 3-17 所示的几个方面。

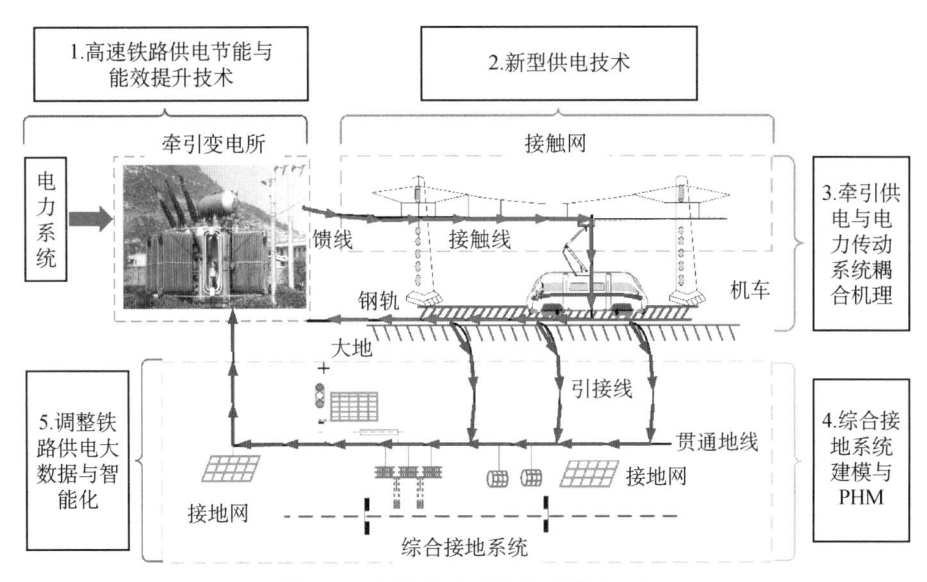

图 3-17 高铁供电系统重点研究方向

（一）高速铁路供电节能与能效提升技术

高速铁路供电节能与能效提升技术可从以下两个方面展开研究。

1. "车-网-地"一体化的能耗、品质、新能源、储能

在高铁能耗巨大的现实背景下，高速电气化铁路的节能降耗是近年来关注的热点。电气化铁路的间歇性和行车编组的周期性，使得牵引供电系统的主变压器、自耦变压器等大部分时间处于空载状态。此外，新型高速列车再生制动产生的能量也并未得到有效利用或储存。因此，可研究高铁再生制动能量的产生与传输规律；各部分的能耗分布特性、影响因素、能量返送等规律；牵引供电系统的总体能效、效率提升技术与策略研究；考虑新能源接入与储能的综合能量管理与控制方法。

2. "源-网-荷-储"高铁能源互联网

构建"源-网-荷-储"高铁能源互联网。在"源"侧，实现就近消纳可再生能源，提高可再生能源渗透率。在"网"侧，构建更加开放的牵引网；构建直流牵引供电系统；在"荷"侧，实现回收利用列车再生制动能量；在"储"侧，实现牵引供电系统配备储能电源。

（二）新型供电技术

高速铁路新型供电技术可从以下两个方面展开研究。

1. 非接触牵引供电系统基础理论与关键问题

大功率机车的高速移动性、环境复杂性、冲击特性对高速铁路非接触牵引供电系统的实现带来了极大挑战，高速移动无线感应供电在理论机理、设计方法和控制策略等方面目前仍为空白。因此，可研究高铁大功率、高效率、动态移动下的无线供电理论与技术；无线供电下的电磁兼容技术；非接触牵引供电系统功率波动机理，提出功率波动预防和抑制方法。

2. 中高压直流牵引供电技术

构建中高压（DC 16～24 kV）直流供电网，实现能量管理、增强供电距离、沿线风电、光伏、水力等能源的无缝接入，进一步针对中高压直流牵引供电系统开展拓扑结构研究、控制特性分析和稳定性分析。

（三）牵引供电与电力传动系统耦合机理

牵引供电与电力传动系统耦合机理可从以下几个方面展开研究。

1. 车网耦合机理

车网耦合机理重点研究车网耦合带来的低频振荡、功率交换、高频谐振、谐波不稳定的相互作用机理。

2. 弓网耦合机理

弓网耦合机理重点研究不同时速与复杂外部环境下高速铁路弓/网相互作用机制与最优匹配。

3. 车轨耦合机理

车轨耦合机理重点研究车轨耦合非线性动力学、轮轨黏着机理、车轨协调优化控制理论。

4. 电磁耦合机理

电磁耦合机理重点研究牵引供电系统外部系统电磁耦合机理与电磁兼容

理论。

（四）高铁综合接地系统建模与 PHM

高速铁路综合接地系统建模与 PHM 可从以下两个方面展开研究。

1. 高铁综合接地系统建模

考虑路基、桥梁、隧道等复杂地形，考虑"电磁场-节点电路"耦合的综合接地系统建模方法。

2. 高铁牵引供电故障预测与健康管理

运用大数据技术，更全面、更细致地采集和分析牵引供电系统相关数据，为牵引供电系统 PHM 提供更为丰富的资源。更丰富的数据库设施可以为系统故障诊断提供支持，提高系统故障决策的准确性。

（五）高速铁路供电大数据与智能化

高速铁路供电大数据与智能化可从以下三个方面展开研究。

1. 高铁供电大数据挖掘与深度学习理论和方法

随着高铁供电安全检测监测技术的发展，已经建设有大量的检测监测系统，加上运行数据、运营数据、维修维护数据，已经逐步构筑了牵引供电大数据系统。未来可重点研究高铁供电安全检测监测数据挖掘、多源异构数据融合、大数据分析、云计算等理论和方法；接触网/供变电设备的安全隐患预判技术，掌握设备运行状态和变化趋势。

2. 智能牵引供电

智能牵引供电重点研究以下内容：基于网络化广域测控保护技术，实现故障隔离、快速重构；基于自动化测控技术，实现系统自律运行；基于设备健康诊断与故障预测技术，实现服役性能智能评估、故障精确诊断；基于调度决策支持系统技术，实现辅助行车和供电调度指挥；基于供用电决策支持系统技术，实现在线监测、综合分析、通过经营策略。

3. 电力电子化多流制牵引传动系统基础理论研究

我国城市群的大规模发展要求多种供电制式不同的轨道交通方式实现无

缝对接。用中频变压器取代工频变压器，并实现多流制牵引传动系统的电力电子化是发展的必然趋势。因此，可研究多流制（如交流、直流）牵引传动系统的拓扑及参数优化方法；电力电子化多流制牵引传动系统的设备复用理论研究与容错控制方法研究；牵引供电制式切换过程的直流侧电压平衡控制方法。

本章参考文献

[1] 黎功华，罗建，杨浩. 基于绕组不平衡参数回路方程的变压器保护原理[J]. 电力系统自动化，2008（6）：91-94.

[2] 刘全景. 电气化铁路同相供电系统研究[D]. 徐州：中国矿业大学，2017.

[3] Buksch R. Eigenfrequencies of overhead-contact catenaries[J]. Wiss Ber Allg Elektricitaets Ges Telefunken，1980（53）：4-5.

[4] 于万聚. 高速接触网-受电弓系统动态受流特性研究[J]. 铁道学报，1993（2）：16-27.

[5] 张卫华，梅桂明，陈良麒. 接触线弛度及表面不平顺对接触受流的影响分析[J]. 铁道学报，2000（6）：50-54.

[6] Collina A，Facchinetti A，Fossati F. An application of active control to the collector of an high-speed pantograph：simulation and laboratory tests[C]. Proceedings of the 44th IEEE Conference on Decision and Control，Seville，2005：4602-4609.

[7] 刘红娇，张卫华，梅桂明. 基于状态空间法的受电弓主动控制的研究[J]. 中国铁道科学，2006（3）：79-83.

[8] Menth S，Meyer M. Low frequency power oscillations in electric railway systems[J]. Elektrische Bahnen，2006，104（5）：216-221.

[9] 王晖. 电气化铁路车网电气低频振荡研究[D]. 北京：北京交通大学，2015.

[10] 韩智玲，唐蕾，李伟. 交流传动电力机车车网电压不稳定的原因分析与解决[J]. 铁道学报，2011（10）：29-32.

[11] 廖一橙. 高速铁路多车并联系统低频稳定性研究[D]. 成都：西南交通大学，2018.

[12] 张道俊. 交直交电力机车谐振原因分析与对策[J]. 铁道技术监督，2012，40（8）：24-25.

[13] Heising C，Oettmeier M，Bartelt R，et al. Multivariable pole-placement control design for a single-phase 50-kW，16.7-Hz railway traction line-side converter[C]. International Conference on Power Engineering，Lisbon，2009.

[14] 连巧娜.高速列车四象限变流器低频振荡现象研究[D].北京：北京交通大学，2016.

[15] 胡海涛，郑政，何正友，等.交通能源互联网体系架构及关键技术[J].中国电机工程学报，2018，38（1）：12-24，339.

[16] 王科，陈丽华，胡海涛，等.一种考虑行车运行图的高速铁路牵引供电系统谐波评估方法[J].铁道学报，2017，39（4）：32-41.

[17] 焦文根.牵引变电所电能质量监测的研究[D].成都：西南交通大学，2004.

[18] 刘广欢，刘兰，陈广赞，等.基于超级电容储能的列车制动节能技术[J].大功率变流技术，2017（2）：47-50，71.

[19] 夏欢，杨中平，杨志鸿，等.基于列车运行状态的城轨超级电容储能装置控制策略[J].电工技术学报，2017，32（21）：16-23.

[20] 唐长亮，张小虎，孟祥梁.国外飞轮储能技术状况研究[J].中外能源，2018，23（6）：82-86.

[21] 王涛.供电段6C系统综合数据处理中心设计与实现[D].成都：西南交通大学，2017.

[22] 康世柱.供电调度作业管理系统研究[D].成都：西南交通大学，2015.

[23] 余长青.无线供电技术初探[J].电子世界，2015（24）：19-20，22.

[24] Rahnamaee H R, Madawala U K, Thrimawithana D J. A multi-level converter for high power-high frequency IPT systems[C]. 2014 IEEE 5th International Symposium on Power Electronics for Distributed Generation Systems（PEDG），Galway，2014：1-6.

[25] Hao H, Covic G A, Boys JT. A Parallel topology for inductive power transfer power supplies[J]. IEEE Transactions on Power Electronics, 2014, 29（3）：1140-1151.

[26] 葛银波，胡海涛，杨孝伟，等.模块化多电平变流器型中压直流牵引供电系统控制方法研究[J].电工技术学报，2018，33（16）：3792-3801.

[27] 李大同.联邦德国联邦铁路的电力牵引与核能[J].中国铁路，1987（3）：35.

[28] 任小明，范兴明，胡秋生，等.电力系统电气设备自供电技术探讨[J].山东电力技术，2018，45（2）：6-11.

[29] 涂利.昆明铁路局昆明供电段试验数据处理分析系统的设计与实现[D].昆明：云南大学，2013.

[30] Verma H K, Kakoti G C. Algorithm for harmonic restraint differential relaying based on the discrete Hartley transform[J]. Electric Power Systems Research, 1990, 18（2）：125-129.

[31] 张洪，常凤然，赵春雷.500kV变压器相间后备保护探讨[J].继电器，2000（7）：14-17.

[32] 刘淑萍.高速铁路牵引供电系统继电保护研究[D].成都：西南交通大学2015.

[33] 高仕斌，江俊飞，周利军，等.节能型卷铁心牵引变压器的研制与应用[J].铁道学报，2018，40（1）：44-49.

[34] 李磊，宁波，牛一疆.永磁同步牵引系统及其关键技术的应用[J].物联网技术，2017，7（9）：61-62，66.

[35] 邓浩衡，钟碧羿.长沙地铁1号线永磁同步牵引列车能耗分析[J].现代城市轨道交通，2017（9）：10-13.

[36] 荆海涛，袁闯.永磁同步电机在铁道牵引领域中的应用[J].锻压装备与制造技术，2017，52（3）：61-63.

[37] 王韬.电力机车牵引用电力电子变压器概述[J].工程技术研究，2017（2）：131-133.

第四章 轨道交通基础结构

第一节 概 述

交通运输是国民经济的命脉,在促进国家资源输送、经济区域交流等方面发挥着重大作用。2015年5月7日,国家发展和改革委员会发布了《关于当前更好发挥交通运输支撑引领经济社会发展作用的意见》(发改基础〔2015〕969号),指出交通运输是国民经济重要的基础产业,对经济社会发展具有战略性、全局性影响,提出要加强交通规划设计,加快实施交通重大项目。轨道交通以其特有的运能大、全天候运行、安全性高、成本低、节能环保等优势成为四大交通方式(铁路、公路、航空、水运)中最经济、最有效、最环保的运输方式,已成为解决我国交通需求矛盾发展的首选。

轨道交通包括高速铁路、普速铁路、重载铁路、城际铁路、城市轨道交通等多种形式,轨道交通体系主要由载运工具、牵引供电、通信信号以及土建基础结构等构成。其中,轨道交通基础结构主要包括路基、轨道、桥梁、隧道等,主要承担轨道交通装备承载和导向功能,直接关系到轨道交通工程质量、投资、运输效益、安全和服务质量的所有建(构)筑物和固定设备,其特点是投资大、建设工期长、系统复杂、综合性强,对沿线规划和布局影响大[1]。

在"海洋强国"、"西部大开发"等一系列国家战略,以及"高铁"走出去和"一带一路"倡议的驱动下,轨道交通基础结构向自然环境更为复杂的地区进行拓展与延伸已是大势所趋，并呈现标准高、线路长、规模大、桥隧比高等鲜明特点。复杂地形地质条件与自然条件给轨道交通基础结构建设带来了巨大的挑战，也对养护技术提出了更高的要求[2]，尚待开展的科学技术前沿问题可归纳为以下六个方面。

一、寒区冻害方面

寒冷地区的铁路建设经验和研究结果表明，在季节冻土区，尤其是在深季节冻土区，由于路基经受年复一年的周期性冻融循环作用，冻害对路基寿命有着严重的影响[3]。冬季在负温条件下，土体中水分结晶，引起土体体积增大，使路基产生不均匀变形，破坏轨道的平顺性；在春季融化期，路基表层土融化，而下部仍处于冻结状态，未融化的土层起到隔水层的作用，使得水分不能及时排出，在上部动荷载反复作用和土体自身重力作用下会形成道路翻浆[4]。所有这些病害，对行车安全都极为不利。调查和研究资料表明，影响路基冻胀的因素主要有路基土质条件、含水量、渗透特性、排水条件、地下水位、气温、路基横断面形式等[5, 6]。路基稳定性是保障轨道平顺度的根本，针对寒区轨道交通路基，开展工程场地冻胀特性、水-热-力耦合条件下的路基冻胀发育机理与主体影响因素、路基结构形式、微冻胀预测及预防措施等方面的研究，具有重要的理论与工程应用价值[7-10]。

二、工程材料方面

轨道交通工程涉及的工程材料较多，根据其结构部位及功能要求，轨道交通工程材料主要涵盖以下几类材料。①轨下基础结构材料，主要是现代水泥基工程材料，涉及墩台、梁体、支撑层、充填层以及预制轨道板、轨枕等结构构件材料；②结构功能材料，包括防水、吸能降噪材料等；③钢轨、扣件系统材料[11]。工程结构的服役性能取决于材料性质（质量），基于性能的材料设计与制造一直是材料工作者追求的目标[12, 13]。结合目前轨道交通工程材料的研究和应用现状，未来需要综合其他相关学科的科技成果，更加侧重于轨道交通工程材料性能、结构与组成相互关系原理的精细化系统研究，更加侧重于工程材料的绿色化、长寿命化及多功能化的深入研究，从而为更好地保证轨道交通工程的长期安全服役、促进轨道交通工程新材料理论和科技发展等发挥重要基础支撑、引领作用。该研究重点对轨下基础结构材料和辅助功能材料进行阐述。

三、路基方面

路基作为现代轨道交通工程中轨道结构的基础,要求其以高强度、高稳定性、不易变形等优良特性保证列车行驶的安全性和舒适性。就高速铁路而言,由于我国线路跨域大,所属气候条件、地质条件存在显著差异,复杂环境和高速荷载的耦合作用加剧,投入运营后的高铁路基病害逐步显现,这些病害虽然还没有影响安全营运,但已成为我国高速铁路建设快速发展后迫切需要解决的问题。就重载铁路而言,其运输的核心是提高轴重和牵引质量,但我国现有的重载铁路轴重仍未超过 25 t[14]。实践表明,当轴重达到 27 t 以上时,路基荷载及动力响应特征将发生显著变化,将直接影响路基服役状态和使用寿命。目前对大轴重铁路路基服役性能的演化规律与劣化机制缺乏深入研究,基础研究严重滞后于工程实践,不能准确地把握路基服役状态,难以保证行车安全[15]。

四、轨道方面

轨道由钢轨、轨枕(轨道板)、连接零件、道床(混凝土支承层)、道岔和其他附属设备组成,应具备足够的强度、稳定性和耐久性,并具有正确的几何形位,以保证列车安全、平稳、不间断地运行[16]。轨道结构在列车重复荷载的作用以及气候环境条件的影响下,不可避免地会产生磨损、锈蚀、疲劳伤损和残余变形等病害,并使轨距、水平、方向、高低等轨道几何形位发生改变。这些病害或变形必须及时消除,否则将加剧轮轨之间的冲击振动,恶化轨道结构动态服役性能,缩短轨道结构的使用寿命,严重时还可能导致列车脱轨、颠覆事故[17]。因此,铁路轨道是一种边维修边工作的基础结构。高速铁路列车的运行速度快,对行车舒适性和安全性要求特别高,且维护时间短、成本高,这要求线桥隧路等基础结构具有变形小、稳定性好、耐久性高的特点。因此,如何保证高速铁路基础结构的长期服役性能、合理评价使用寿命是一个技术难题。重载铁路列车运行速度不高,普遍在 120 km/h 以下,但轴重和运量大,线路变形快,轨道部件伤损严重,如何通过结构技术和维护技术延长设备的使用周期具有巨大的经济效益[18]。城市铁路处于人口密集区域,运营列车导致的环境振动和噪声问题极为突出,是需要重点解决的问题。

五、桥梁方面

桥梁结构是交通工程的关键枢纽，在轨道交通发展中起着非常重要的作用，尤其是高速铁路土建工程的重要组成部分。高速铁路运营密度大、运行速度高、舒适度要求高，所以高速铁路线路应具有高平顺性、高稳定性、高精度、小残变及少维修等特点[19]。因此，高速铁路大量采用"以桥代路"的高架桥方案，以更好地满足高速铁路线路的技术特点[20]。桥梁结构常常占高速铁路线路里程的半数以上，如中国京津城际高速铁路桥梁比例高达87.7%，京沪高速铁路桥梁比例为80.5%，广珠城际铁路则达到了94.2%。由此可见，保证高速列车安全过桥及桥梁结构稳定性，对于确保高速铁路的系统安全具有十分重要的意义。未来将围绕极端气候对桥梁结构的影响、桥梁结构风险评估及安全保障理论、复杂地形地貌环境下桥梁结构灾变动力响应、复杂荷载作用下列车-桥梁耦合振动分析等方向开展深入研究。

六、隧道方面

隧道在改善线形、缩短行车距离、避免地质灾害、保护生态环境等方面具有显著的优点，已成为轨道交通建设的重要组成部分[21]。铁路隧道方面，截至2022年底，全国运营铁路隧道17 873座，总长约21 978 km；长度20 km以上的特长铁路隧道12座，总长283 km；在建特长铁路隧道172座，总长2656 km，其中长度20 km以上的特长铁路隧道26座，总长692 km；规划特长铁路隧道263座，总长3620 km，其中长度20 km以上的特长铁路隧道14座，总长339 km。城市地铁方面，截至2022年底，我国（不含港澳台地区）已有55座城市拥有城市轨道交通，运营线路总长10 287.45 km，其中地铁8008.14 km，占77.84%，且逐年增长的趋势明显。总体而言，我国已经成为世界上隧道工程数量最多、规模最大、地质条件和结构形式最复杂、修建技术发展最快的国家[22]。一大批水下隧道、深长山岭隧道以及城市地铁等重大隧道工程开工建设，其中艰险复杂山区、环境恶劣地区、生态脆弱地区的隧道建设规模不断加大[23]。

第二节 国内外研究现状、面临的问题及未来发展趋势

一、国内外研究现状

（一）寒区冻害方面

路基主要的冻害问题是由冻胀和融沉病害以及由这两种病害引发的次生病害，在季节性冻土区主要是冻胀，在多年冻土区主要是融沉。冻胀是指路基填土因冻结而发生隆起变形的现象。当土温降低至冰点以下时，土体原孔隙中部分水结冰导致体积膨胀，更主要的是，在土壤水势梯度作用下未冻区的水分向冻结前缘迁移、聚集，并冻结，体积膨胀，从而导致土体冻胀的发生。

对冻胀机理的早期研究主要是采用试验的手段建立经验公式和简单的理论模型，后期主要是采用数值计算手段来研究土体的冻胀机理。Taber[24]最早开展了冻胀及其机理的研究，提出了土体冻胀过程中地下水的作用及冻结速率对冻胀量的影响。Everett[25]利用土体中水分迁移的毛细理论手段来研究土体的冻胀机理，即第一冻胀理论。O'Neill 和 Miller[26]提出了在冻结锋面和最暖冰透镜底面存在一个低含冰量、低导湿率和无冻胀带，称为冻结缘。冻结缘理论克服了毛细理论的不足，被称为第二冻胀理论，他们通过试验证实了冻结过程中土颗粒的迁移。Konrad 和 Morgenstern[27, 28]曾提出将分凝势作为冻结土的特征指标，并考虑到其他冻胀敏感性指标具有地区性和只给出冻胀与否的界限，建议用室内所测定的分凝势评估冻胀的含水量变化。

对土体冻胀敏感性及其判据方面的研究，用粒径大小分类是迄今最普遍应用的作为冻胀敏感性的试验方法。Chamberlain[29]对比分析了联邦德国和瑞士对土体冻胀敏感性的评价标准。国内对于土体冻胀敏感性分类的许多方式和内容有别于欧美国家，其特点为按冻胀率分类，同时考虑了土质及水分条件，根据不同冻胀敏感性土质，结合含水量和地下水位等综合考虑，按实际发生的冻胀率或冻胀强度确定冻胀性的不同等级。国内出台的几种行业规范中明确规定了其分类标准。

水分活动对路基土体冻胀行为也起到了关键的作用。Iwata 研究了正冻土

中的土水势作用机理，提出了一个正冻土中的水分迁移速度与水头、溶质梯度、电位势梯度相关联的模型。程国栋以青藏高原多年冻土为研究对象，对多年冻土区地下厚层分凝冰的成因进行深入研究，在成冰机理方面取得了突破性进展。徐㪺祖等进行了封闭系统正冻土、已冻土中水分运移的室内土柱试验，以及开放系统非饱和正冻土水分运动的现场测试工作，研究水分运移的规律。朱强等对野外试验场观测资料进行了统计分析，并根据水分迁移量的不同划分土体冻胀的等级。原国红针对季节冻土中的水分迁移动力，认为土水势梯度造成了水分的迁移，并根据土水动力学建立起冻土水、热、盐耦合的海伦（Harlan）偏微分方程，并利用有限加权参数法进行求解，从而预测了冻土系统中不同冻结时刻未冻水、冰、盐分、温度的动态变化规律。

在实际工程防治措施研究方面，最近十多年来，我国在季节冻土区道路冻胀-融沉机理及其防治措施方面的研究，特别是在季节冻土区水泥混凝土路面结构、高铁路基填料、路基的冻胀-融沉病害及其防治方面的研究，主要集中在土体冻融过程、水分迁移的机理、具体路段冻胀-融沉破坏问题的防冻措施及其效果评判和设计优化方面。

由于高速铁路路基工后变形问题的复杂性，大量专家学者和工程人员对客运专线工后沉降的观测系统、数据评估以及预测方法进行了细致的研究。李明领结合武广铁路客运专线沉降变形的评估工作，系统地介绍了线下结构物沉降变形观测的相关技术、数据管理与分析预测系统，探讨了工后沉降的预测方法、评估条件与标准。王星运等探讨了曲线拟合法对路基小变形预测的适应性。牛富俊等依据运营前寒区高铁路基分层设置的冻胀板，分析了各层冻胀量的分布变化特征，得出了冻胀量集中在表层的结论，这为工程整治提供了有益的思路。张先军对哈大高铁的路基冻胀影响因素和规律进行了详细的分析，从结构设计角度提出了预防和减弱冻胀的设计优化建议。

上述研究对不同土体的冻胀特性及路基的冻融变化进程进行了详细的研究和描述，结果阐明了土体冻结过程相变界面的变化属于强非线性过程，具有独有的特征和复杂的机理，因此需要对其结合路基结构、环境条件进一步开展系统研究。尤其是鉴于路基主体填料隶属 AB 组填料，其中细颗粒含量的多少和填料质量控制对冻胀的影响也为关键的科学问题，亟须进行大量的试验研究。

（二）工程材料方面

工程结构材料的发展与应用起始于水泥问世以后，至今已有近 200 年的历史。工程材料发展至今，水泥混凝土材料已是世界上研究最多、应用极广、其他材料难以替代的土木工程材料之一。随着材料科学与应用技术的不断发展和进步，以及高科技和重大工程的巨大推动，混凝土材料的绿色化、复合化、智能化程度也逐年提升。矿物掺合料、化学外加剂、各种纤维及其多元复合技术的有效和高效利用、混凝土科学与基本理论的不断发展，大大促进了混凝土材料组成与结构的优化，从本质上改变了混凝土材料结构形成与损伤劣化的规律和特点。通过多元复合技术，诸组分之间扬长避短、优势互补，从而使混凝土材料的关键技术性能不断得到相应提升。我国重大工程特别是高速铁路工程的全面兴建，不仅推动了结构材料用量的巨幅增加，而且对材料性能提出了更高的要求，并独具特色，是结构材料发展的巨大推动力。吸收发达国家基础工程过早失效的教训，世界各国混凝土科学与工程界对混凝土结构的耐久性和服役寿命给予了极大的关注，从而对与混凝土耐久性和服役寿命密切相关的关键技术性能进行了较为全面的研究，揭示了不同类型和不同掺量的工业废渣对关键技术性能的影响规律与影响机理。大量的科学研究与实践表明，混凝土材料自身抵抗有害介质入侵和迁移的能力是影响钢筋混凝土结构耐久性与服役寿命的控制因素。如何调控混凝土抵抗外部环境中有害离子的侵蚀作用成为混凝土材料的核心和关键。

水泥混凝土材料脆性大，导致其易于开裂，从而影响混凝土的服役性能和耐久性能。如何提升混凝土材料的韧性、增加其抗裂性能也已成为本领域的研究热点之一。目前，纤维混凝土的强化和韧性提升技术得到了同步发展，至今钢纤维混凝土是研究最多、在重大工程结构中应用最广的水泥基材料。随着纤维种类以及纤维改性技术的发展，各种有机纤维、钢纤维以及无机非金属纤维得到了发展，纤维增强混凝土技术取得了很大进展，纤维增强混凝土的施工性能得到很好的改善，通过添加纤维，混凝土抗裂性能也得到了明显提升。当今，纤维增强水泥基材料已走上绿色化、高性能与超高性能化发展道路，其强度等级从几十 MPa 发展到 100 MPa 以上。

随着现代科技的进步，特别是纳米科学与技术的发展与应用，以及现代轨道交通工程结构功能要求的提高，工程材料进一步向高科技化、智能化以及多功能化发展，这一发展趋势已逐渐成为工程材料的一个重要研究分支和热点。这一领域国内外都已开展了大量的研究，取得显著效果，预计对工程结构技术发展将产生重要的推动作用。当然，轨道交通建设的进一步发展在使得人们生活更加便利的同时，也带来了一些负面的影响，特别是交通噪声污染已成为环境噪声污染的主要来源。近几十年的国内外调查资料表明，交通对环境污染的影响一直居于前列，甚至已发展成为一种扰民因素。因此，对工程结构的吸能降噪性能提出了新的要求，新型的吸能降噪结构与材料的研究越来越受到社会的重视，逐渐演变成为环境友好型发展中不可缺少的重要课题。交通噪声主要分成两类：一类是车辆在行驶过程中自身机器产生的噪声，包括机器转动噪声、排气噪声、冷却风扇噪声等；另一类是车辆在行驶过程中轮胎与地面相互作用产生的噪声。控制噪声最基本的途径是吸声和减振，也是应用最广泛的降噪方式。研究者已通过不同的途径研究了不同的多孔系数材料、黏弹性阻尼材料，用于降低工程结构的噪声，取得了较为显著的成果。

（三）路基方面

1. 铁路路基散体材料几何构型演化与力学性态劣化

基于细观尺度研究循环荷载作用下路基颗粒料运动规律和变形特性还处于起步阶段，但现有进展表明，基于细观尺度研究路基颗粒料在循环动荷载作用下运动的产生机理和发展规律，不仅可行，而且非常有效。

2. 铁路路基水动力特征与颗粒迁移机理

目前极少开展有关路基中水动力特征的研究，而相关的水-力特征研究主要集中在静力范畴，几乎未考虑动荷载的作用，多场耦合作用下的大轴重路基中水动力特征的动态演化规律更是属于空白。

3. 铁路路基动力学

在车辆与轨道结构动力性能方面已取得了较多的成果，而路基动力特性方面的研究还不够深入，尤其是车辆-轨道-路基的耦合或相互作用方面的研究还远远落后于重载铁路的建设需要，现有理论分析与研究已不能适应重载铁路路基设计、施工、维修的需要。

4. 超高速列车-路基-地基及过渡段结构系统动力稳定性

与普通高速列车相比，超高速行车条件下的轮轨力更大、轨道-路基结构对行车动力响应分析的影响更显著、下部路基结构动力响应更大、路基各结构层和各种过渡段性能匹配问题更突出。目前国内外关于高速列车-轨道-路基-地基一体化的计算模型和方法有待完善，计算精度和准确性不尽如人意，需要另辟蹊径，另求更好的计算途径。随着车速的增大，过渡段结构的受力更加复杂，对刚度、阻尼和沉降均匀性要求更高，由于当今没有运营速度超过 350 km/h 的高速铁路，因此超高速列车作用下轨道-路基和过渡段足尺动力模型试验技术开发非常重要。

5. 超高速铁路路基结构协同工作性能及环境适应性

超高速列车对工程结构的变形提出了更为苛刻的要求。目前，对于轨道结构及轨下结构（过渡段）系统整体竖向与纵向刚度匹配和优化的研究仍相对较少，理论储备相对不足，造成超高速铁路工程结构设计的困难。此外，在我国高速铁路工程结构的设计过程中，桥梁、轨道、隧道、路基各专业往往单独设计、分开建设，且各工程结构设计规范均不同程度地存在设计理念不统一的现象，亟须建立基于性能的高速铁路工程结构全生命周期服役安全设计理论和设计标准。

6. 铁路路基层状体系的动力疲劳-蠕变耦合损伤累积效应与变形预测

目前，运用损伤力学研究疲劳-蠕变交互作用机理，多集中于金属材料，少量文献报道了沥青混合料疲劳-蠕变耦合损伤模型、岩石热-水-力耦合损伤模型。关于土体材料疲劳-蠕变耦合损伤的研究甚少，国内外针对大轴重列车动荷载作用下的路基填料疲劳-蠕变耦合损伤的研究尚属空白。铁路路基填料在大轴重（30 t 以上）作用下，其应力幅值增大、疲劳-蠕变耦合损伤的累积变形不容忽视，可进一步演化为路基软化变形、翻浆冒泥等常见病害，严重影响大轴重路基的服役寿命和安全营运。但现有的金属材料疲劳-蠕变耦合损伤理论难以适用于多层结构路基，亟须建立基于复合型界面效应的大轴重路基疲劳-蠕变耦合损伤理论。

7. 复杂条件下多元化填料路基的典型病害孕育机理

从国内外研究的成果来看，对路基病害以及病害形成模式的认识基本一致，多是从变形的角度对路基病害进行分析和阐述，但大多集中在路基病害的成因分析、设计、检测及治理应用方面。关于病害孕育发展机理方面的研究，主要为对现象的分析、病害特征的研究，对在路基状态演变、恶化和病害形成过程中各种因素对路基状态的影响程度、病害形成过程中路基状态表征缺乏系统的试验、分析和研究。

8. 铁路路基长期稳定性与服役安全评价体系

在路基长期稳定性及服役状态评估方面，现有成果很难满足我国大轴重铁路线域跨度大、地质条件复杂、路基填料多元、服役环境多变、列车开行密度大、速度快的要求。

9. 基于受力性能的超高速铁路路基新结构的研发及应用

既有高速铁路工程结构设计及其建造材料，不能满足超高速列车更快、更稳、更安全运行的要求，有可能成为制约速度提升的"瓶颈"。为建设环境友好型超高速铁路路基结构，有必要研究建筑废弃物路基填料技术方法。

10. 高速铁路路基结构服役性能提升技术

国内外针对高速铁路路基下沉，先后出现过一些强化与整治措施，如注浆、高压旋喷桩及部分拆除轨道板结构等，但效果很有限，或对行车和安全干扰太大，已成为现阶段我国高速铁路发展必须解决的问题。因此，加快这一领域的技术创新研究非常紧迫和急需，对高速铁路路基的后期维护、安全运营意义重大。

（四）轨道方面

1. 高速铁路轨道

高速铁路轨道结构是整个高速铁路基础结构的重要组成部分，要求具备高平顺性、高安全性和高可靠性。高速铁路中以无砟轨道为主，有砟轨道所占比例很小。高速铁路无砟轨道结构在反复列车动荷载与环境荷载作用下可能会出现轨道板、底座或支承层的裂纹、砂浆充填层的碎裂离缝、轨道板与砂浆充填层之间的黏结失效破坏、轨枕松动和扣件弹条损伤断裂等损伤破坏问题。这些问题会在一定程度上改变无砟轨道的整体结构承载体系，从而引起高速铁路无砟轨道结构服役状态与动态性能的持续变化，逐渐导致无砟轨道结构系统与高速列车系统不相适应、不相匹配，进一步恶化高速铁路线路状态，最终恶化高速列车运行品质、危及高速列车运行安全。目前，关于高速铁路无砟轨道结构损伤开裂行为的研究，国内外学者的主要研究方法有：基于断裂力学理论研究轨道板、支承层或底座板裂纹、轨道板与砂浆层之间离缝的扩展行为及其对结构力学特性的影响；采用裂纹疲劳扩展的帕里斯（Paris）公式预测结构裂纹疲劳扩展寿命；基于线性疲劳累积损伤理论预测无砟轨道板、扣件弹条的疲劳寿命；通过现场测试与室内试验，分析轨道板混凝土的断裂参数，研究水泥沥青砂浆（cement asphalt mortar，简称CA砂浆）材料的物理力学性能、耐久性、疲劳性能，以及CA砂浆与轨道板、底座板的离缝成因。

2. 重载铁路轨道

重载铁路运输因运能大、效率高、运输成本低而受到世界各国的广泛重视。例如美国、加拿大、巴西、澳大利亚、南非等幅员辽阔、资源丰富、煤炭和矿石等大宗货物运量占有较大比重的国家大力发展重载铁路，大量开行重载列车。美国、加拿大、澳大利亚已普遍采用35 t轴重；巴西、澳大利亚已普遍采用30 t轴重；南非、东澳大利亚窄轨铁路已采用28 t轴重；美国环行线正在进行40 t轴重的运行试验，年通过质量达125 000万t。我国重载铁路以大秦铁路、大包铁路、朔黄铁路为典型代表。其中，大秦铁路为我国最繁忙的重载铁路。近年来大秦、朔黄两条线路上分别试验开行了3万t重载列车和30 t轴重重载列车。2014年底，我国第一条设计标准为30 t轴重、线路长度为1260 km的山西中南部通道重载铁路建成通车。国内外重载铁路轨道结构形式普遍采用有砟轨道，通常在长大隧道内铺设少量无砟轨道。

（1）钢轨。国外重载铁路采用适用于轮轨高接触应力的高强度钢轨，并在钢轨养护中非常重视钢轨打磨及润滑，通过改善轮轨接触条件，降低轮轨动力作用，显著延长了钢轨的使用寿命。我国近几年也开始重视改善重载轮轨关系，加强了对钢轨的打磨和修理，但因年运量较大，打磨周期普遍比国外长。大包铁路钢轨伤损和养护维修工作调查表明，60 kg/m钢轨难以长期适应我国重载铁路运输发展的需要。

（2）轨枕、扣件与道床。世界各国主要根据轨枕结构形式、线路条件、运输条件等因素，分别采用不同的扣件形式以满足重载铁路需要。随着重载运输的发展，既有扣件伤损也不断增加，世界各国重载铁路逐渐使用优质道砟延长道床寿命和维修周期，并规定不得采用石灰岩道砟，同时采用级配较宽的道砟产品，以利于颗粒间的咬合。我国大秦铁路重车线采用Ⅲ型混凝土轨枕，长度大于3 km的隧道铺设宽轨枕，桥上采用混凝土桥枕，扣件为弹条Ⅱ型扣件，轨枕板地段安装弹条Ⅰ型调高扣件，道床为碎石道床、石灰岩与玄武岩混砟道床。大包铁路采用Ⅱ型、Ⅲ型混凝土轨枕，扣件为弹条Ⅱ型，Ⅰ级玄武岩碎石道床，道床厚55 cm，部分桥梁地段道床厚度严重不足。

（3）无砟轨道。世界各国的重载铁路采用无砟轨道的很少，只在少量长隧道采用。我国客货混运铁路无砟轨道结构的发展历史较长，早期曾试铺过支承块式、整体灌注式、短木枕式及无砟无枕式等无砟轨道结构形式。秦岭、乌鞘岭隧道无砟轨道状态的现场调研表明，弹性支承块式无砟轨道结构及线路状态总体情况良好，相比有砟轨道，隧道无砟轨道的维修工作量显著减少，隧道基底处理不当及防排水措施不完善是无砟轨道产生病害的主要原因。我国还没有在轴重 25 t 以上条件下的无砟轨道运营实践。

（4）道岔。在重载道岔研究方面，我国对重载铁路运营特点的专项研究少，道岔设计采用常规技术，道岔制造采用常规工艺，造成道岔伤损多，关键部件寿命短，更换频繁。我国大秦重载铁路重车线采用 75 kg/m 钢轨的 12 号和 18 号道岔，大包铁路采用 60 kg/m 钢轨的 12 号和 18 号道岔。固定辙叉造价低、易于更换，得到工务维修部门的认可，SC559 型和研线 9804 型两种 12 号固定辙叉单开道岔应用较多。

3. 城市铁路轨道

城市铁路轨道主要包括有砟轨道和无砟轨道，为确保轨道结构具有良好的坚固性、稳定性和耐久性，且满足减振降噪性能及道床美观要求，大多数城市铁路采用无砟轨道。其中城市轨道交通中采用的无砟轨道主要有普通整体道床轨道、支承块承轨台轨道、弹性支承块轨道、弹性长枕埋入式无砟轨道、浮置板式轨道、梯形轨道，城际铁路中采用的无砟轨道主要有轨枕埋入式轨道、弹性支承块式轨道、板式无砟轨道。另外，在城际铁路人口比较稠密的地区，也可以采用减振型轨道结构或吸音板等措施。城市铁路运营过程中由于轮轨的长期相互作用，在钢轨上会造成不同程度的钢轨磨耗（特别是侧磨和波磨）、轨面裂纹、剥离掉块、焊接头伤损等，会引起轮轨系统产生附加的有害振动和冲击，还会通过轨下基础结构和地基向外传播引起周边环境振动污染（环境振动和噪声），对建筑物的结构安全及其居民的工作和日常生活产生不良影响。城市铁路轨道主要暴露出城市铁路车辆与无砟轨道的动力相互作用问题、城市轨道交通钢轨磨耗等伤损问题、城市轨道交通减振降噪以及城际铁路轨道选型四方面的问题。

（五）桥梁方面

1. 极端气候对桥梁结构的影响

对桥梁安全性产生影响的极端气候包括强风和高温等。桥梁结构的混凝土通常外露，强风剥蚀会造成混凝土保护层的厚度减小和剥落，加速混凝土内部钢筋的锈蚀和混凝土的碳化，进而导致其靠近混凝土表面的钢筋提前发生锈蚀。此外，台风环境下，台风的发生频率及风压强度对沿海地区大跨度桥梁的威胁也应该引起重视，尤其是悬索桥和斜拉桥的风振研究需要进一步考虑气候变化的影响。高温环境下，温度升高导致材料强度和弹性模量降低，会引起材料的变形增大。此外，高温作用下，混凝土中水分的蒸发，导致骨料与水泥材料性质的变化以及骨料与砂浆之间的黏结力发生改变，混凝土的性能会因此降低。因此，在桥梁工程研发设计、施工和运营维护过程中，应该充分考虑当地的气候背景。

2. 桥梁结构风险评估及安全保障理论

2001年，国际建筑施工研究与创新委员会（International Council for Research and Innovation in Building and Construction，CIB）中的WG32小组发布了题为"Risk Assessment and Risk Communication in Civil Engineering"（《土木工程中的风险评估和风险沟通》）的研究报告，系统地总结了工程建设过程中的风险评估方法，强调了风险接受准则在风险决策当中的重要性。利用桥梁工程施工风险评估改善规划设计，可以从源头降低桥梁工程施工阶段的风险。目前，桥梁工程施工风险评估的方法有故障树分析法、德尔菲法、专家调查法等，这些方法对于分析人员的技术要求较高，分析人员必须具备良好的逻辑运算能力，否则很容易出现错误。同时，桥梁工程多种多样，结构形式各不相同，不同桥梁结构选择的施工方法会存在较大的差异，也会产生不一样的风险。因此，在桥梁工程施工风险评估过程中，工程师需要对整个桥梁结构进行详细的分析计算，发现和改善结构设计中的薄弱环节，进而降低或者消除风险。

3. 复杂地形地貌环境下桥梁结构灾变动力响应

复杂地形地貌环境下的桥梁结构会产生不同程度的振动响应，进而影响桥梁结构的稳定性和安全性。因此，对桥梁结构的动力响应进行研究具有重要意义，可为桥梁的设计和运营维护提供理论依据。桥梁结构的动力响应分析可以通过动力学建模和仿真计算完成。在动力学建模过程中，需要考虑桥梁结构的几何特征、材料属性和外部载荷等因素；在响应分析阶段，可以结合模态分析、频率响应分析和时程分析等方法分析复杂外部载荷作用下桥梁结构的时域和频率特征。另外，在大跨度铁路桥梁抗风设计中，对桥梁抗风性能的研究是必不可少的，铁路大跨度桥梁的主跨较大、主塔较高、结构柔性化以及阻尼较小等结构特点决定了其对风的作用十分敏感，因而风荷载往往是大跨度桥梁的控制设计因素之一，而铁路桥梁跨度的不断增大、桥梁结构的抗风性能问题以及列车运行的安全性问题将会更加突出。

4. 复杂荷载作用下列车-桥梁耦合振动分析

高速铁路为了满足线路平顺性和稳定性的要求，可能要建造连续几千米甚至几十千米的高架桥。由于列车运行速度很高，车辆会对桥梁产生很大的动力冲击作用，使得桥梁同时承受静力作用、移动荷载以及车辆-桥梁耦合作用力的动力作用，直接影响桥梁的工作状态和使用寿命，致使结构部件产生疲劳，降低其强度和稳定性；桥梁的振动反过来不仅会对车辆平稳性和安全性产生影响，而且有可能引起桥上弓网的耦合振动，并进一步影响高速列车的运行情况。国内外众多学者为车桥耦合振动的发展做出了重要贡献，并取得了大量的研究成果。中国铁道科学研究院的程庆国院士和潘家英研究员指导研究生开展了车桥耦合振动的研究；西南交通大学的强士中教授及其研究生在同一时期开展了车桥振动的研究；北京交通大学的陈英俊教授与夏禾教授采用模态综合法建立了包括列车和桥梁填台、支座在内的车桥系统动力相互作用分析模型；中南大学的曾庆元院士及其研究生从 20 世纪 80 年代初就开始了对车桥振动理论的研究；同济大学的曹雪琴教授等对钢桁梁桥的车激横向振动问题进行了大量的现场实测与研究；台湾大学的杨永斌院士、姚忠达教授等采用动态凝聚法求解了车桥系统动力响应。

（六）隧道方面

隧道工程，尤其是艰险复杂山区、跨江越海以及复杂城市环境下的隧道工程，面临水文地质地形环境极为复杂、气候条件恶劣、营运条件特殊等诸多问题，在施工前期难以全部查清沿线不良地质情况，突发灾害成因与灾变过程极为复杂。加上我国现有基础理论薄弱、工程技术体系不够系统和完整、所积累的工程经验尚不完善等，致使我国隧道工程在某些技术领域方面相对西方发达国家有所落后，主要体现在如下几个方面。

1. 勘察技术

国内主要通过原位测试、钻探、物探以及地质调查等方法获取工程地质信息，地质分析及预测的技术方法尚显单薄，没有建立起一套系统、完整的技术方法体系；采用常规水准、精密水准、三角高程等方法开展工程测量，难以达到隧道工程的控制测量精度且获取的地质信息不够精确。国外针对隧道工程，已开始采用宏观控制与微观揭示相结合的勘察、测试等方法获取地质信息，通过地质遥感和测绘了解特殊地区隧道区域的地质环境特征，论证评价隧道工程地质条件，微观上对隧道代表性的点、线进行勘探和测试控制，揭示工程岩土体结构和物理力学特征。为弥补地质钻孔的局限性，还采用地震反射、瞬变电磁法、测井、孔内电视等新的技术手段，通过现场试验确定参数。采用地质分析与工程物探相结合、地震方法与地磁方法相结合，共同解决隧道不良地质构造的超前预报问题，建立不良地质体的判定指标和不良地质界面的特征识别模式，以及岩体类别划分的定量化指标。

2. 设计方法

国内主要从隧道结构耐久性设计、可靠度理论及结构寿命预测方法等方面开展隧道结构全生命周期设计理论相关研究工作，研究中存在的主要问题是基于可靠度的极限状态设计理论尚不成熟，缺乏较准确的和完善的参数统计特征与计算模型，在隧道结构耐久性评价与寿命预测研究领域尚无权威性研究成果。国外正在向全生命周期设计理论方向发展，并在隧道结构寿命期内目标体系的建立、结构性能指标的确定、结构寿命期内的经济分析、结构使用寿命的研究以及设计及管理方法的优化等方向开始研究工作。国外学者对隧道全生命周期内结构各类荷载的时变性及其相关性规律、结构性能指标（如结构材料特性、几何形状、结构边界条件等）的随机性及时变性规律、结构全寿命安全耐久性等方面展开了深入的研究，并建立了基于荷载迁移和结构抗力衰减的隧道结构全生命周期动态可靠度分析方法。结合隧道周围环境特点和全寿命动态风险分析，运用"系统最优""全寿命成本"等新理念和全寿命时变性分析方法进行隧道结构的全寿命设计，使隧道全生命周期中的总体结构性能（安全、适用、耐久、经济、美观、生态等）优化或达到最优。

3. 施工技术

目前国内隧道工程主要以钻爆法为主，有了喷锚支护、控制爆破、新奥法等技术，使隧洞施工朝着全断面、大断面、机械化、高效率方向发展。由于钻爆法自身的局限性和诸多无法克服的缺点，如工序复杂、进度慢、工作条件差、工人劳动强度大、超欠挖严重、独头开挖长度受限、对围岩扰动大、安全性差等，难以实现高速、高效、安全、文明施工。国外隧道施工主要以机械化为主，尤其是集遥测、遥控、电子、信息技术于一体的隧道掘进机技术，可对隧道全部作业进行制导和监控，使掘进过程始终处于最佳状态，使掘进机朝着机械、电气、液压和自动控制一体化方向发展。例如，改进刀盘和刀具，实现刀盘自动更换，刀头耐热、耐磨、耐腐蚀、硬度高，相应的隧道掘进机能够对多种不同性质的土层进行稳定掘削。开发激光、陀螺并用的自动方向控制系统，可迅速准确地判断隧道掘进机姿态和设计轴线的偏差。在改进传统掘进机性能的基础上，研制开发在大坡度、小曲率半径线路上施工的盾构以及盾构穿越特殊有害地层的施工工艺和技术装置。隧道掘进机开挖隧道的特点在于施工过程是连续的，具有隧道工程"工厂化"的特点，同时具有施工速度快、机械化程度高、劳动强度小、对地层扰动小、衬砌质量好、通风条件好、隧道开挖中的辅助工程少等优点。

4. 监控技术

国内隧道大多采用集散式控制方式，可靠性较差，效率较低，管线长，投资高，易引起系统故障，且健康监测子系统、环境控制系统、防灾系统等各个监控子系统的联动性差。国外对隧道施工和运营围岩与结构性能状态监控大量采用分布式、非接触的无线监测技术及装备，如分布式光纤光栅、压电陶瓷、地面激光技术、三维激光扫描技术、多媒体技术、远程监控技术等，已经逐步实现围岩与结构性能状态监控的网络化、自动化、远程化，并逐步向集监控、判译等于一体的智能化体系迈进。从辐射研究领域来看，目前，国外监控系统主要监测隧道与围岩性能健康状态，逐渐与火灾等灾害监控融合，与运营期的环境控制以及维护管理系统相融合。在保障安全行车的前提下，提高了隧道的运营效率。

5. 防灾技术

我国现行规范对救援站、疏散通道、避难所的设置研究还不充分，对不同运输类型（货车、客货共线、客运专线）的列车火灾规模、火灾曲线、火灾概率、火灾对不同类型隧道结构（复合衬砌、管片衬砌、明挖整体式衬砌）的影响等方面的研究尚属空白，无法判别隧道防灾救援疏散设计方案的合理性。国外在火灾工况下隧道内烟气流动蔓延及温度传播分布规律、隧道内通风控制技术、隧道火灾场景设计方法、隧道衬砌结构体系的火灾安全性与防火保护技术、隧道火灾监测预警技术、隧道火灾救援技术、隧道火灾安全分析与评估、隧道综合防灾减灾试验平台建设等方面都开展了深入研究，防灾控制正向智能化方向发展。

二、面临的问题

近年来，我国通过京沪、武广、郑西等高铁线路，以及各城市轨道交通设施的建设，已经在某些领域达到国际同等水平。但整个轨道交通基础结构领域同国际同行相比仍有较大的提升空间，特别是我国还缺乏相关的高铁设计标准，高铁线路与桥梁关键设计参数如何准确确定（基于车线耦合大系统动力学的理论提供了有效的方案）等问题较为突出。轨道交通基础结构领域面临的主要问题表现在以下方面。

（一）寒区冻害方面

寒区地区由于严寒的气候条件及冻土的存在，使轨道交通基础结构建设面临更大的挑战。机车的性能、建筑材料在强烈温差作用下的变形及耐久性、基础的冻胀变形控制、融沉变形控制等都是需要解决的关键问题。具体来说，寒区轨道交通基础结构需要面临如下问题：高铁路基填料关键控制参数；高铁路基填料改良及其冻胀特性；路基冻胀变形对高铁轨道平顺度的影响；高铁路基防排水综合防治技术；高铁隧道冻融灾害及防治；建筑材料的长期服役性能；高铁路基冻深、水分及冻融变形自动检测系统。

（二）工程材料方面

我国是材料生产和应用大国，水泥、钢材等常用的工程材料产量早已成为世界第一，但并非材料强国，一些高品质、高技术含量、高附加值的新材料产品还需要依赖进口。同时，我国材料产业产品单位能耗还普遍偏高，材料产业的资源回收再利用率也远低于发达国家平均水平，资源的综合利用水平较低，可持续发展潜力小。特别是对材料的基础理论研究、前瞻性研究力量较为薄弱，大部分研究基本处于跟踪阶段，未能很好地发挥新型工程材料技术对工程建设的指导、引领作用。轨道交通工程材料研究与应用领域面临的问题主要可归纳为三个方面：第一，现有的结构混凝土材料（也包括其他如防水等功能材料）对施工条件、服役环境的敏感性大，其性能受施工过程、外部环境介质与温湿度条件影响大，往往实验室条件下性能很好的工程材料，在施工后的服役性能并不理想，如何降低施工过程、服役环境对混凝土材料性能的影响是混凝土科学与工程界必然面临的问题。第二，目前防排水等功能材料的耐久性和服役寿命基本都小于主体结构，需要在使用过程中不断更换或修复。如何提升结构功能材料的耐久性及其服役寿命，研发与主体结构同寿命的防水（包括吸能降噪）材料与技术已成为工程界关注的重要问题。第三，工程材料的绿色化和可持续发展是永恒的话题，也是世界各国共同面临的问题。在推崇可持续发展、注重经济与环境和谐发展的创新时代，工程材料研究和应用者应当开阔视野，在提升材料性能的同时，必须增加材料的绿色度和可持续发展潜力。

（三）路基方面

2011 年，我国高速列车试验速度已达 605 km/h，超高速动车组装备制造技术已基本解决。但超高速铁路路基结构的研究尚未系统地开展，现有的技术标准不能完全适用，故超高速情况下纵向刚度不均匀的路基中的波动传播特性成为急需研究的问题。

我国高速铁路运营时间较短，路基结构状态变化特征尚未掌握，有些缺陷或病害随着时间的增加将逐步出现，因此探明高速铁路路基结构的服役性能演变机制与规律，提出科学合理的高速铁路路基工程服役安全快速和不影响行车的监/检测方法与评估准则，并进一步研发快速和不影响行车的高速铁路路基结构性能提升技术与装备，已成为我国高速铁路建设快速发展后迫切需要解决的问题。

当轴重达到 27 t 以上时，路基荷载及动力响应特征会发生显著变化，将直接影响路基服役状态和使用寿命。因此，亟须攻克重载铁路路基建设与运输发展的关键技术，建立适合我国国情的重载铁路路基服役性能演变基础理论与劣化防控技术体系。

（四）轨道方面

1. 高速铁路轨道

高速列车长期运行的安全性、平稳性和舒适性对轮轨相互作用关系提出了苛刻的技术要求，轨道结构的高精度、高稳定、高可靠性是高速列车安全运行的根本保证。然而，我国高速铁路无砟轨道应用时间较短，设计、施工及运维等方面尚缺乏足够的经验和系统深入的基础理论研究，许多关键技术问题还没有得到很好的解决。因此，如何使高速铁路无砟轨道能够长期、安全、稳定地运营，如何科学地维护这些运营线路，已是摆在我们面前的日益突出的重大课题。

2. 重载铁路轨道

重载铁路由于大轴重、大运量、高密度的运输特点，更容易丧失保持轨道几何形位的能力，轨下基础变形更为严重。这些因素最终都反映在钢轨的平顺性上，使线路几何状态难以保持，给重载线路的养护维修带来了极大的困难。因此，如何在重载运输条件下，加强轨道结构、提高轨道承载力，改善轮轨匹配关系，减轻轮轨动力相互作用，加强轨道科学养护，延长轨道结构使用寿命，保证重载列车运营安全是现在面临的重大问题。

3. 城市铁路轨道

城市铁路列车具有密度大、运量大、启动和制动频繁、快进快出等特点。我国城市铁路发展历史较短，在轨道结构设计、施工以及运营养护维修方面尚存在许多的技术问题，主要表现在钢轨伤损、环境振动和噪声等方面。因此，亟须开展较小钢轨伤损和铁路轨道减振理论、新型减振轨道结构的研究。

（五）桥梁方面

现有的理论研究基础无法系统全面地反映处于特殊环境条件下的桥梁结构静动力特性并为桥梁结构运营提供保障机制，因此需对大跨度铁路桥梁结构基础理论、设计技术及施工工艺进行系统全面深入的研究，并提出面对复杂地形地貌、极端气候情况下桥梁结构的服役性能保障措施控制及安全运营准则，以确保工程结构性能满足高速列车运营安全性及舒适性的要求。

高速铁路长大桥梁无砟轨道无缝线路不仅综合了跨区间无缝线路、无砟轨道、长大桥梁的技术要点，而且面临诸多难题。研究大跨度桥梁上铺设的无砟轨道无缝线路的设计参数及其对耦合系统的影响作用，并对设计参数进行敏感性分析，可为设计技术及施工工艺提供有效的理论保障。

复杂地形地貌高速铁路区别于常规的高速铁路线路，其气候环境影响尤为突出。大跨度桥梁所受的常见威胁来自随机风荷载，不仅其结构的设计与施工过程会受到风荷载的作用，而且风荷载对运营阶段的结构安全与交通车辆安全性的影响尤为明显，因此，需要对在复杂风荷载作用下车-桥耦合系统的气动特性、耦合激励及评价准则等进行深入研究。

（六）隧道方面

随着轨道交通建设重心向自然环境更为复杂地区的拓展与延伸，将出现一批具有大埋深、超长、高地应力、高水压、构造复杂、环境特殊等显著特点的高风险隧道工程。在这些区域开展隧道工程设计，由于荷载不明且围岩参数不清，结构设计参数采取工程类比或套用规范，这样主观性较大，与实际不符，且结构的耐久性设计欠缺，需要发展精湛的工程和水文地质勘探设备与技术以及全寿命结构设计方法；对地下水探测手段差，隧道渗漏水严重；施工中围岩动态信息反馈技术差，预报准确率低；长大隧道工作面小，施工环境恶劣，施工速度慢，需要提高隧道施工机械化、自动化水平，大力发展隧道掘进机和快速施工技术以及与之配套的超深竖井和斜井修建及综合配套技术。与此同时，我国隧道营运通风、照明、防灾设施工程设计水平低，缺乏综合考虑。隧道内空间狭小，一旦发生火灾等灾害事故，乘客疏散和救援非常困难，安全风险极大。出现上述问题的原因是，我国相对国外在地质精确化探测、结构全寿命设计、机械化信息化施工、网络化监控、智能化防灾等方面存在明显差距。

三、未来发展趋势

轨道交通基础结构建设作为一系列国家战略实施的"先头兵"，在其推进的过程中将面临复杂多变的自然生态环境，存在地质条件复杂、设计和施工难度大、维护管理技术难度高等问题，对特殊环境、地理条件下的基础结构的建养、安全保障、防灾救援等技术的发展提出了更高的要求和挑战。为适应未来轨道交通列车的高速度、高密度、高重载、高舒适性、高安全性等特点，未来轨道交通基础结构建设应具有的技术特征为：精细化选线、精确化地质探测、结构全寿命设计、机械化信息化施工、网络化监控、智能化防灾，实现基础结构"人性化、低碳化、经济性"建设与养护，以及低噪声运行的高标准环境要求。具体在轨道交通基础结构各个专业领域方向的主要表现包括以下几个方面。

（一）寒区冻害方面

高铁将会是未来世界各国重点发展的交通方式之一。全球范围内的寒区高铁都位于季节冻土区，多年冻土区还未涉及，但中俄高铁通道在哈萨克斯坦及我国新疆高海拔地区将会遇到。未来随着北极地区的开发，轨道交通建设也将涉及多年冻土。我国的进藏高铁、东北大小兴安岭铁路升级也将面临多年冻土的挑战。

（二）工程材料方面

轨道交通工程材料未来将朝着绿色化、长寿命化以及多功能化方向发展，在满足并引领工程建设发展需求的同时，实现自身可持续发展。

（三）路基方面

随着高速铁路运营速度和重载铁路轴重的不断攀升，人们对工程结构提出了新的要求，亟须针对路基结构进行一体化、全生命周期的精细化设计。通过提出路基结构层间界面工作机理及界面损伤和失效模式、建立基于动力变形性能的轨道交通路基结构全寿命服役安全设计理论和设计标准，为完善路基结构形式和分类体系奠定理论基础。

（四）轨道方面

对于高速铁路轨道而言，应大力加强高速铁路无砟轨道系统运营养护维修基础理论研究，探索列车动荷载和环境荷载重复作用下高速铁路轨道结构的损伤劣化机制，轨道结构主要部件各种病害发生、发展规律以及预防与整治方式，轨道结构动态性能演变规律，全生命周期内轨道结构健康状态评估和健康管理技术体系。对于重载铁路轨道而言，应遵循轨道子系统与其他子系统研究并重、理论研究与试验研究并重、新型轨道部件研制与新型养修设备研制并重的原则，最终形成我国 30 t 轴重及以上重载铁路轨道结构技术标准体系。对于城市铁路轨道而言，城市铁路钢轨损伤量猛增，应尽快建立钢轨伤损数据库，运用微机跟踪统计分析伤损状况，采用"分离式"被动减振技术的新型轨道将是现有轨道结构减振技术的发展方向。

（五）桥梁方面

受复杂地形地貌的影响，铁路线路的线下结构过渡频繁，高路堤线路、曲线弯道线路、异型桥及高墩、大跨桥梁较为多见，且结构形式复杂多样。在研究中将更加重视基础性的科学问题，提高成果的普适性，可为艰险山区高速铁路工程的设计和建造提供指导。同时，随着高速铁路的建设与发展，由于环保要求或地形、地质条件的限制，无砟轨道设置在大桥、特大桥或高架结构上将是未来建设的另一大趋势。另外，桥梁结构长期受到外部复杂环境作用，服役性能及运营指标具有时变性及突变性，需要对桥梁结构进行实时监控、评估及维护；对于极端气候情况，需对桥梁结构采取安全保障措施，确保桥梁结构处于安全服役状态。

（六）隧道方面

未来我国隧道的发展趋势为：由江河水下隧道向海底水下隧道发展，隧道从单一交通用途向公、铁、市政公用等多用途发展，单个隧道的建设规模不断增大，超长隧道不断涌现，艰险复杂山区和环境恶劣、生态脆弱地区的隧道建设不断加大。西部山区处于一级阶地和二级阶地的过渡带，地质构造复杂，活动断裂发育，存在大量高烈度地震断裂带以及高地应力、高地温等"三高"现象，涌水突泥、大变形或岩爆、震害和冻害等灾害性环境特点突出。水下隧道在修建及运营过程中，隧道衬砌结构面临高水压、水位涨落、河床冲淤、车（船）撞击、地质灾害、火灾、爆炸等不利因素影响。与此同时，水下高腐蚀性环境对隧道衬砌结构的长期力学性能必将造成损伤和劣化，严重威胁隧道衬砌结构的耐久性和长期安全性，隧道结构保障面临巨大任务。在城市地铁的建设中，受埋深条件、周边环境等因素的影响，穿越建筑物密集的繁华市区、近接/下穿重大建（构）筑构物等隧道工程频现，由此造成地下结构的耐久性、长期安全性、健康状态监控、周边噪声环境等诸多问题亟须解决。

总体而言，国内外轨道交通基础结构的前沿越来越重视全生命周期理念，在此理念的支持下，开展勘察、设计、施工、监控、材料、装备与服役期管理的研究。交叉创新是世界各国科研计划的重要特色，通过引入智能检测、环保材料、自动化装备等多个学科的先进技术并进行原始创新，形成轨道交通基础结构的新技术与装备，这也是国内外未来轨道交通基础结构的主要趋势和难点问题。

第三节　重点研究方向与前沿科技问题

一、重点研究方向

在复杂的海洋环境、地质环境和气象环境中建设轨道交通基础结构，亟须与移动互联网、云计算、大数据、物联网等信息化技术深度融合，创新性地解决设计、施工和管养中的关键技术难题，提高综合集成水平和自主创新能力，满足国家社会经济发展对轨道交通基础结构的需求。轨道交通的重点研究方向包括以下几个方面。

（一）冰川泥石流、冻土、斜坡岩屑流等地质灾害防灾减灾技术

冰川泥石流、多年冻土和季节性冻土、斜坡岩屑流等是高寒艰险山区的主要地质病害，严重影响轨道交通的运营安全。主要开展如下研究：冰川泥石流活动规律及对轨道交通影响评估技术；冻土工程力学特性和边坡冻土变形规律与稳定性评价研究；寒区防冻胀路基结构形式；寒区路基填料控制关键参数及其优化；寒区隧道冻融灾害预报及防治；多年冻土区高铁路基变形机理及成套控制技术；大温差长期作用下混凝土的材料的耐久性；斜坡岩屑流工程特性与稳定性评价研究；地质灾害工程治理技术。

（二）绿色、长寿命新型水泥基材料理论与技术

既有的传统轨道交通工程结构材料在绿色化、长寿命化方面还有很多的潜力亟须进一步攻关。同时，随着现代轨道交通（如高速铁路、城市地铁）工程设计要求的提高，以及轨道交通工程逐步向服役条件更为严酷的环境中延伸，既有建造材料已难以适应上述要求，并有可能成为制约速度提升的"瓶颈"。因此，亟须基于现代轨道交通工程（如高速铁路工程）结构对建造材料提出的性能要求和相应的服役环境特点，运用材料科学、物理化学、力学等基础理论及纳米复合材料技术，剖析结构材料与环境间的关系，进一步研发与性能要求相匹配的绿色化、长寿命新型水泥基材料，满足未来新型轨道交通工程建设战略需求。

（三）轨道交通工程高性能无机-有机复合修复材料理论与技术

我国已建成包括高速铁路在内的大规模现代轨道交通工程，并且这些工程结构形式迥异、空间跨度大、材料属性各异，上述工程的运营管理及维修成为当前相关部门面临的重大课题。迫切需要针对现代轨道交通工程结构特点，运用材料科学、物理化学及热力学等理论，揭示不同材料结构间的劣化规律，厘清环境条件、基底及修补材料之间的相互作用机理，研究适用于高速铁路无砟轨道充填层裂损修复的快速修补材料与修补技术，研究适用于预制混凝土轨道板的黏结性好、体积稳定的高性能修补材料及其应用技术，研

发抗裂防腐材料的设计方法、制备原理与应用技术，确保包括高速铁路在内的轨道交通工程结构的长期安全服役。

（四）长寿命防水防腐功能材料以及吸能降噪功能材料理论与技术

由于列车的高速行驶以及轮轨的相互作用，轨道交通通常会产生较大的噪声。同时，隧道结构不仅存在噪声，而且高速行驶的列车与隧道壁之间还存在气动效应的影响，因此，对现代快速轨道交通工程结构的降噪功能要求日益凸显。另外，轨道交通工程中隧道、城市地铁工程的水渗漏、腐蚀问题也是常常存在的难题。针对轨道交通工程的结构特点及其防水、吸能降噪功能的设计要求，结合相应的研究技术现状，研究组分、结构与材料功能之间的相互影响规律，研发与主体结构相同服役寿命的防水防腐功能材料；研究具有吸能、吸声降噪性能的新型水泥基材料设计方法与制备工艺技术，形成其在现代快速轨道交通工程结构中的应用技术；研究降低隧道噪声及气动效应的水泥基衬砌材料及其应用技术。

（五）时速 400 km 级高速铁路路基与轨道结构基础理论与设计方法

对于超高速铁路，车速的增大，对路基和轨道结构的动力影响加大加深、受力也更加复杂，线路对刚度和沉降均匀性要求更高。尚待开展的研究包括：超高速列车-轨道-路基系统动力耦合机理及长期平稳性、超高速铁路轨道-路基-地基动力足尺模型试验技术、超高速铁路过渡段协同作用机理及关键技术参数、超高速铁路过渡段轨道路基振动放大效应及减振技术、基于性能的超高速铁路路基-地基系统协同设计方法、高速铁路轮轨系统匹配关系理论与关键技术、列车动荷载与复杂环境荷载下铁路轨道结构关键部件服役性能的非线性演化规律及失效机理、故障诊断和健康状态评估理论与技术、铁路轨道结构寿命经时特征及寿命预测、基于大数据的轨道结构全生命周期可靠性维修理论及状态控制技术和轨道结构关键结构部件全寿命管理体系等。

（六）重载铁路路基与轨道服役性能演变及劣化防控基础研究

重载铁路运输的核心是提高轴重和牵引质量，我国现有的重载铁路轴重仍未超过 25 t。目前对大轴重铁路路基与轨道服役性能演化规律与劣化机制缺乏深入研究，基础研究严重滞后于工程实践，难以保证行车安全。尚待开展的研究包括：重载铁路列车动力荷载特征与传递机理、重载铁路路基散体材料几何构型演化与力学性态劣化、重载铁路路基水动力特征与颗粒迁移机理、重载铁路路基层状体系疲劳-蠕变耦合损伤与变形预测、30 t 轴重以上重载铁路轮轨系统匹配关系理论与关键技术、重载铁路轮轨系统基础理论（解决重载轮轨型面匹配、轮轨维修管理的关键技术）、重载铁路新型轨道结构及轨道部件的研发、重载铁路轨道养护维修新技术等。

（七）城市轨道交通路基与轨道运营维护及性能提升技术

城市轨道交通路基运营维护期间，路基与轨道性质和施工期间有很大的差别。由于路基与轨道受环境条件的影响及交通荷载的长期反复作用，路基与轨道结构性能劣化而产生路基病害，严重影响路基与轨道的工作性状和运营寿命。尚待开展的研究包括：路基结构病害（缺陷）孕育机理与分析方法、轨道交通路基结构病害特征与分类分级研究、轨道交通路基病害的快速检测技术研究、轨道交通路基结构服役状态评估技术研究、轨道交通路基结构养护与性能提升技术研究、时速 200 km 城际铁路新型减振轨道结构理论与关键技术、铁路轨道设备服役状态检测与监测信息网络管理技术等。

（八）跨海桥梁结构建造与防灾技术

近海区域的桥梁建造环境条件异常复杂，深水、强风、地震、波流、浪涌、冲刷等及其耦合效应均给跨海桥梁的设计、施工与运营安全带来一系列全新的技术挑战；艰险山区的地质灾害综合效应极为显著，建设条件异常艰巨，养护维修极为困难。技术研发工作主要包括：波流力对桥梁深水基础的作用；多场耦合条件下近海桥梁的动力设计方法；深水基础施工关键技术；近海桥梁材料防腐与耐久性技术。

（九）艰险山区大跨桥梁结构建造与防灾技术

复杂环境条件下近海桥梁的行车安全及控制技术；高烈度区桥梁耐震结构及减隔振技术；泥石流、滑坡及落石等地质灾害对桥梁结构安全性的影响；山区桥梁冲蚀效应评估及抗洪安全；复杂地形地貌山区风特性及抗风安全；环境条件剧烈变化下的桥梁设计技术等。

（十）大跨度桥梁铺设无砟轨道关键技术

高速铁路桥梁无砟轨道不仅综合了无砟轨道和大跨度桥梁的技术要点，

还衍生出一系列关键技术，主要包括：高速铁路大跨度桥梁铺设无砟轨道的结构形式选取技术、无砟轨道不同设计参数的影响规律、高速列车-无砟轨道-桥梁耦合动力性能、高速铁路大跨度桥梁上铺设无砟轨道的验算评估及相关标准控制技术。

（十一）千米级缆索承重桥梁的结构体系及设计关键技术

随着桥梁跨度的增大，结构变得更为柔性，这对高速行车非常不利。对于千米级缆索承重桥梁，其关键技术包括：结构体系及刚度限值、桥上车辆运行性能、抗风与抗震性能、结构的长期性能等。

（十二）艰险困难山区深长隧道全生命周期设计、施工与养护技术

随着我国轨道交通建设重心向地形地质条件极其复杂的西部山区转移，数量巨大的隧道工程正在或即将投入建设，其全生命周期的设计、施工与养护技术问题愈加突出，很多隧道在服役期发生结构破坏失稳、渗漏水甚至突水等严重安全问题。因此，亟须构建适用于深长隧道复杂地质条件下全生命周期的系统化、自动化、高效化的建养技术，实现全生命周期中总体结构性能最优或优化，包括深长隧道设计技术、安全高效施工技术、服役期结构性态智能检测与安全预警技术、快速养护技术等。

（十三）大型及复杂水下（海底）隧道建设关键技术

随着一大批大型水下（海底）隧道的日益规划与兴建，如琼州海峡海底隧道、渤海湾（大连-蓬莱）跨海工程、台湾海峡跨海隧道、厦门翔安海底隧道等，由于其所处的特殊水文地质与工程地质环境，建设技术难度通常要远大于同规模的陆域型隧道。因此，大型及复杂水下（海底）隧道建设关键技术成为亟待解决的重大难题，包括饱水松散砂性地层及高水压条件下长距离掘进设计施工、深水急流海底沉管隧道设计施工、侵蚀水环境作用下衬砌结构的长期耐久性及结构性能评价等。

（十四）复杂环境作用下城市地下结构的长期安全性及其预测方法

复杂环境作用下城市地下结构的长期安全性事关地下工程服役寿命和使用性能。由于地下结构建设的某些核心理论和关键技术尚未取得突破，难以保障地下结构的长期安全性，同时，由于城市地下工程所处地质环境的复杂性和不确定性，难以预测其安全性，因此，亟须开展的研究包括：城市地下

结构的耐久性及长期安全性特点、动力作用下的结构破坏特点和安全性评价、环境影响下结构性能劣化机理及过程、结构性能劣化的计算模型、近接施工对既有工程结构的影响规律、地下结构的健康监测原理与方法等。

二、前沿科技问题

轨道交通基础结构投资巨大，作用显著，安全性至关重要。复杂海洋环境和艰险山区一直是轨道交通基础结构建设的重点和难点，多种特殊地质地貌单元、生态脆弱，极端气象环境地区甚至成为建设"禁区"，尽管近年来我国开始向这些"禁区"进军，但仍存在许多从未涉及、尚无先例的科学问题需要研究。前沿科技问题包括如下几个方面。

（一）高寒艰险山区铁路基础结构建养技术问题

西部高寒艰险山区将建设多条具有重大战略意义的干线铁路，主要线路廊道处于青藏高原东缘板块碰撞缝合带，强震、高寒，地质灾害综合效应极为显著，建设异常艰巨、养护极为困难，国内外尚无先例。因此，亟须开展如下研究：板块碰撞缝合带工程勘察与选线技术，复杂与高地应力场体条件下的长大隧道建设技术，环境条件剧烈变迁条件下的桥梁建设技术，冰川泥石流、斜坡冻土等地质灾害防灾减灾技术，基于环境动态与服役状态监测的维修养护技术，以期形成系统的综合建养技术。

（二）特殊条件下轨道交通大型与重要结构物安全保障技术问题

轨道交通基础结构长期经受外部环境作用，服役性能与状态具有时变性和突变性，须对特殊复杂条件下轨道交通大型与重要结构物进行实时监控、评估及维护，以保障其运营安全。本书针对结构性能退化、自然灾害、人为灾害或现代战争与恐怖袭击等灾变条件下的安全保障问题，以大型桥梁隧道、重要地下车站、复杂路基与轨道结构等为对象，开展灾害链分析，危险源辨识、监测与防控，运行状态监测预警，结构损毁/伤辨识、评估与应急处置，形成一套以智能化、综合化、网络化为主要特征的重大结构物安全保障建设技术。

（三）轨道交通基础结构全生命周期信息物理技术问题

常规轨道交通基础结构领域的勘察设计、施工、运营呈分离现状，其主要采用二维设计表达，带来信息量限制及施工信息的缺失，给建成后的运营维护管理造成极大的困难。研究开发基于建筑信息模型技术、物联网技术等信息物理技术，通过在勘察设计阶段建立三维模型及实时录入建设过程中的相关信息，形成一个从建设到运营维护项目全生命周期的数字化、可视化、一体化系统信息管理平台，有效解决信息记录、传承问题，真正实现运营维护的信息化，达到降低运营风险、提高运营可靠性和应急处理能力的目的。

（四）轨道交通线路绿色施工环保技术问题

当轨道交通运输线路穿行于居民集聚区、环境保护区等区域时，轨道施工在一定程度上会对环境造成严重影响，如大批植被遭到破坏、动物生存环境恶化等。在施工环评方面，世界各国对轨道交通线路施工均提出了极其严格的要求，我国在这方面与国际通行标准之间的差距较大。因此，研究线路绿色施工环保技术，如改进线路结构设计、优化现场施工方法、增强模块化施工技术等具有重大的环保意义，有助于实现轨道交通铁路与环境的融合。

（五）轨道交通基础结构服役性能检测与状态评估技术问题

轨道交通基础结构承受多场耦合的外荷载作用，工作环境及边界条件十分复杂，其服役性能与状态具有时变性，如果不能有效管控与评估，将严重威胁服役安全。目前，国内轨道交通基础结构检测皆以耗时费工的人工检测为主，因此亟须开展车载地质雷达滑移轨道及自动定姿定位技术和可视化智能故障检测技术研究，研制具有高精度快速采集及自动识别技术的病害检测车，建立网络化和智能化的健康监测体系，形成集检测、识别及安全评估于一体的关键技术。

（六）高速铁路大规模特长隧道群防灾救援技术问题

我国西部地区开工建设的一大批高速铁路，其隧线比极高，部分铁路高达70%以上，且形成大规模连续特长隧道群。由于隧道内空间狭小，运营中一旦发生火灾等事件，若无可靠的防灾救援系统，人员很难逃生，后果将不堪设想。国内外这方面的相关技术尚属空白，亟须开展以下内容的研究：隧道群的防灾救援和安全疏散模式，隧道救援站、避难所等关键设施配置技术，深埋特长隧道群防灾预警、监控及救援系统，以期形成一套针对高速铁路运营期大规模特长隧道群的综合防灾救援技术，为运营安全提供保障。

本章参考文献

[1] 翟婉明. 车辆-轨道耦合动力学[M]. 北京：科学出版社，2015.

[2] 翟婉明，赵春发. 现代轨道交通工程科技前沿与挑战[J]. 西南交通大学学报，2016，51（2）：209-226.

[3] 石刚强. 严寒地区高速铁路路基冻胀和工程对策研究[D]. 兰州：兰州大学，2014.

[4] 邓刚. 高海拔寒区隧道防冻害设计问题[D]. 成都：西南交通大学，2012.

[5] 赵安平. 季冻区路基土冻胀的微观机理研究[D]. 长春：吉林大学，2008.

[6] 王天亮. 寒区路基改良土力学特性分析[M]. 北京：中国铁道出版社，2014.

[7] 丁靖康. 多年冻土与铁路工程[M]. 北京：中国铁道出版社，2011.

[8] 赖远明，张明义，李双洋. 寒区工程理论与应用[M]. 北京：科学出版社，2009.

[9] 张鲁新，熊治文，韩龙武. 青藏铁路冻土环境和冻土工程[M]. 北京：人民交通出版社，2011.

[10] 毛雪松. 基于水热耦合效应的冻土路基稳定性研究[M]. 北京：人民交通出版社，2011.

[11] 铁道部第三工程局. 铁路工程设计技术手册：常用工程材料[M]. 北京：中国铁道出版社，1984.

[12] 赵方冉. 土木建筑工程材料[M]. 北京：中国建材工业出版社，1999.

[13] 师昌绪，李恒德，周廉. 材料科学与工程手册[M]. 北京：化学工业出版社，2004.

[14] 朔黄铁路发展有限责任公司. 重载铁路路基状态评估指南[M]. 北京：中国铁道出版社，2015.

[15] 黄淑森. 铁路路基基床病害与整治[M]. 北京：中国铁道出版社，2005.

[16] 雷晓燕. 高速铁路轨道动力学模型、算法与应用[M]. 北京：科学出版社，2015.

[17] 王炳龙. 高速铁路路基与轨道工程[M]. 上海：同济大学出版社，2015.

[18] Esveld C. 现代铁路轨道（第二版）[M]. 王平，陈嵘，井国庆，译. 北京：中国铁道出版社，2014.

[19] 孙树礼. 高速铁路桥梁设计与实践[M]. 北京：中国铁道出版社，2011.

[20] 郑健. 中国高速铁路桥梁[M]. 成都：高等教育出版社，2008.

[21] 高波. 高速铁路隧道设计[M]. 北京：中国铁道出版社，2010.

[22] 赵勇. 中国高速铁路隧道[M]. 北京：中国铁道出版社，2016.

[23] 关宝树. 隧道工程施工要点集[M]. 北京：人民交通出版社，2003.

[24] Taber S. The mechanics of frost heaving[J]. The Journal of Geology, 1930, 38（4）：

303-317.

[25] Everett D H. The thermodynamics of frost damage to porous solids[J]. Transactions of the Faraday Society, 1961, 57: 1541-1551.

[26] O'Neill K, Miller R D. Exploration of a rigid ice model of frost heave[J]. Water Resources Research, 1985, 21(3): 281-296.

[27] Konrad J M, Morgenstern N R. The segregation potential of a freezing soil[J]. Canadian Geotechnical Journal, 1981, 18(4): 482-491.

[28] Konrad J M, Morgenstern N R. A mechanistic theory of ice lens formation in fine-grained soils[J]. Canadian Geotechnical Journal, 1980, 17(4): 473-486.

[29] Chamberlain E J. Frost susceptibility of soil: review of index tests[R]. Hanover: Cold Regions Research and Engineering Lab, 1981.

第五章 轨道交通通信信号

第一节 概　　述

铁路通信与信号技术是信息技术和控制技术在轨道交通运输生产过程中的具体应用，在现代轨道交通运输领域发挥着十分关键的作用。现代铁路通信与信号技术是实现列车有效控制、提高铁路通过能力、向运输人员提供实时信息的必备手段，铁路通信与信号通过提供安全可靠的调度指挥、列车运行控制、调度通信、信息管理等业务，保障铁路行车安全，提高运输效率，为旅客提供优质服务。铁路通信与信号系统已由过去铁路运输的"眼睛"和"耳朵"变成了铁路运输的"中枢神经"，发挥着越来越重要的作用。在现代铁路运输系统中，由铁路通信与信号构成的信息和控制系统，在铁路运输中占有非常重要的地位，其发展水平已成为铁路现代化的重要标志之一[1]。

第二节　国内外研究发展现状和趋势

一、国内轨道交通通信信号的研究发展现状

近年来，随着高速铁路及城市轨道交通的大力发展，我国轨道交通通信与信号技术得到长足的发展。我国铁路通信信号先进技术装备居世界领先水

平，铁路通信信号系统装备齐全、覆盖面广[2-4]。我国干线铁路自动闭塞和计算机联锁里程与装备率显著高于其他各国。自动闭塞/自动站间闭塞采用 ZPW-2000 系列无绝缘轨道电路，具有制式统一、低频、载频信息统一等技术特点；车站计算机联锁设备主要采用 2×2 取 2 安全冗余平台，并且已经成为发展方向；调度集中（centralized traffic control，CTC）/列车指挥调度系统（train operation dispatching command system，TDCS）的覆盖率达到 98%，动车组中列车自动保护（automatic train protection，ATP）车载设备、机车的机车信号及运行监控设备装备率均达到 100%。我国 3.8 万 km 高速铁路全部装备 CTCS-2/CTCS-3 级列控系统，CTCS-3 级列控系统采用的车载设备、无线闭塞中心（radio block center，RBC）、应答器等设备，技术水平与 ETCS-2 级系统相当，实现了从引进消化吸收再创新到自主创新的重大转变。目前正在开展自主化 CTCS-3 级列控系统的研制，并完成了现场试验，在不远的将来将实现高铁列控系统核心关键技术的突破，形成具有自主知识产权的自主化 CTCS-3 级列控核心设备；在 CTCS-2 级列控系统基础上，在城际铁路研制了 CTCS-2+ATO 系统，实现了列车自动控制及精确停车等功能；京张智能高速铁路装备了 CTCS-3+ATO 的智能化列车控制系统，成为世界上首条具有自动驾驶功能的高速铁路。此外，我国高速铁路大规模运用了调度指挥系统 CTC，确保了世界上规模最大的高速铁路网的安全有序运行。在城市轨道交通领域，我国广泛采用 CBTC 系统，并逐步实现了引进消化吸收再创新到自主创新的转变，目前自主化的 CBTC 系统以及全自动无人驾驶系统等也在各城市得到广泛应用。

中国铁路无线通信研发和应用走在世界前列。全球铁路移动通信系统（global system for mobile communication-railway，GSM-R）和无线列车调度系统（450 MHz）提供了大部分的通信调度功能。其中，GSM-R 已经部署到了全部高速铁路线路和部分普速铁路线路，并在部分线路实现了面向 CTCS-3 级列车运行控制系统的业务，有能力为列控数据传输提供安全可靠的通信链路。我国已经形成世界上最大规模的 GSM-R 网络，截至 2016 年底，GSM-R 已经在约 4 万 km 的铁路线路开通运行，占全部铁路总里程 12.4 万 km 的 35.8%。此外，450 MHz 无线列车调度系统已经在超过 8 万 km 的普速铁路线路开通运行[5]。

我国铁路光传输网、互联网协议（Internet Protocol，IP）数据网、GSM-R 移动通信网的装备规模和技术水平在世界铁路范围内也处于先进行列。建成了覆盖全国铁路的承载网、业务网和支撑网，为铁路各个领域提供了通信保障。另外，还建设了其他管理系统和监控监测系统，已初步形成了铁路通信运维支撑系统。

二、国外轨道交通通信信号的研究发展现状

国外高速铁路全部采用调度集中行车方式。高速铁路的行车调度系统可以分为两类：一类集多种业务和管理功能于一体，全线建设一个以行车指挥为中心的综合调度系统，适用于列车在本线到发的高速客运专线；另一类则采用按区域设置行车调度中心的方式，适用于列车类别多、与既有线行车组织和管理关系密切的线路。

调度中心根据列车运行、沿线行车设备状态及维修作业情况的实时信息，按照列车运行计划集中统一指挥管辖区段内的列车运行。早期的调度集中主要是行车控制，现在已向安全监控、运营管理综合自动化方向发展。例如，日本高速铁路综合调度系统是在早期单一的 CTC 行车控制方式的基础上，经过不断改造、完善，逐步发展到由运输计划、行车控制、维修作业管理、设备管理、电力监控、车辆管理、维修基地管理等子系统构成的广域自主分散系统。它主要完成列车调度、客运调度、机车车辆调度、维修调度、电力调度、信号设备监控、运输计划业务、实现设备管理的现场办公自动化等功能。现在调度指挥系统已经集成了计算机、通信、自动控制等先进信息技术，成为铁路现代化运输组织和运营管理的核心系统。例如，JR 东日本旅客公司开发的综合运输管理系统——新干线计算机安全维护与运行系统（Computerized Safety Maintenance and Operation System of Shinkansen，COSMOS），在其管辖区域内对新干线网络进行运营控制和管理，此系统由运输计划、运行管理、站内作业管理、维修作业管理、车辆管理、设备管理、信息集中监视、电力系统控制 8 个子系统组成，共有 500 台左右的计算机组成广域的自主分散系统，是比较成功的调度指挥管理信息系统。

国外高速铁路都采用列控系统来完成列车在区间的位置检查、调整列车运行间隔、向列车传送速度信号、接收地面传送的速度信号来控制列车的制动系统等。系统一般由地面设备、车载设备、相关接口、信息传输通道等构成。比较成功的有：日本新干线的 ATC 系统，法国 TGV 铁路使用的 TVM300 和 TVM430 系统，德国和西班牙高速铁路使用的 LZB 系统，意大利高速铁路的列车自动控制系统及瑞典铁路的 EBI-CA900 系统[6]。

在城市轨道交通领域，从 1980 年开始，欧洲率先应用列车高精度定位技术和无线通信技术开发了城市轨道交通 CBTC 系统。CBTC 系统可实现列车自动驾驶，具有较高的自动化程度。同时，该系统可实现移动闭塞，列车追踪间隔可以达到 90 s，已经逼近理论最小间隔的极限。

在铁路干线方面，欧洲列车控制系统（European train control system，ETCS）在全球取得成功，特别是在它的技术通用性、功能标准化等方面。在 ETCS 的基础上，诞生了 ETCS0～ETCS3 技术标准，实现了列车与地面信号系统全面的互联互通[7]。

三、轨道交通通信信号未来发展趋势

（一）国外轨道交通通信信号发展趋势

随着客运量的不断增加及客运市场机制的逐渐完善，铁路干线和城市轨道交通面临新的机遇与挑战，衍生出了许多新的问题，包括：铁路干线借助城轨列控技术提升运能及自动化水平的问题、城轨与铁路干线之间的转线问题。另外，铁路干线列控系统及 CBTC 系统技术差异较大，产生了各种列控系统软硬件不兼容、互换困难、市场化竞争不充分等问题。

为了解决上述问题，发达国家的轨道交通通信信号研究出现了新的发展趋势，欧洲于 2013 年开始启动下一代列控系统（Next Generation of Train Control System，NGTC）项目计划，由欧洲多家企业〔如阿尔斯通、安萨尔多、泰雷兹（Thales）、西门子、庞巴迪等〕及 100 多位专家共同参与研究，如图 5-1 所示。

欧洲 NGTC 项目共建立了 9 个任务组，主要研究内容包括[8]：①基于 ETCS 的需求规范 ERTMS/ETCS SRS SUBSET-026 v330，以及城市轨道交通系统 CBTC 的功能需求和技术规范 IEEE 1474.1、IEC62290 和 MODURBAN D80，分析 ETCS 与 CBTC 系统的共同点和差异性，进一步提出一套适用于铁路干线及城轨的功能需求和技术规范；②借鉴城轨 CBTC 系统的成功经验，研究铁路干线移动闭塞原则；③研究基于 IP 的无线通信新技术及在 NGTC 系统中应用的可行性；④研究卫星定位技术及在 NGTC 系统中应用的可行性；⑤根据城轨和铁路干线对列控系统的共同、核心的技术需求，研究 NGTC 系统结构、硬件平台，以达到可互操作和互交换的目的，并提供

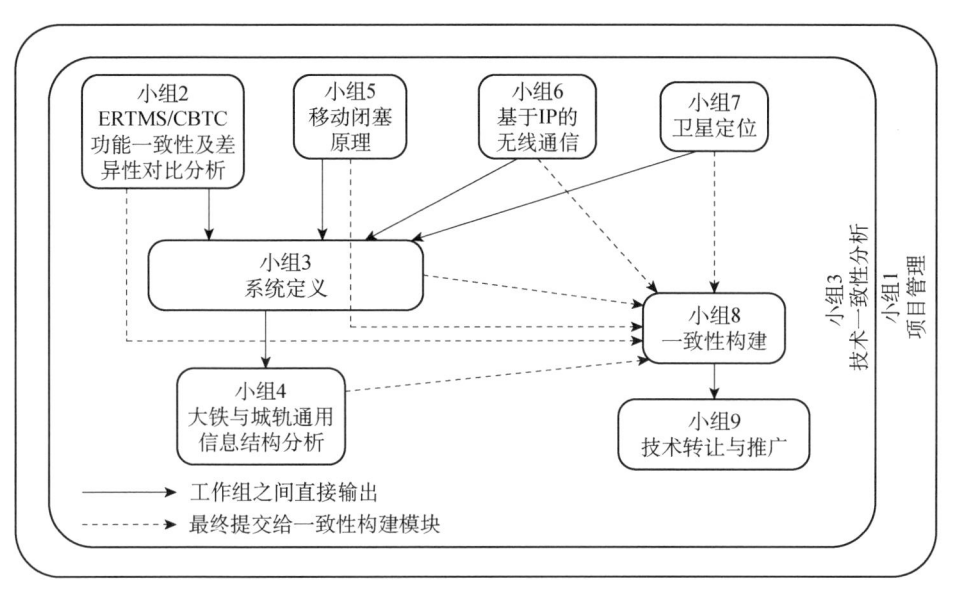

图 5-1　NGTC 项目研究内容

来源：www.NGTC.eu

铁路干线、城市轨道交通、市郊铁路互联的解决方案。如图 5-2 所示，通过 NGTC 研究，城轨与铁路干线列控系统硬件平台将在技术上减少差异，趋向一致。

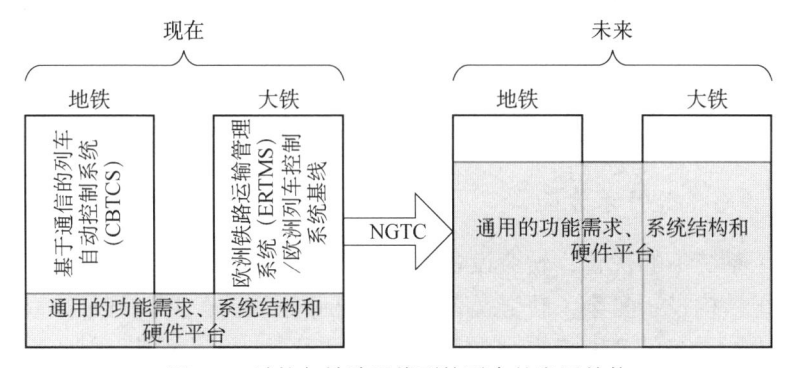

图 5-2　城轨与铁路干线列控平台的发展趋势

来源：www.NGTC.eu

欧洲 NGTC 研究的具体方法包括以下几个方面。①改进 ETCS 信息编码，使其成为更加标准化的编码，以便支持更多功能（如短追踪间隔、移动闭塞等），并且具备城轨与铁路干线转线的能力。②简化列控系统结构，提高铁路线路能力，减少信号安装、维护成本，提高可靠性及可用性。③采用共同的方法，定义通用移动闭塞概念及原则，以便适应不同类型的铁路，这一点主要以城轨实际经验为基础，但是同时考虑现有 ETCS 标准。④分析调查以 IP 为基础的无线通信不同技术。首先，确定城轨与铁路干线列控系统以 IP 为基础无线通信的共同需求；其次，利用现有无线通信技术，制定适用于 NGTC 系统的无线通信解决方案。⑤研究卫星定位技术取代应答器的可行性，基于 ETCS 应用，主要面向低密度线路（相对简单的线路布置及良好的卫星接收环境），研究标准的卫星定位功能应用，取消安装物理定位应答器。⑥研究 NGTC 与 ETCS 及 CBTC 标准的兼容性，以保护以前的投资，减少设备改造费用。⑦在 ERTMS 与 CBTC 系统一致性和差异分析的基础上，开发共同的系统结构、功能分配与接口。

欧洲 NGTC 计划的目标是减少铁路干线列控系统与城轨列控系统两者之间的技术差异，形成共同的功能需求规范；开发不同设备的标准化结构及接口（包括地面设备及车载设备），增加设备互换性及互操作性；设计适用范围更广的产品，实现铁路干线与城轨之间的互联互通转线功能；提高铁路列控系统自动化水平和线路通过能力，降低信号设备安装、维护成本，提高系统的可靠性。

（二）中国轨道交通通信信号存在的问题

尽管中国铁路列控系统技术取得长足进步，但仍然受到当时技术条件的限制，存在系统结构复杂、轨旁设备过多、建造与运维成本高、维修难度大等问题，影响我国轨道交通通信信号技术的进一步发展及高铁技术走向世界的步伐。主要面临的问题包括以下几个方面。

1. 铁路信号技术方面

（1）系统不够优化，轨旁设备过多。目前我国列控系统虽然功能强大，但是系统结构过于复杂，轨旁设备偏多，导致系统造价高，日常维修、养护工作量大、设备管理复杂，影响了我国列控设备"走出去"。因此，需要在技术基础上，优化系统功能及系统结构，减少设备数量，使系统更加简洁，功能效率更加强大，安全性更高，维修维护更加方便。

（2）智能化程度不高。目前铁路信号系统虽然已经逐步实现网络化，但缺乏人类所具有的各种智能，缺乏处理不确定性和不精确性的能力，缺乏对环境因素和过程动态感知及时调整控制策略的能力，难以实现多目标的决策，智能化程度不高。

（3）没有形成与控制系统相配套的信号监测体系。尽管我国围绕各种信号设备开发了许多监测及记录装置，但是各监测检测系统缺乏互联互通，监测数据缺少关联性、综合性，不能有效共享，不能实现系统的智能分析与设备状态趋势预测，故障判断和维护方案主要依靠人工经验，总体上仍停留在传统的维修维护模式。随着高速铁路的大规模开通运营，信号设备维护工作难度加大，目前的监测维护模式的弊端将更加突出。因此，要实现真正意义上的现代化铁路信号系统，不仅需要先进的控制设备与网络，还需要建设覆盖面全、功能完善的综合监测系统，对信号设备运用状态进行全面、实时和科学的检测与监测，并进行智能化分析，提高维修维护综合智能化水平，保障列车安全运行。

2. 铁路通信技术方面

（1）通信网络容量和覆盖面不足，现有窄带通信系统综合承载能力和容量有限；网络制式不统一，无法满足未来大容量、高密度业务的接入。

（2）网络智能化水平低，网络可重构能力差；业务网应用分散造成运维和管理不便捷且成本较高。

（3）网络的安全性存在不同程度的漏洞，无法满足铁路网络高安全性的要求；大部分现有网络无法传送高精度时间同步信息，卫星定位技术尚未形成规模性应用。

3. 新技术、新理论应用不足

近年来，随着信息技术的发展，新技术、新理论层出不穷，但是铁路通信信号系统对新技术、新理论应用不足。车地信息传输仍然以 2G 移动通信为基础，卫星定位技术、人工智能技术、物联网技术、大数据理论与技术未被采用。因此，需要对铁路通信信号技术进行全面、科学的研究，提高通信信号系统技术水平和智能化水平，进一步保障列车安全运行。

（三）轨道交通通信信号发展趋势分析

1. 总体趋势

（1）铁路信号控制、调度指挥和通信间的关联程度更加紧密，信息共享与智能协同程度将不断增强，铁路调度指挥与信号控制技术将逐步实现一体化。

（2）铁路通信与信号技术将更加关注客户需求，以提供更加优质的运输服务为目标，实现更多的用户服务功能。

（3）人工智能、物联网、大数据等前沿赋能技术将广泛应用于铁路通信与信号领域，为铁路运输提供更加安全、高效、准时的服务，进一步降低建设和运维成本，大幅提高决策、运营和维护水平，节省能源消耗，给客户和旅客提供更好的体验。

2. 铁路信号技术方面

1）多功能与综合化

信息技术在铁路信号领域的广泛应用使得铁路信号的功能得到扩展，未来的铁路信号功能会逐步突破原有车务段、机务段、工务段、电务段、车辆段（车、机、工、电、辆）的界限，信号设备由联锁、闭塞、调度集中等单一功能向以铁路运输业务为主体的多功能综合系统发展。例如，调度指挥系统正在为车务调度员提供行车计划的管理和调整手段，实现行车和调车作业的指挥与控制，未来还会出现人工智能调度员；综合调度指挥系统将不仅开展行车调度组织，还兼容了电力调度与控制、车辆调度、动车组调度、维修维护调度等多项功能，并提供旅客向导等服务功能；未来的无人驾驶系统将替代司机驾驶列车。这些多功能、综合化信号系统将围绕铁路运输业务实现车、机、工、电、辆各部门间高效协作，既能保证行车安全，提高铁路运输效率，又能优化管理，降低运输成本，改进和提高运输生产与服务质量。

另外，传统的信号系统分类与界限将越来越不清晰，融合、一体化将是主要的发展趋势。例如，传统车站联锁与区间闭塞系统功能将逐步融合，车站、区间一体化控制将使列车更安全、效率更高、接口更简单。随着多功能、综合化系统的发展，铁路运行模式也将发生变化。例如，铁路信号从以车站联锁为中心向以列车运行控制系统为中心转化；列车运行调度指挥从调度员—车站值班员—司机三级管理向由调度员直接控制列车转化。未来，许多专业分工很细的传统铁路工种也许会逐步消失，转而从事综合运维与更好的旅客服务。

2）智能化铁路信号

铁路信号经历了人工控制、机械控制、继电控制、计算机控制阶段，现已进入网络化的以信息控制为主体的阶段。尽管以高速铁路信号为代表的系统设备集成度高，功能强大，但缺乏人类所具有的各种智能，许多控制算法缺乏处理不确定性和不精确性的能力。随着人工智能、模糊逻辑控制、专家系统等技术的日渐成熟，铁路信号将逐步向以知识为主体的智能化发展，将知识融于系统控制与决策过程中，使系统能够处理具有专门知识的专家才能解决的复杂问题，如人工智能调度员、无人驾驶技术等。另外，维修维护与故障诊断也将融入智能化技术，提高维修维护及应急处理的智能化辅助决策能力，向以知识为主体的智能化铁路信号系统发展。

智能铁路信号系统将是集人工智能技术、铁路信号技术、安全技术和控制与系统技术等于一体，以实现列车控制安全智能、调度指挥决策优化、系统监测智能分析、维修管理科学有序为目标，充分运用智能化技术，通过有效利用控制、监测、维护管理及其他相关资源，最大限度地保障行车安全、提高运输效率，并确保信号设备处于良好运用及管理状态的现代化铁路信号系统。

3）低成本、免维护、灵巧型铁路信号

轨道交通分为多种类型、多种用途，有高速的国铁干线、繁忙的城市地铁交通，也有许多运量不大的支线铁路及货物运输铁路，干线铁路及地铁运量大、密度大，应当采用先进技术提升运输能力，保障运行安全。对于运量不大的支线铁路和货物运输铁路，在保证安全的条件下，应当尽量采用更加先进的技术，充分应用卫星定位、惯性导航、地理信息系统等新技术，减少轨道电路、应答器等轨旁设备，降低建设成本；提高设备智能化程度，减少人员参与工作量，并大幅度减少设备数量，以灵巧智慧实现众多设备功能；增强监测与检测能力，实现少维护或免维护，降低运营维护成本。针对这种类型的铁路，低成本、免维护、灵巧型信号系统将是重要发展趋势，这种低成本、免维护、灵巧型信号系统技术可能更先进，甚至可以实现无人化铁路，而建设与运营成本将大幅度下降，是今后的发展方向。

4）基于大数据健康管理的铁路信号

随着铁路信号设备监测与维修管理的不断完善，融合各种监测数据及现场维修人员测试、检查数据及设备日常故障数据，采用大数据分析技术，实现信号设备健康状态预测、预警及故障诊断智能化将是今后铁路信号的发展趋势。新一代运维系统将在现有信号维修维护管理与监测系统的基础上，集成、共享、融合控制系统、监测系统与维修管理、资源管理系统各种有效历史数据，采用大数据理论、智能分析技术、专家系统技术、风险分析与评估理论及优化决策理论，形成维修管理及应急处理的智能化决策优化方案，为维修、故障预防和应急处理提供智能支持手段。使信号系统可以根据健康预测状况及风险评估结果，主动采取优化控制策略，保障行车安全，并能够主动提供优化的维修维护方案及应急处置方案，保障系统健康，降低维修维护成本及技术难度。

3. 通信信息服务技术方面

（1）网络制式高度融合，传输速率越来越高，网络容量越来越大。

（2）接入密度大幅提升，一点接入就能实现全程全网服务。

（3）网络具有自适应可重构的能力，能提供智能服务，实现感知与服务无缝结合、应用与网络无缝结合。

（4）网络实时性可靠性高，网络安全不可破解，提升全生命周期维护管理智能化无人化、绿色应用水平，与其他交通制式即接即用，为智慧铁路提供通信保障。

4. 调度指挥信息技术方面

（1）打通"信息孤岛"，提高信息资源利用率，实现铁路内部、不同制式轨道交通之间、不同交通制式之间的协同调度指挥，实现系统互联互通、信息高度共享、资源全面整合。

（2）在铁路调度指挥领域运用新的智能信息技术，铁路调度指挥向智能化决策方向发展，客货运调度信息服务向智能化、便捷化方向发展，企业管理向精细化和智能化方向发展。

（3）提升调度指挥信息系统安全态势感知、安全防护和应急处置能力，完善铁路信息安全保障体系，提升安全风险防范能力。

第三节　重点研究方向与前沿科技问题

一、轨道交通通信信号重点研究方向

（一）下一代列控系统关键技术

尽管我国列控系统技术取得了长足进步，但仍然存在结构过于复杂、轨旁设备过多，建造与维护成本高、难度大等问题。为了促进技术进步，抢占制高点，我国应将下一代列控系统 NGTC 列为重要研究方向，以提高我国列控系统的效率及相关技术。我国 NGTC 系统不应当仅仅追求各种高新技术的应用与堆砌，不应当搞成更复杂的庞大系统，而应当从实际需求及解决存在的问题出发，考虑使列控系统为各种形式的轨道交通提供互联互通条件以更加方便旅客的出行，考虑采用新技术精简和优化列控系统结构，考虑减少投资与维护成本等[8-10]。因此，我国 NGTC 系统应当考虑解决以下问题。

（1）列车在不同线路的转线运行，包括：CTCS-3 与 CTCS-2、CTCS-2 与既有线、CTCS-3 与既有线、铁路干线与城际铁路、铁路干线与城轨交通相互转线问题。

（2）列控系统设备不合理冗余。目前，我国铁路干线存在 CTCS-3 车载设备冗余 CTCS-2 车载设备、CTCS-2 车载设备冗余 LKJ 车载设备、CTCS-3 地面设备冗余 CTCS-2 地面设备等不合理冗余设置问题，导致建设与运营维护成本高、维护难度大等。

（3）轨旁设备过多。现有列控系统轨旁设备包括大量轨道电路、有源与无源应答器及其他设备。大量的轨旁设备不仅增加了建设安装成本，而且使得维修、养护的工作量增加。

（4）地面设备系统复杂。由于功能分配不尽合理，现有列控系统地面设备系统比较复杂，包括联锁系统、列控中心、无线闭塞中心、临时限速服务器、信号安全数据网等，导致设备相互间协调也比较复杂。

（5）人工驾驶及自动化级别低。现有列控系统主要完成列车超速防护功能，尚不能实现列车自动驾驶等高级自动化功能，列车优化驾驶等功能也无法实现。

（6）未实现移动闭塞。现有列控系统采用准移动闭塞技术，追踪间隔受到限制。追踪间隔不能进一步缩短，运输效率不能进一步提高。

我国 NGTC 系统应当考虑实现下述目标。

优化完善现有列控装备和系统技术，研发全电子联锁系统、列控联锁一体化设备和具备更短追踪间隔、高度自动化的下一代高速铁路列控系统；研发适用于轨道交通全领域的一体化、运营无人化、时速 600 km 的智能运行控制和指挥系统；优先发展无轨旁设施、运能可配置列车运行控制系统技术。

（1）研发通用、标准化的列控车载设备，减少冗余，支持列车在不同 CTCS 级别、既有线、城际及城市轨道交通线路上进行转线运行。

（2）优化列控地面设备系统结构，突破原有调度、列控、联锁相互独立的限制，实现以车为主体的优化精简的系统结构。

（3）开发和应用标准化、通用的报文编码，适应不同线别的列车转线运行。

（4）实现基于北斗导航卫星系统（BeiDou Navigation Satellite System，BDS）的列车定位，减少轨旁应答器数量，逐步减少直至取消区间轨道电路。

（5）实现高铁列车自动驾驶和智能驾驶，提升列控系统的自动化水平。

（6）将移动闭塞技术应用于铁路干线，进一步缩短追踪间隔，提高运输效率。

（7）应用无线通信新技术，如 LTE-R、5G-R 等以 IP 为基础的无线通信技术等，提高列控系统车地通信的传输带宽及传输可靠性指标。

（8）开发标准化结构及接口模块，增强设备的互换性及互操作性。

（9）研究国际标准的适应性，尽量符合国际标准，便于实现高铁"走出去"。

（二）铁路信号智能化技术

随着综合智能控制、模糊逻辑控制、专家系统等技术的日渐成熟，铁路信号系统作为铁路运输的过程控制系统，面对运输过程、环境、安全、设备状态等因素的千变万化，需要提升自适应、多目标决策能力，需要提升数据的深度挖掘、设备运行状态的健康感知、系统综合关联卡控以及维修辅助决策能力，在网络化基础上走向智能化[11]。

现阶段开展智能铁路信号系统的探索和研究时机已经成熟：一是，我国在信号各种系统研究方面已经达到了较高的技术水平，具有良好的理论与实践基础；二是，以列控系统为代表的铁路信号系统已经基本实现了数字化、网络化，信号安全数据网将各种信号系统连在了一起，系统之间的信息交互没有障碍，具备基本物理条件；三是，物联网、传感网等信息技术飞速发展，智能信息处理、智能控制技术日渐成熟，为智能信号研究提供了技术支持；四是，国家和旅客对铁路运输效率、服务质量及铁路安全的需求不断提高，为智能铁路信号研究提供了不竭动力；五是，西方发达国家已经开始进行智能化铁路信号研究并取得一定经验，例如，日本铁路实现了基于模糊控制的智能化列车控制系统，欧洲一些学者开展了铁路行车控制智能化理论研究，日本学者提出了调度指挥多目标决策算法等，为我们提供了借鉴。

因此，我国应当积极开展智能铁路信号技术研究，抢占制高点，将知识和经验融于系统控制、维护与决策过程中，实现管理、控制、维护技术一体化，使系统能够处理具有专门知识的专家才能解决的复杂问题，向以知识为主体的智能化铁路信号系统发展。主要研究方向包括：基于车、物、路之间运力资源信息协同的智能调度指挥系统技术、无人驾驶技术、智能化运维保障技术等。

（三）铁路信号综合智能化监测技术

为了提高铁路信号监测检测、综合智能分析和辅助决策能力，应当研究开发铁路信号综合智能化电务监测维护系统。通过对检测、监测设备进行功能完善、技术集成，形成具有综合处理功能的检测与监测平台；通过加强对各检测监测数据库的综合利用、数据挖掘，进行综合分析、专家诊断，指导电务设备的日常维护和维修[12]。

（四）铁路通信智能化技术

研究面向全局效率提升、多属性业务承载和异构网融合接入的铁路专用移动通信技术；研究铁路物联感知通信网应用技术；研究智能巡检、智能检测、智能检修等技术；研究宽带铁路和第6版互联网协议（Internet Protocol Version 6，IPv6）的应用技术；研究调度、应急、安全生产信息通信指挥一体化技术；推进运行控制与指挥技术标准规范国际化；发展新一代铁路专用移动通信技术和无盲区的室内外定位系统；研究智能铁路通信综合支撑系统和智能综合监控系统技术；研究铁路的综合调度指挥云生态系统技术；研究满足铁路全行业需要的可定义、广带、实时、安全可靠的智能信息通信网络；积极推进适用于新型、超高速、多栖化导向运输系统的调度指挥与运行控制技术研究。

（五）铁路通信信号大数据应用技术

根据铁路通信信号各种监测、控制系统网络化现状，以提高系统综合运营维护效率为目标，从信号综合数据中心架构设计、信号综合数据平台构建及挖掘分析关键技术、列控数据分析管理及维护工具研究、基于物联网的信号维修作业及安全防护系统技术等方面研究运营、维护系统与数据结合技术，力求充分利用网络化优势及大数据资源，从整体上提高我国铁路通信信号系统的智能化和一体化水平，为铁路安全运营提供保障。

二、轨道交通通信信号前沿科技问题

（一）铁路信号

信号专业重点关注的前沿技术包括移动闭塞技术、卫星定位技术、超高速信号控制技术、协同运输、智能物联技术、无人驾驶技术，以及行为识别、虚拟现实、信号安全技术。

1. 基于移动闭塞的高速铁路列控系统

研究高速条件下的移动闭塞技术、基于 BDS 的列车安全定位技术、基于车载的列车完整性检测技术、高速列车自动驾驶技术、高速铁路移动闭塞仿真测试平台技术等，形成基于移动闭塞的高速铁路列控系统技术、平台和装备，进一步提高高速铁路的运输效率，减小列车追踪间隔。

2. 下一代智能轨道交通指挥与控制系统

研究攻克基于速差的移动闭塞技术、车-车通信技术、智能驾驶技术、智能调度技术、通用高性能高可信计算平台技术、高级别信息安全技术、绿色监控及评测技术等关键和基础技术。重点研究感知控制调度框架一体化、轨道交通调度控制一体化、运输组织、安全保障与服务一体化问题，重点攻克感知控制调度扁平化技术、综合安全感知技术、安全控制共性技术，形成下一代智能轨道交通控制与指挥系统技术、平台和装备。

3. 轨道交通和高速跨国联运互联互通

研究跨国高速动态转换技术、轨道交通跨制式互操作技术、调度指挥协同技术，形成轨道交通和高速跨国联运互联互通系统和验证测试平台，具备技术装备和产业化、工程化能力。

4. 超高导向运输运行控制系统

研究亚声速条件下车地安全通信技术、高速移动体动态安全控制技术、超高速智能体自动驾驶技术、自适应车-车通信技术等超高导向运输安全智能运行控制的关键技术和系统装备，具备时速 1000 km 超高导向运输运行控制技术装备和具有经济价值的产业化能力。

5. 以轨道交通为核心的综合交通智能指挥控制系统

研究多智能群网联化技术、综合交通智能调度技术，形成以轨道交通系统为骨干，广义循迹运行的立体交通运输的多智能体协作控制和智能调度等技术、标准与系统装备体系。

（二）铁路通信

针对智能综合交通系统的要求，研究智能化、网络化的通信系统关键技术，研究满足多制式轨道交通协同的新一代智能交通运输通信平台，实现多地域多种交通制式通信系统的互联互通、协同服务。

进行多网络、多技术融合的泛在网技术研究，以量子通信在铁路通信传送技术的应用为契机，使得信息传送技术取得突破式发展，多种传送方式相互结合，融合各专业之间的通信差异，实现多网络、多技术融合的泛在网和通信与服务的无缝连接，达到网络无处不在的一体化综合交通通信体系。

本章参考文献

[1] 郭进.铁路信号基础（第三版）[M].北京：中国铁道出版社，2017.

[2] 宁滨.高速列车运行控制系统[M].北京：科学出版社，2012.

[3] 郭进，张亚东.中国高速铁路信号系统分析与思考[J].北京交通大学学报，2012，36（5）：90-94.

[4] 何华武.中国高速铁路创新与发展[J].中国铁路，2010，12：5-8.

[5] 王同军.铁路 5G 关键技术分析和发展路线[J].中国铁路，2020，11：1-9.

[6] 张锐.国内外铁路信号现状、差距对比和我国铁路信号发展方向的思考[J].铁道标准设计，2004，7：117-120.

[7] 唐涛，邵春海.ETCS 系统分析及 CTCS 的研究[J].机车电传动，2004，6：1-3.

[8] 郭进，张亚东，王长海，等.我国下一代列车控制系统的展望与思考[J].铁道运输与经济，2016，38（6）：23-28.

[9] 程剑锋，田青，赵显琼，等.下一代列控系统技术方案探讨[J].中国铁路，2014，12：32-35.

[10] 莫志松.CTCS-4 级列控系统总体技术方案研究[J].铁道通信信号，2019，55（S1）：34-40.

[11] 刘大为，郭进，王小敏，等.智能铁路信号系统展望[J].中国铁路，2013，12：25-28.

[12] 刘大为，郭进，王小敏，等.中国铁路信号系统智能监测技术[J].西南交通大学学报，2014，49（5）：904-912.

第六章 轨道交通运输组织

第一节 概 述

一、轨道交通运输的发展背景

自中华人民共和国成立以来，我国轨道交通行业发展迅猛。从新中国第一条铁路——成渝铁路到我国（不含港澳台地区）第一条城市轨道交通——北京地铁1号线，再到我国第一条高速铁路——京津城际铁路，我国轨道交通经历了国铁干线扩张补强、高铁成网运营，以及城市轨道交通加速建设、制式多样化、经营多元化的发展历程。伴随着经济社会的快速发展和技术水平的提升，轨道交通建设呈现多制式、网络化发展趋势，既有传统的轮轨制式，也有单轨、磁悬浮、有轨电车等其他制式。

近年来，我国轨道交通行业取得了举世瞩目的成就，高速铁路与城市轨道交通运营里程均居世界第一，一大批技术装备达到世界先进水平，轨道交通运输规模总量进入世界前列，成为名副其实的铁路运输大国。我国目前有19个规划城市群，城市群发展已逐步进入一个全面提升质量的新时代，特别是在单极集中型的城市群向多中心型城市群的发展过程中，轨道交通系统成为支撑城市群高效运转、协同发展的基础。强化城市之间的经济联系和基础设施的互联互通是城市群发展的先决条件，许多人口聚集的区域已形成城市轨道交通、市域铁路（都市快轨）、城际铁路、国家铁路干线等轨道交通多网同步运营的局面，迫切需要构建区域交通一体化运输模式。但由于不同城市群的自然禀赋和发展基础差异较大，因此不同区域的轨道交通系统也支撑着当地不同的国家战略实施功能、经济集聚功能、空间辐射功能、对外开放功能、文化创新功能和城市服务功能。试点以特定区域的多制式轨道交通协同为推手，引领普适于我国城市群的区域轨道交通发展，对实现现代综合交通运输体系发展规划目标、实现国家区域发展战略、推动经济社会发展具有技术支撑作用。

在我国城市群发展进程中，特别是单极集中型的城市群向多中心型城市群的发展，交通作为区域经济联系的纽带和城市群空间建构的重要载体，如果没有系统解决好城市群的综合交通发展问题，将极大制约城市群整体效能的发挥，并对城市群的生态环境、空间结构、土地形态以及城市居民的生活质量等产生重大影响。轨道交通系统在综合交通体系中占核心地位。

解决城市群交通发展问题、充分利用轨道交通复合网络资源、提升轨道交通网络总体运能和运营效率，需要实现区域轨道交通高效能一体化运输、协同安全保障与综合信息服务。区域轨道交通协同运输与服务系统旨在突破区域轨道交通协同运输与综合服务关键技术，构建基于系统多制式复合网络特性和各组分系统互操作协同机制的成套理论与技术体系，实现区域跨制式轨道交通总体运能、正点率、应急响应及运维效率、系统可用性、即时信息服务旅程覆盖率、智能终端覆盖率等性能指标提升和旅行时间、技术导致的安全事故率等指标的降低。

截至2020年底，全国铁路营业里程达到14.6万km，其中高速铁路3.8万km；城市轨道交通运营里程达7978.19 km，中国（不含港澳台地区）已开通城市轨道交通城市45个，开通城轨交通线路200余条。此外，中国（不含港澳台地区）已有京津冀、长三角、珠三角等大约14个区域建有城际铁路，并且根据历史数据和客流预测的情况，针对不同线路不同时段制定合理的列车开行方案，以满足旅客出行需求。

随着社会经济和科学技术的发展，我国轨道交通购票方式已经实现多元化发展，从传统的人工售票到如今有人工售票、网络售票、自助机售票等多种方式可供自由选择。在验票进站方面，也从传统的人工检票发展到如今自动检票、刷手机进站。在信息服务方面，旅客出行所需的相关信息，可以通过车站显示屏、车站广播、手机APP、官方微信/微博等多种渠道获取。此外，部分轨道交通线路还实现了Wi-Fi覆盖，为旅客提供出行途中的网络服务。技术的革新和社会的发展有效促进了我国轨道交通运输服务质量的提升，致力于为旅客提供更舒适的乘车环境、更便捷的出行服务。

在市域铁路出行方面，北京和上海的市民还可以直接刷城市公交卡乘坐市域铁路。上海金山铁路作为国内首个开通公交化运营的市域铁路线路，为铁路运用地方政府平台，以实物存量折价入股作为资本金注入，参股地方市政交通建设，深化铁路投融资体制机制改革提供了经验，也为地方出资改造利用既有线铁路设施开行公交化市郊铁路提供了范例。

多制式轨道交通之间主要通过换乘节点进行衔接，暂未实现互联互通。乘客采用多方式出行时，全出行链各环节相对分离，特别是国家铁路与地方轨道交通之间，购票、验票、安检、换乘等环节大多分离，需要乘客多次购票进出站，尚存在很多可以简化的多余中间环节，未能实现最便捷的换乘衔接。

二、轨道交通运输组织的特点及面临的问题

（一）我国轨道交通运输组织的特点

在我国一体化轨道交通发展框架下，我国轨道交通运输组织具有以下特点。

（1）客专、货专、客货混运线路结构复杂，列车速度等级多样化、谱系丰富，行车复杂度高；高速铁路多种速度列车共线运行，货运专线重载与高密度运行[1, 2]。

（2）客货混运线路列车种类达十余种，需要实现快速、重载、高密的有机协调。

（3）高铁网与既有线网的协调优化亟待加强，路网整体效能的发挥难度大。

（4）区域路网内部线路与通道干线的线网匹配问题亟待解决，网络瓶颈较多[3]。

（5）各种交通方式的发展基本完成了路网主要通道的建设，进入了综合交通体系的协调优化阶段，新阶段如何进行合理高效的综合协调和组织优化是面临的关键问题。

（6）线路能力缺乏统一协调、新建线路配套设施不完善、线路能力与集疏运能力不协调、既有货运设施与城市发展相矛盾、既有货运设施与现代物流发展不匹配等，如何解决好货运系统协调、提升货运市场份额和效益问题是关键。

（7）如何尽快促进快速干线网络的形成、创造公平的出行条件、提升市场份额和企业效益问题是旅客运输组织需要解决的问题之一。

（8）关注"铁路产品多元化，根据市场需要提升客货运组织水平，改进运输组织服务，提升企业效益"的基础设施改造问题。

（二）我国轨道交通运输组织面临问题分析

1. 旅客综合服务水平有待增强

旅客服务伴随着轨道交通的运行而生，从简单的导向标识、广播通告，到复杂的服务咨询、出行引导，甚至多种多样的爱心服务、商业服务都可以笼统地归结到旅客服务体系中。目前，我国轨道交通运营企业多以完成基本的出行服务为首要目标，也有部分企业以经营服务为主要目标。

随着社会经济的发展和人民生活水平的提升，人民对美好生活的向往也体现在对轨道交通全方位、多元化的服务需求上，表征为区域轨道交通系统服务供给现状与旅客精细化、多元化的旅行需求之间的矛盾。旅客期望更加精细化、准确化的运输服务，涉及更智能全面的实时出行导航服务、更快捷便利的出行过程、更开放交融的信息服务、更灵活多样的票制票价等方面。目前在旅客出行过程中，存在诸多换乘不便、环节冗余、服务缺失等问题，如铁路换乘地铁时重复安检、高铁列车上难以获取城市轨道交通运营的实时信息等[4]。

此外，运营单位需要充分利用乘客出行的大数据组织灵活、动态伸缩的列车开行方案，以保障高峰出行、提升服务效率和乘客候车乘车舒适度等为重点。

2. 总体运能和运营效率有待提升

由于目前不同制式轨道交通运输计划都是独立编排的，无法充分利用轨道交通复合网络的总体运输能力，在应对节假日或重大活动期间的大客流等情况时，存在运能利用不充分的现象。通过协同优化理论方法的运用来实现运输计划的协同编制，可合理配置各制式轨道交通的维修天窗、冗余时间和跨制式旅客协同输送模式，以提升全网的总体运能和运营效率[5]。

在衔接多条线路的轨道交通枢纽运转方面，也存在运能和效率提升的空间。例如，实现直通运输，可在一定程度上减轻换乘客流压力，缩短列车在枢纽站的占用时间，通过疏解换乘节点的压力以提升全网点线通过能力。通过实时信息的传递和大数据等新技术在客流预测上的应用，还可优化列车停站方案、压缩旅行时间以提升全网总体通过能力。

3. 应急响应与运维效率有待提高

区域轨道交通的应急响应与运维效率是确保轨道交通运输服务高可用性、高可靠性的关键。目前，在应对一些非正常情况的突发事件时，各制式、各运营主体的轨道交通各自为政，相对独立地处理异常情况。这在一定程度上削弱了区域轨道交通系统的整体应急响应与运维效率。特别是当各轨道交通系统之间存在先后交互影响时，必须待优先级高的系统实施特殊运输组织和应急维修处置后，优先级低的系统才能逐步采取措施恢复系统运输能力和服务水平。

目前各系统在风险源的辨识分析、突发事件的应急响应、列车运行的实时调整等方面均是独立进行的，未能实现风险预警信息、应急处置信息多精度、多对象、多范围的协同发布和共享，应对非正常情况时很难通过单一系统的调度指挥系统做到风险源即时追踪监测、现场救援情况的实时监测与效果反馈，以及调度指挥集中协同控制，这些信息的传递过程就增加了系统出现全局或部分失效后的恢复时间[6]。

4. 信息交互共享水平不高

虽然目前已实现多元化的信息传播渠道，但是多系统、跨制式之间的信息交互共享水平仍不高。

对旅客而言，只能通过单一系统的多种信息传播渠道查询和掌握该系统的相关信息，当旅客需要跨制式出行时，必须要切换不同的信息获取途径查询不同系统的列车运行信息和相关服务信息。

对运营单位而言，运营信息仅在单位内部存在共享，与其他运营主体或非商业用途的科研单位之间的共享程度不高，对于旅客全方式出行过程中涉及的多个环节缺乏有针对性的出行诱导和个性化信息服务，在应对突发事件时，也难以做到与其他出行过程中涉及的轨道交通系统间的信息交互。

对政府而言，多数情况下只能单向地向运营单位索取相关运营信息或者是由运营单位向政府相关职能部门反馈运营信息，缺乏一个信息共享平台，供政府部门决策调整相关政策或是督促运营单位优化运输组织方案，以更好地为旅客出行服务。

第二节 国内外轨道交通运输组织的发展现状及趋势

一、国外轨道交通运输组织的发展现状及趋势

日本和法国均基本实现了完全的客货分线运输，德国已实行客货运输分时混跑模式。西欧和日本均形成由多种等级列车与多停站模式构成的列车产品结构，多采用规格化和节拍运行图，充分考虑旅客出行时间波动性来安排列车运行[7]，并通过以市场为导向，考虑时间波动特征，分时段优化列车开行方案与运行图。

日本采用大站换乘、小型新干线等方式实现跨线旅客运输。法国的 TGV 高速列车普遍采用直接下既有线运行的方式，解决跨线旅客运输问题，扩大高铁列车的通行覆盖范围。德国采用同站台换乘衔接方式实现客流出行路径上列车间的换乘衔接，但是对运输组织技术的稳定性、可靠性要求较高。欧洲一体化的泛欧铁路系统已经实现，欧洲铁路研究咨询委员会编制的"2020欧洲铁路战略研究议程"提出，应开发智能化的"欧洲铁路一体化交通管理系统"，整合铁路资源，为铁路货运的发展寻找新思路，为无缝运输和增强运输网络的承载能力创造条件。

当前世界各国铁路均趋向于构建集运营管理、咨询、服务于一体的综合指挥和调度系统，如北美的先进列车控制系统（advanced train control systems，ATCS）、欧洲铁路运输管理系统、法国的实时追踪自动化系统等。日本国铁于 1972 年 3 月开始引入采用计算机的行车指挥自动化系统（computer-aided traffic control system，COMTRAC）。德国铁路在高速线采用计算机辅助行车调度系统。20 世纪 90 年代以后，各国铁路均以计算机辅助调度系统为核心，积极推进调度中心的建设。

在铁路货物运输方面，国内外运营管理技术的发展趋势均体现了对货物送达速度和服务水平的重视，实现快捷化的铁路货物运输网络、接取送达网络和一体化衔接运输是共同的发展趋势。国外快速货运速度一般为 160～200 km/h，法国利用高速列车技术改造及优化，承担邮政快递等业务，速度高达 270 km/h；欧洲的高铁快递（Euro Carex）项目也提出了 300 km/h 的运

营速度目标。各国根据铁路限界、车辆和线路的特征及超限货物对象等的差异，形成了各具特色的货运运输安全技术。实现快速、高效、安全的智能化货运装载和运输手段，为货物运输的快速化提供支持，得到了各国的普遍重视。但各国对铁路车站作业安全自律协同技术相关研究的广度与深度差异明显，对铁路货物装运安全技术的重视和研究程度不尽相同，总体上均未形成完善的铁路货物装运安全技术体系。

二、我国轨道交通运输组织的发展现状及趋势

随着我国高速铁路网建设及运营规模达到世界第一，并与既有线成网运营，如何提高和保障高速铁路成网条件下整个路网的综合运输效率、效益与运营安全，降低铁路运输成本和社会物流的整体成本，提升乘客出行和社会的满意度已成为迫切需要解决的问题。近年来，我国城市轨道交通迅猛发展，线路快速延展，并形成了较为完善的城市轨道交通网络，区域轨道交通一体化及协同已成为主要实现的目标。

在面向整个路网的综合运输效益方面，须深入研究客货运能分担与匹配、运输通道分工及其运力资源配置优化问题；在面向客运管理与服务方面，须深入研究面向不同客流出行分布模式的列车运输组织调度、不同等级线路衔接、换乘及联运、个性化及全程旅客服务的便捷性和自动化等问题；在面向货运管理与服务方面，须深入研究适合我国各型货运需求的快速货运系列装备和技术配套、货物装载的智能化与自动化，以及实现铁路快速货物运输网络和接取送达网络衔接的一体化运输问题等；在面向路网运营安全方面，须深入研究基于泛在的运营安全监测数据的主动安全预防与风险控制问题。

在旅客运输方面，与轨道交通网络化运营相匹配的运输组织技术，能够实现客流能力、运输需求和运输组织决策的高度适应，科学合理地安排列车开行和设备运用，实现服务效率和运营效益的最大化，有利于促进多层次轨道交通一体化无缝衔接，并对其他交通方式形成服务水平的竞争优势。与国外相比，国内轨道交通网络规模和运输需求更为复杂，运输组织技术在网络服务协同、换乘组织、面向网络安全和面向异常状况的调度指挥、运输通道能力协调利用、运输组织信息化平台建设等方面缺乏完善的技术体系与知识储备。

在铁路货物运输方面，西方国家对货物送达速度和服务水平等市场竞争性指标较为看重，而我国正处于从运输能力利用导向向服务水平导向的过渡阶段，列车编组计划正从传统模式向实现高质量、快捷化货运服务模式转化[8]。当前运输网络的完善和发展，为我国高速铁路快递运输和既有线快捷货运组织提供了发展空间，有利于向货运快速化的运输模式转变，改善铁路货运市场的竞争力。适应铁路快速货运技术发展需求，克服我国铁路货物和装运工具多样化、装运货物外形日趋多样化和不规则化等问题，研制适合我国各型货运需求的快速货运系列装备和货物运输技术，相关技术的突破有利于形成竞争优势。

（一）我国轨道交通领域的宏观发展趋势

综合前述分析，可以看出，在当前新形势下，我国轨道交通发展处于发展模式调整的重要时期，主要体现在四个方面。

（1）综合交通建设是发展目标。路网规模不断扩大的同时，干线铁路、高速铁路、城际/市域铁路、城轨交通呈现融合之势，综合交通网络逐步成形，互联互通将是改善交通状况的必备条件，将机场、干线/高速铁路、城际/市域铁路、城轨交通、公路客运甚至城市公交高效地结合起来，将是未来领域发展的重要方向。

（2）高效物流需要高新技术支撑。国内物流业的高速发展，对货物时效性的要求更高，铁路运输不受气候等非人为因素的影响，具有优势。建立配备中长途、重载的专用货运路网，利用客运专线及高铁线的高速货运网，考虑与航空运输的无缝对接、与港口的连接、与短途货运的连接，特别是利用既有的客运专线/高铁线发展快速货运需要考虑货运站台、货运车辆、运输管理办法以及线路使用效率等，需要整个领域协调共同发展。

（3）可持续发展势在必行。节能环保技术市场需求旺盛，混合动力、氢能源、超级电容、纯电池驱动等技术正在引领新一轮技术潮流。新能源、超级电容等新技术的发展，将可能会影响轨道交通领域的发展状况，如超级电容、纯电池等如果可满足车辆长时间的应用，则会影响整个行业的发展，路网建设、车辆技术、运用组织管理等均需重新进行发展规划。

（4）专业技术需要创新发展。计算机、网络、智能化、信息化、传感等技术的普及，以及卫星定位技术的发展，为轨道交通专有技术创新提供了强有力的支撑平台。

（二）我国轨道交通领域的技术发展趋势

纵观轨道交通发展历史，从蒸汽机车、内燃机车、电力机车到动车组运载水平发展，无不伴随着工业革命带来的重大技术突破。轨道交通领域技术的发展应与交通领域的发展方向相一致，以安全、绿色、高效、智能为发展目标。主要发展方向可定位为以下几个方面。

1. 智能化运输技术

配合互联互通的发展，需要在互联互通技术上不断发展完善；为进一步提高运输能力、改善服务、节能减排，需开展列车调度与运行控制一体化关键技术及系统研究，通过列车运行图实时调整、智能驾驶及牵引控制的实现资产、人员及运营成本的协同优化控制，使轨道交通运营系统的服务品质进一步提升、运营成本显著降低；开展高速铁路成网条件下铁路运输组织关键技术研究，研制开发铁路运输组织辅助决策协同支持信息化平台，提高铁路运输组织决策的协同化、信息化、智能化水平。

2. 安全可靠性技术

安全、高效是轨道交通运输最核心的主题，发展技术保障，提升主动或被动防护能力是安全技术发展的方向。智能化与自动化是提升轨道交通安全与效率的重要途径。

在既有轨道运输模式不变的情况下，安全可靠性需要从多方面进行保障，包括对防脱线技术、车辆安全防护、防灾减灾技术、信号系统、通信系统、控制智能化等各方面进行技术提升，实现行车、供电、机电、通信、防灾、工务、车辆等综合监控信息集成，形成综合调度指挥系统。

3. 节能环保技术

节能环保是世界可持续发展的基本要求，环境保护是我国今后发展面临的重大问题。节能是未来社会可持续发展的主题，轨道交通载运工具在节能技术方面具有较大的优势。研究高速列车减振减阻技术、新能源驱动列车关键技术、新型高能效电传动及控制技术等是大势所趋。

4. 专有技术

轨道交通领域具有独特的技术体系，必须加强领域专有技术的研究与提升，开展满足不同需求的快速货运技术、轻量化技术等轨道交通领域技术研究，提升技术竞争力。

5. 新型轨道交通技术

受我国地理环境、城市规划、人口分布等因素制约，仅仅依靠现有轨道交通模式已不能满足当前形势发展的需求。开展新型轨道交通技术研究，研究中大运量虚拟轨道车辆技术等，对解决传统轨道交通运输模式存在的问题有着积极意义。

6. 跨领域技术

轨道交通行业的发展除依靠自身领域技术外，还离不开跨领域技术的支撑，但跨领域技术自身的发展局限，也限制了轨道交通领域的发展。开展基础材料、基础配件、基础工艺等跨领域技术的研究，对轨道交通行业的发展也有推动作用。

（三）我国轨道交通运输组织发展的主要任务

1. 建设发达完善的轨道交通网

轨道交通网建设要以满足市场需求为导向，以扩大路网规模、完善路网结构、提高路网质量为主攻方向，争取用较短的时间和较小的代价，扩充运输能力，提高装备水平。扩大路网规模，就是加快新线建设，增加路网总量，提高路网密度，扩大路网覆盖面，为经济持续发展和国土开发创造条件。干支结构合理，建成大能力通道，支线与主要干线合理布局[9, 10]；点线能力配套，线路能力与枢纽能力同步考虑，实现综合运输能力的最大化。制定轨道交通发展规划，把解决目前的突出矛盾和实现长远发展的目标结合起来，既要立足当前，又要着眼长远，使铁路建设更具前瞻性、系统性和经济性，为轨道交通持续快速健康发展创造良好的条件。

2. 大力推进轨道交通信息化

在关注提升管理效率和效益的同时，重点是实现社会化的信息服务，以及为实现客货运市场化而开展的外部服务和内部管理一体化系统。当今信息技术、网络技术飞速发展，如何集成利用先进技术等来开展轨道交通运营的安全应急管理工作，实现轨道交通突发事件的事前预防、事中处理、事后总结等全过程的电子化、信息化、智能化,已经成为世界各国轨道交通行业的主要研究和发展方向。

3. 确保安全运输

强化运输组织管理,科学编制列车运营计划,强化运输组织,合理安排运力,确保列车安全正点运行。提高应急处置能力,进一步完善应急预案处置体系,健全应对突发事件的措施,加强人员应急培训,定期开展专业应急演练和综合演练,全面提高应对突发事件的能力。

4. 提高服务水平,提升运营效益

在保障轨道交通运输安全的前提下,从速度、效率等方面提高服务标准,打造客货运品牌,实现人畅其行、货畅其流。客运要重点做好客运产品开发、灵活的运价政策、解决与其他交通方式的衔接问题;货运要重点做好物流化服务、信息化服务、一条龙服务、准时化服务,解决市场化定价等一系列问题[11]。

第三节 重点研究方向与前沿科技问题

一、轨道交通运输组织的重点研究方向

(一)轨道交通运输组织的优先发展重点

总体来说,根据轨道交通发展的任务和目标,我国轨道交通运输组织的重点研究方向可以从客运系统和货运系统两方面来进行归纳。

客运系统应重点关注路网建设、运能挖潜、市场营销三个层面、五个方向的课题研究。其一,在快速客运网基本建成的背景下,须系统梳理影响网络整体效应发挥的干线缺失路段、"断头"路段、能力"卡脖子"路段及点线能力不相匹配等问题,开展客运网络适应性研究,以不断建设和完善路网;同时基于企业视角,对快速客运网如何适度拓展覆盖需进行量化论证,以确保投资取得合理收益。其二,在"建设路网"任务基本完成、"用好路网"任务日益突出的背景下,应着眼于由多条平行走廊构成(如进出关通道)或由高速铁路及既有线构成(如京沪通道)的客运通道及客运专线两个

层面，深入研究其运输能力综合利用问题，以充分挖掘客运网络潜能。其三，着眼于挖掘客运市场增长点，应注重开展客运营销发展方向研究。

货运系统应重点关注网络完善、节点整合、市场拓展三个层面、五个方向的课题研究。其一，结合在建项目及拟建计划，系统梳理影响货运网络整体效应发挥的能力匹配、标准协调、点线配套等问题，开展货运网络适应性研究，充分挖掘配套项目，不断完善路网；同时基于企业视角，对货运网络如何适度拓展覆盖进行量化论证，以确保投资取得合理收益。其二，在推进路网建设的同时，应关注和开展包含铁路物流中心、散货物流基地、一般货运站点等多个层次的铁路货运基础设施发展与整合研究，以提升铁路对货运市场的适应能力，提升市场份额和效益。其三，在煤炭、矿石等大宗货物运量增长随国家产业结构调整可能后继乏力的背景下，应着力挖掘集装箱运输和铁水联运两大极具增长潜力的市场板块，开展铁水联运存在问题及解决措施研究及铁路集装箱运输发展方向研究。

具体研究方向体现在以下四大部分。

（1）高速铁路成网条件下铁路运输组织关键技术。①高速铁路快速成网条件下铁路客货运需求预测及分析技术；②铁路客运产品体系设计与营销技术（适用于旅客不同层次需求的高速、快速、普速合理匹配的客运产品）；③铁路运输通道分工及运力资源配置技术；④列车开行方案与运行图匹配模式及一体化编制技术；⑤客运组织协同优化及联运技术（铁路跨国互联互通运输组织技术）；⑥面向开放市场的铁路运营调度技术；⑦综合交通枢纽客流组织及模拟仿真技术；⑧铁路运营与维护一体化技术；⑨基于泛在数据的运营安全风险辨识预警技术；⑩铁路旅客综合服务优化技术（综合旅客服务、综合客运组织、综合客运管理）；⑪面向全路网的铁路运输组织辅助决策协同支持信息化平台。

（2）满足不同需求的铁路快速货运技术。①铁路快速货运需求预测及分析技术；②高铁快递运输全程作业组织优化技术；③快捷货物运输组织计划协同编制技术；④铁路快速货物运输和接取送达衔接的一体化运输；⑤基于集装化的铁路快捷运输技术；⑥货物智能装载与装运安全技术；⑦铁路快速货运全程精细化组织与服务信息平台。

（3）综合轨道交通网络一体化协同组织与运营保障技术。①基于出行链的综合轨道交通运输需求演化及预测技术；②综合轨道交通有效承载力评估技术；③综合轨道交通运能协同优化配置技术；④综合轨道交通精细化协同组织技术；⑤综合轨道交通系统运营保障技术。

（4）轨道交通运营大数据分析应用技术。①轨道交通运营大数据采集技术；②轨道交通运营大数据分析技术；③基于轨道交通客流大数据的客运服务网络规划；④基于列车运行实绩的网络通过能力优化；⑤基于列车晚点大数据的行车组织优化。

（二）轨道交通运输组织须解决的关键科学问题

1. 轨道交通网络的合理拓展覆盖基础理论

构建路网覆盖程度的评价体系，提出轨道交通网络的评价标准与评价方法，研究并解决区域网络与干线能力的匹配，计算路网的合理规模，提出不同层次和类型的节点及线路的确定方法，比选路网扩张增强的措施，研究网络加密、延伸和补强等措施的适用条件。

基础科学问题包括：路网覆盖程度的评价理论；区域网络与干线能力的匹配理论；路网的合理规模及结构理论；路网扩张增强理论。

2. 铁路运输产品设计创新基础理论

我国铁路一直以来开行长大距离的跨线旅客列车，与高速铁路客流的适应性还有待提高，货物列车的开行与当前社会物流化呈现出的时效性特征也有很大差距。铁路过去主要通过客流、货流调查和凭人工经验进行产品设计，因此，铁路面临提升其运输产品质量和水平的需求，以适应社会的不断发展和变化。

基础科学问题主要包括：铁路客流和货流规律基本理论；铁路运输与客货运输对象相互作用机理；高速铁路跨线客流组织模式；高速铁路客流换乘组织理论和方法；基于货流动态变化的货物运输组织模式；铁路客货产品设计理论和方法；基于大数据的铁路客货营销决策支持理论和方法。

3. 轨道交通列车运行图编制创新理论研究

我国高速铁路沿用了传统的既有线跨线旅客运输组织模式，对本线高速列车运行线结构布局造成很大影响，高速铁路列车运行图"规格化"程度低，需要提升高速铁路运行图质量和结构布局规律性。铁路货物列车运行图与日常调度指挥严重脱节，需要研究基于动态货流的货物列车运行图编制理论和方法，以保障铁路货物运输的运到时限。

基础科学问题主要包括：铁路行车技术作业时间标准制定及计算理论方

法；基于规格化的高速铁路列车运行图编制创新理论；基于货流动态变化的货物列车运行图编制理论；铁路列车开行方案与运行图编制协同优化系统化理论和方法（包含列车开行方案编制优化理论、列车运行计划编制优化理论、动车组交路计划编制优化理论、乘务计划编制优化理论、车站作业计划编制优化理论等）；列车运行图评价理论和方法；列车运行图编制系统理论方法。

4. 轨道交通调度指挥智能化理论研究

我国铁路日常调度指挥信息化、自动化仍较低，在非常有限的信息化手段基础上依靠人工经验进行处理，需要在动态信息采集和集成管理的基础上，提高调度指挥系统的自动化处理水平[12-14]。

基础科学问题主要包括：铁路调度指挥机理；铁路动态信息集成理论方法；铁路调度指挥协同优化系统化理论和方法（包含列车运行调整优化理论、动车组交路调整优化理论、乘务计划调整优化理论、车站作业计划调整优化理论等）；调度指挥评价理论和方法；铁路调度指挥系统理论方法。

5. 铁路货物运输组织创新理论

随着大规模的路网建设，铁路运能逐渐释放，为优化铁路货物运输组织模式提供了保障，而且现代运输市场也要求铁路从以运力为中心转变为以运输服务水平为中心的服务观念，铁路货物运输方案必须在满足货主需求的基础上制定。基于运到时限进行铁路货物运输组织是铁路积极参与货运市场竞争、更好满足货主需求、扩大市场份额和提高经济效益的客观要求。

基础科学问题主要包括：基于运到时限的铁路货物运输组织模式；基于运到时限的铁路货物运输组织理论和方法；基于运到时限的智能铁路运输系统理论和方法。

6. 铁路网络能力综合运用优化理论与方法

运用网络流平衡理论，研究考虑网络商权的高速铁路网络能力匹配理论与方法；分析客流出行时段性特征、动车段所布局、运行图铺画结构等对高速铁路通过能力利用率的影响，分析高速铁路线网的时段空费能力并提出其计算方法；研究运行图结构、旅客出行特征对高速铁路车站能力利用率的影响，分析车站时段空费能力并提出其计算方法[15, 16]；构建铁路运输通道布局理论与方法，铁路基础设施规模及布局理论方法。

基础科学问题主要包括：铁路网络能力匹配理论与方法；基于旅客出行时段特征的高速铁路通过能力计算理论及列车开行方案编制方法；铁路运输通道的合理分工理论与方法；基于列车运行图和客票大数据的铁路网络能力运用瓶颈致因分析及其时空作用机理研究；铁路网络空费能力形成机理研究；基于大数据的高速铁路能力利用率研究；基于能力运用瓶颈消解及空费能力综合优化的铁路通过能力运用效率提升理论与方法。

7. 城市轨道交通网络化运营理论与方法

城市轨道交通网络化运营管理，对准确分析网络客流分布特征、制定合理的网络运营计划、提高各线路运营效率、发挥系统的整体运输能力和综合效益以及系统的应急处置能力等各方面都提出了新的挑战[17]。因此，需要在准确把握轨道交通网络客流分布特点的基础上，进行成网条件下的运输组织方案优化研究，以充分发挥轨道交通网络系统的整体效能，保证系统安全、可靠和高效地运营，为城市轨道交通网络化运营提供理论支撑和技术支持。

基础科学问题主要包括：城市轨道交通网络化客流传播特征；不同类型城市轨道交通的交路及停站模式和方案；城市轨道交通网络化列车开行方案；城市轨道交通应急组织、城市轨道交通列车运行图编制及调整理论与方法；城市轨道交通应急运输组织理论方法。

二、轨道交通运输组织的前沿科技问题

（一）铁路客运网络拓展覆盖技术

我国铁路网的区域解析及网络性能分析，研究区际通道与区内线路的功能和地理定位，生成区域解析网络；考虑路网网络性能、效率与效益、经济社会关联、地缘关系等指标，构建具有区域分异特征的铁路网覆盖程度系统评价；基于铁路网发展大数据分析，提取我国铁路网演化机制与基本规律，构建铁路客运网演化的基本模型；基于客流出行大数据分析，构建铁路旅客出行网络，并以此为基础构建旅客列车开行网络，建立旅客列车开行网络与旅客出行网络的映射关系；根据旅客出行网络及列车开行网络需求，研究既有线网框架下的铁路客运网合理规模，计算合理的客运网络边界；进行分区域/线路类型铁路客运网络拓展覆盖的策略比选，提出经济地理空间长期与阶段性最优的铁路客运网络规划和发展策略。

（二）铁路列车运行图编制系统关键技术

列车运行图是铁路行车组织的基础，是协调铁路各部门、单位按一定程序进行生产活动的工具，很大程度上决定了铁路运输的质量和服务水平[18]。构建先进的铁路列车运行图编制系统对提升铁路列车运行图编制质量和水平具有核心支撑作用。因此，必须深入研究列车运行图编制系统关键技术，主要包括：列车运行线布局优化技术；规格化的高速铁路列车运行图编制优化技术；基于货流动态变化的货物列车运行图编制优化技术；铁路列车开行方案与运行图一体化编制及动态调整优化技术；铁路列车运行技术作业标准仿真平台技术；铁路列车运行仿真优化及平台研发技术；铁路列车开行方案与运行图编制一体化系统技术。

（三）高速铁路调度指挥智能化理论与优化技术

基于高速铁路列车运行大数据分析，分析高速铁路列车运行干扰分布、延误晚点机理等，研究高速铁路列车运行冲突判定、预测及消解理论，在高速铁路列车运行图编制和优化过程中考虑列车运行图的预期执行效果，构建高速铁路列车运行图反馈优化模型，提出高速铁路调度指挥智能化理论与优化技术；基于大数据的高速铁路列车运行干扰及晚点分布规律分析，高速铁路列车运行晚点链式机理研究，高速铁路列车运行冲突管理理论，基于高速铁路列车运行冲突管理的调度指挥智能化理论与优化技术，高速铁路列车运行调整计划评价系统。

（四）基于运到时限的铁路货物运输系统关键技术

研究基于运到时限的运输计划编制理论方法、运输组织方法及智能铁路运输系统是铁路货物运输提升市场竞争力的关键所在。其关键技术主要包括：基于运到时限和信息化支撑条件下的铁路货物运输组织技术；基于运到时限的铁路运输计划编制技术；基于运到时限的铁路货物运输信息系统总体方案及关键技术。

（五）高速铁路调度风险实时监测预警系统

研究高铁调度指挥系统危险源的等级划分方法，提出调度指挥系统的单因素风险分析方法和多因素耦合风险分析方法。揭示高铁调度指挥系统的风险演变规律及预警机理，构建高铁调度指挥系统风险分级预警模型。研究列车运行线冲突的产生及演化机理，提出基于运行线冲突管理的列车运行调整计划评估与优化方法，形成围绕列车运行调整计划实现的一体化计划编制体系[19-21]。确定高铁调度指挥系统风险报警阈值及实时监测技术，建立高铁调度指挥系统风险控制机制。研发高速铁路调度指挥风险实时监测预警系统，该系统具备高速调度指挥风险的判定、诊断功能，为高速铁路调度指挥系统的嵌入系统，以及高速铁路调度指挥提供辅助决策功能。

（六）高速铁路行车人员工作状态实时评估及疲劳机理

高速铁路行车人员的工作实时状态和身心健康是一个亟待关注的问题。对高速铁路行车人员的工作状态、工作负荷、疲劳机理进行系统研究，总结行车人员疲劳的特点、规律、差异性，对完善人机系统的设计和改造，提高安全运行水平、监控行车人员的工作状况从而控制不安全行为的发生具有重要意义。同时，本书还可为确定高速铁路行车人员的合理工作负荷、制定行车人员适岗能力评估标准、对高速铁路行车人员进行健康关怀提供理论指导和技术支撑。通过无线传感及监测设备，实时测定和采集高速铁路司机工作过程中的心率、心电、脑电、血压等指标参数，并传输至数据综合处理平台，通过云计算技术得到受测司机的实时状态并输出评估结果。分析监测所得大数据，建立工作负荷、工作时间、工作情境与上述指标参数的对应关系，构建高速铁路司机工作疲劳模型，探明工作疲劳的机理。

（七）基于大数据分析的高铁网络通过能力瓶颈致因分析与运用效率提升关键技术

从路网的整体性、协调性出发，运用大数据分析技术，以高速铁路计划运行图以及实际运行图为基础，分析成网条件下中国高速铁路通过能力利用现状及存在的问题；揭示高速铁路由线到网的过程中，通过能力利用情况的演化规律；以大数据为基础，构建高速铁路客流-能力利用模型、时段-能力利用模型、区段-能力利用模型、运行延误-能力利用模型，确定合理的通过能力利用率；分析高速铁路网络通过能力瓶颈的时空分布，辨识通过能力瓶颈的影响因素，明确能力瓶颈致因，识别高速铁路网络能力黑点；借助仿真手段，深入分析通过能力瓶颈与路网结构、路网基础设施布局、运输组织方法等能力影响因素之间的耦合作用，详细分析高速铁路实际可利用通过能力低于理论通过能力的原因；针对通过能力瓶颈形成的原因，从设备配置优化以及运输组织技术优化两个层面对能力瓶颈进行疏解，提升路网整体通过能力的利用率,发挥整体路网的综合效益。

(八)城市轨道交通大客流传播机理及应急组织策略

基于城市轨道交通运营数据,调用数据挖掘的能力模型或者直接使用数据挖掘的结果,揭示城市轨道交通运营数据隐含的价值并加以利用,提取城市轨道交通旅客出行行为,得到不同线路、不同车站、不同时段旅客的产生和消失特征规律,以及城市轨道交通旅客、列车、车站之间的"人-车-站"作用机理,来研究城市轨道交通大客流的传播过程预测及传播机理。基于阻断大客流传播需求,研究城市轨道交通客运设施布局、城市轨道交通线网规划及应急组织策略等[22, 23]。主要研究包括:①城市轨道交通客流及列车运行大数据分析与处理;②城市轨道交通旅客出行需求、产生及消散规律研究;③城市轨道交通"人-车-站"作用机理研究;④城市轨道交通大客流传播规律研究;⑤基于大客流阻断需求的城市轨道交通线网规划、客运设施布局与应急组织策略研究。

本章参考文献

[1] 何华武.中国铁路发展与科技创新[J].铁道工程学报,2007,7:1-11.

[2] 何华武.中国高速铁路创新与发展[J].中国铁路,2010,12:5-8.

[3] 施仲衡.科学制定城市轨道交通建设规划[J].都市快轨交通,2004,17(2):12-15.

[4] 徐利民.我国铁路客货分线运输发展研究[J].铁道运输与经济,2012,34(11):20-27.

[5] 彭其渊,李建光,杨宇翔,等.高速铁路建设对我国铁路运输的影响[J].西南交通大学学报,2016,51(3):525-533.

[6] 林森,宋彬云.我国铁路运输发展战略的SWOT分析[J].铁道运输与经济,2003,25(9):1-3.

[7] 徐利民.国外铁路快捷货物运输发展与启示[J].铁道货运,2012,9:15-22.

[8] 许旺土,郁珊珊,何世伟.基于运达时间可靠性的快捷货运服务网络运输能力计算[J].铁道学报,2013,35(5):8-14.

[9] 郑亚晶,张星臣,徐彬,等.铁路路网运输能力可靠性研究[J].交通运输系统工程与信息,2011,11(4):16-21.

[10] 张红斌,董宝田.基于物理网络的客运专线网络承载能力研究[J].交通运输系统工程与信息,2013,13(4):142-148.

[11] 严贺祥, 林柏梁, 梁栋. 铁路网多项目多阶段投资规划模型[J]. 铁道学报, 2007, 29 (3): 19-24.

[12] 彭其渊, 文超. 轨道交通调度指挥智能化及风险预警[M]// "10000个科学难题"交通运输科学编委会. 10000个科学难题·交通运输科学卷. 北京: 科学出版社, 2018.

[13] Cacchiani V, Toth P. Nominal and robust train timetabling problems[J]. European Journal of Operational Research, 2012, 219: 727-737.

[14] Besinovic N, Goverde R M P, Quaglietta E, et al. An integrated micro-macro approach to robust railway timetabling[J]. Transportation Research Part B: Methodological, 2016, 87: 14-32.

[15] 张超, 孙兴斌, 孟令君, 等. 铁路大型客运站客运通道通过能力研究[J]. 铁道学报, 2014, 4: 1-6.

[16] Goverde R M P, Corman F, D'Ariano A. Railway line capacity consumption of different railway signalling systems under scheduled and disturbed conditions[J]. Journal of Rail Transport Planning & Management, 2013, 3 (3): 78-94.

[17] 姚向明. 城市轨道交通网络动态客流分布及协同流入控制理论与方法[J]. 北京交通大学学报, 2015, 41 (36): 45.

[18] Hassannayebi E, Zegordi S H, Amin-Naseri M R, et al. Train timetabling at rapid rail transit lines: a robust multi-objective stochastic programming approach[J]. Operational Research, 2017, 17 (2): 435-477.

[19] 刘岩, 郭竞文, 罗常津, 等. 列车运行实绩大数据分析及应用前景展望[J]. 中国铁路, 2015, 6: 70-73.

[20] 庄河, 文超, 李忠灿, 等. 基于高速列车运行实绩的致因-初始晚点时长分布模型[J]. 铁道学报, 2017, 39 (9): 25-31.

[21] 周磊山, 秦作睿. 列车运行计划与调整的通用算法及其计算机实现[J]. 铁道学报, 1994, 16 (3): 56-65.

[22] 谢玉洁, 韩宝明, 许惠花. 城市轨道交通与地面常规公交的客运一体化[J]. 都市快轨交通, 2006, 19 (1): 32-34.

[23] Yang X, Li X, Ning B, et al. A survey on energy-efficient train operation for urban rail transit[J]. IEEE Transactions on Intelligent Transportation Systems, 2016, 17 (1): 2-13.

第七章 城市轨道交通

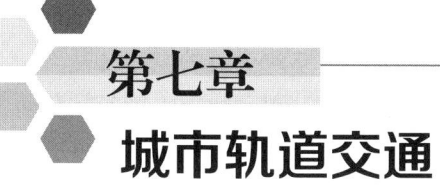

第一节 概 述

城市轨道交通（urban rail transit，URT）是轨道交通学科领域的重要组成部分。作为一种新型的城市公共交通系统，因其特有的轨道交通属性，与其他种类的城市公共交通系统相比，城市轨道交通具有运量大、速度快、安全、准点、保护环境、节约能源和用地等特点，并且与城市化进程密切相关。世界各国普遍认识到：解决城市交通问题的根本出路，在于优先发展以轨道交通为骨干的城市公共交通系统。城市轨道交通建设已经成为我国大中型城市解决居民出行，改善公共交通问题，实现城市绿色、环保和可持续发展的重要手段。

城市轨道交通系统的制式多样、技术集成度相对密集、运距短而行车频率高、乘客数量大且运行空间狭窄、与城市交通和居民生活联系密切等特性，为其学科领域的研究与发展提供了极其广阔的空间。

本章在阐述国内外城市轨道交通学科的研究现状、分析面临的主要问题和发展趋势的基础上，结合国家轨道交通工程发展的重大需求，总结城市轨道交通未来发展的重点研究方向，凝练该领域面临的重大关键科学技术问题，并对未来学科发展提出规划及相应的保障措施建议。

一、城市轨道交通的定义及分类

（一）城市轨道交通的定义

城市轨道交通一般可定义为：采用专用轨道导向运行的城市公共客运交通系统。城市轨道交通是一种具有固定线路、铺设固定轨道、配备运输车辆及服务设施等特色的公共交通设施。

一般而言，广义的城市轨道交通是指以轨道运输方式为主要技术特征，在城市公共客运交通系统中，具有中等以上运量、起骨干作用的现代化立体交通系统，主要为城市内（含郊区及城市圈范围）的公共客运交通服务。

（二）城市轨道交通的分类

按照我国《国民经济行业分类》（GB/T 4754—2017）的规定，城市轨道交通（代码5412）属于道路运输业中的城市公共交通运输类别。

经过100多年的发展，当今世界城市轨道交通的形式多种多样，可以说是百花齐放。各国对城市轨道交通的分类方法不一致，同一轨道交通类型也存在不同的称谓。归纳起来主要可以从运营范围、运输能力、路权、敷设方式、支撑和导向方式、牵引方式等方面进行分类。

根据我国城镇建设行业标准《城市公共交通分类标准》（CJJ 114—2007），城市轨道交通分为地铁系统、轻轨系统、单轨系统、有轨电车、磁浮系统、自动导向轨道系统、市域快速轨道系统7个类别[1]。

由于新技术装备系统的发展，中国城市轨道交通协会2020年发布的团体标准《城市轨道交通分类》（T/CAMET 00001—2020），将上述7个类别又细分为地铁系统、市域快轨系统、轻轨系统、中低速磁浮交通系统、跨座式单轨系统、悬挂式单轨系统、自导向轨道系统、有轨电车系统、导轨式胶轮系统、电子导向胶轮系统10个类别。

1. 地铁系统

地铁是一种大运量的轨道运输系统，采用钢轮钢轨体系，标准轨距为1435 mm，主要在大城市地下空间修筑的隧道中运行，也可在地面或高架桥上运行。按照客运能力划分，可分为高运量地铁和大运量地铁。高运量地铁单向运输能力通常大于5万人次/h，大运量地铁的单向运输能力为3万～5万人次/h。地铁的列车间隔可缩短至120 s或更短时间，列车编组4～8辆或更多车辆编组[1]。地铁是目前我国城市轨道交通各种制式中最多的系统，占比接近 80%。

根据各地类似系统的发展起源与使用习惯不同，常将地铁称为：Metro（法国巴黎、中国部分地区）、MRT（新加坡，以及中国的台北、高雄等）、MTR（中国香港）、Underground Railway（英国）、Overground（地上轨道）、Subway（美国及周边地区、北京）、Tube（伦敦）、U-Bahn（德国）。

地铁系统的主要特点归纳如下：①地铁适用于大中城市客运交通的骨干线路，主要应用于市区及近郊；②可设置在地下隧道内，也可设置在地面或高架桥上；③采用双线或单线往复运行的全封闭线路，独立专用路权；④一般采用钢轮钢轨支撑和导向，旋转电机或直线电机牵引；⑤单向运输能力在 3 万人次/h 以上；⑥全线设独立信号系统，统一指挥调度列车运行保障运行安全；⑦地铁项目一般投资巨大、工期较长，是城市重要的基础公共设施。

2. 轻轨系统

一般认为，轻轨系统是在传统的有轨电车系统基础上，利用现代技术进行改造后形成的轻轨交通（light rail transit，LRT），一般采用全封闭或部分封闭的线路、专用的轨道。国际上对轻轨的内涵和名称并不统一，郭宝和李玉婷[1]中的轻轨系统是指采用钢轮钢轨体系的中运量系统，主要特征如下。

（1）轻轨系统主要服务于市区，适用于特大城市的辅助线路或大中城市的骨干线路，可设置在地面或高架桥上，也可设置在地下隧道内。轻轨与地铁系统的差异较小，二者之间没有清晰的界限，有时也称为轻量级地铁。

（2）采用独立路权的全封闭线路或部分封闭线路。

（3）轻轨可作为中等城市（人口 50 万～100 万）轨道交通的主干线和大城市（人口 100 万以上）轨道交通的次干线。单向运输能力为 1 万～3 万人次/h；

（4）采用钢轮钢轨支撑和导向，旋转电机或直线电机牵引。我国（不含港澳台地区）采用旋转电机牵引的轻轨车辆为 C 型车，采用直线电机牵引的地铁车辆为 LC 型车。

（5）全线设独立的信号系统。轻轨技术成熟，由于其结合了有轨电车和地铁的技术特点，轻轨交通系统的功能和适用范围更为实用与机动灵活，适用于市内、市郊、机场联络等中短距离运输，具有较大的优越性和广阔的发展空间。

3. 有轨电车

有轨电车（tram，streetcar，tramcar）是一种由电力驱动，在地面上与其他交通工具混行的轨道交通，简称电车，是一种低运量的城市轨道交通系统。它起源于城市公共马车，是最早发展的城市轨道交通之一，一般设在城市中心穿街走巷运行，具有上下车方便的特点。

中国第一条有轨电车线于1906年在天津北大关至老龙头火车站（现天津站）建成通车，随后上海、大连、长春、鞍山、北京、南京等城市相继修建了有轨电车或电铁客车。进入21世纪后，随着有轨电车技术的发展，新一代有轨电车（或称现代有轨电车）在欧洲得到迅速更新发展，中国的现代有轨电车开始进入发展和探索阶段。

根据道路条件，有轨电车可分为三种情况：①混合车道、全开放型的路面有轨电车；②半封闭专用车道有轨电车（在道路平交道口处，采用优先通行信号）；③全封闭专用车道有轨电车（在道路平交道口处，采用立体交叉方式通过）。

4. 单轨系统

单轨系统（monorail）又称独轨，是一种车辆与特制的轨道梁组合成一体运行的中低运量胶轮-导轨系统。轨道梁不仅是车辆的承重结构，同时也是车辆运行的导向轨道。单轨系统主要有两种类型：一种是车辆骑跨在轨道梁上运行，称为跨座式单轨系统；另一种是车辆悬挂在轨道梁上运行，称为悬挂式单轨系统[1]。无论是哪种车型，相同的特点是车辆分设走行轮和导向轮。单轨交通与传统地铁的技术差异主要体现在车辆的转向架、轨道梁和道岔三个方面。目前，我国重庆和芜湖已经开通跨座式单轨线路。

单轨系统的主要技术特征如下。

（1）运输能力。它属于中低运量系统，单向运输能力在1万～3万人次/h。

（2）环境适应性。它采用全封闭线路，独立路权；通常以高架结构为主，利用道路上部空间设高架桥，具有土地占用较少、轨道梁宽度窄、占用空间小等优点，对复杂地形有较好的适应性，选线容易；车轮采用胶轮结构，黏着性能好，有利于适应急转弯及大坡度场合。

（3）走行方式。车体在走行轨上面（跨座式）或下面（悬挂式）。

5. 磁浮系统

磁浮系统（maglev）是采用直线电机牵引，依靠电磁吸力或斥力将列车悬浮于空中，并进行导向运行的一种无轮轨接触的运输方式，车辆不需要设车轮、车轴、齿轮传动等机构，主要在高架桥上运行，也可在地面或地下隧道中运行。目前，磁浮系统主要有两种基本类型：一种是高速（160～600 km/h）磁悬浮系统，另一种是中低速（100～160 km/h）磁悬浮系统。磁浮系统在世界上还处于新兴技术发展阶段，在城市轨道交通领域的应用经验还有待不断总结。

6. 市域快速轨道系统

市域快速轨道系统（urban rail rapid transit system）简称市域快轨，也可称市域铁路，是一种主要服务于城市郊区和周边新城、城镇与中心城区联系，并具有通勤客运服务功能的中、长距离的大运量城市轨道交通系统，在我国具有巨大的发展空间。

市域快速轨道系统主要在地面或高架桥上运行，必要时也可设置在地下隧道内，其制式并没有特别的限定，可以根据线路的功能定位、沿线的土地利用规划、自然条件、环境保护等综合确定。市域快速轨道系统运量大、速度高，单向输送能力可达 8 万人次/天以上，最高运行速度可达 160～250 km/h。

7. 自动导向轨道系统

自动导向轨道系统（automated guideway transit system，AGT），也称为胶轮导轨系统，是一种车辆采用橡胶轮胎在专用轨道上运行的中低运量旅客运输系统。各国对这种新型客运交通系统的分类及名称各不相同，例如，在日本称为新交通系统，在法国称为 VAL 系统。

为了控制车辆轴重，保证胶轮运行安全，常采用小车辆、短列车、自动导向，由计算机集中控制实行自动控制运行。AGT 系统可以分为三种形式：一是轨道中央引导方式；二是侧向引导方式；三是中央引导和侧向引导方式的混合。其中，具有代表性的有美国和日本的 AGT 系统，其主要作为一种穿梭式或环形式往返运送乘客的短距离交通工具。

8. 各种城市轨道交通类别的适用环境

城市轨道交通的各种类别适用于不同的应用环境和场所，应根据城市实际需求情况和环境特点来确定采用合适的类别。各种类别的城轨系统与常规公交汽车、电车互相有机配合，共同组成城市公共交通综合交通体系，可高效、快速、便捷地满足城市人口的出行需求。

地铁系统和轻轨系统适合于大城市及中等城市中心区有大密度客流的地区与方向；单轨系统和磁浮系统适合于城市市区中心之间，甚至市区（主要是中、小城市）等有相当客流量的方向与地区；有轨电车和自动导向轨道系统适用于较小运量的地区或方向；市域快速轨道系统适用于城市中心城区与市郊之间，以及市郊与市郊间有较长出行距离要求及相当客流密度的地区。

二、世界城市轨道交通的发展历程

自 1825 年 9 月 27 日世界上第一条铁路在英国诞生以后，铁路得到了飞速的发展，当时是以蒸汽为动力（图 7-1）。

图 7-1 世界上第一台蒸汽机车[2]

城市的发展，也带动了城市轨道交通的发展，进而使城市交通的马车时代结束。世界城市轨道交通的发展大致经历了以下几个阶段。

（一）诞生和初始发展阶段（1863～1924 年）

1863 年 1 月 10 日世界上第一条采用蒸汽机车牵引的地铁在英国伦敦建成。1888 年在美国弗吉尼亚州的里士满，世界上第一条电气化的有轨电车线路正式开通运行，在此后的 60 年内地铁得到了初步的发展，世界上十余个城市修建了地铁。

（二）停滞和萎缩阶段（1925～1949 年）

战争和汽车工业的迅速发展，促使城市轨道交通处于停滞和萎缩状态，其间世界上仅有 5 个城市新建了地铁，有些有轨电车线路还被拆除。

（三）再发展阶段（1950～1969 年）

因汽车造成城市交通的堵塞和污染，轨道交通再呈生机。地铁建设从欧美扩展到亚洲，共有 17 个城市新建了城市轨道交通系统。

（四）高速发展阶段（1970 年至今）

20 世纪 70 年代和 80 年代是世界各国修建城市轨道交通的高峰期。现在世界上有 140 多个城市修建了城市轨道交通线，总长超过 26 100 km。当今世界的大城市中，轨道交通已在公共交通系统中处于骨干地位，例如，东京的轨道交通占公共交通的 94%，伦敦的轨道交通占公共交通的 89%。图 7-2 为世界上第一台靠两根钢轨传输电能的有轨电车。

图 7-2　世界上第一台靠两根钢轨传输电能的有轨电车[2]

截至 2020 年底，全球有 77 个国家和地区的 538 个城市开通了城市轨道交通系统，总里程超过 33 346.37 km，其中地铁、轻轨、有轨电车各占 53%、5% 和 42%。2019 年，全球地铁和轻轨累计运送乘客超 707 亿人次，平均负荷强度为 1.03 万人次/（d·km）[3]。

三、我国城市轨道交通的发展概况

（一）我国城市轨道交通工程建设与规划概况

自 1965 年北京建设第一条地铁起，2000 年以前全国城市轨道交通运营线路总长 146 km。2001~2005 年建成 399 km，2006~2010 年建成 910 km，2011~2015 年，建成 2019 km。

"十三五"以来，截至 2020 年底，中国（不含港澳台地区）有 57 个城市，在建线路总规模 6797.5 km，在建线路 297 条（段），共有 67 个城市的城轨交通线网规划获批，在实施的建设规划线路总长达 7085.5 km[4]。

（二）我国城市轨道交通运营概况

截至 2020 年底，中国（不含港澳台地区）共有 45 个城市开通城市轨道交通运营线路 244 条，运营线路总长度 7969.7 km。其中，地铁运营线路 6280.8 km，占比 78.8%；其他制式城轨交通运营线路 1688.9 km，占比 21.2%。当年新增运营线路长度 1233.5 km[4]。

（三）2020 年我国城市轨道交通运营客运量统计

2020 年，城轨交通累计完成客运量 969.4 亿人次，年平均客运量 194 亿人次，比"十二五"期间年平均客运量 106 亿人次增长 83%[4]。

（四）我国城市轨道交通快速发展的基础

1. 发展城市轨道交通可实现城市可持续发展

城市社会经济的发展，需要安全、高效、清洁、经济的城市交通运输系统。与传统城市交通运输形式相比，城市轨道交通以其巨大的优势与城市社会的经济发展目标相协调，与城市可持续发展目标相一致。

2. 国内经济的快速增长为轨道交通的发展提供保障

党的十八大提出，2020 年我国国内生产总值和城乡居民人均收入比 2010 年翻一番[5]。轨道交通建设属于国家的基础设施建设，在国家基础设施建设刚性需求的大背景下，轨道交通的投入将会持续增加，为轨道交通的发展提供了保障。

3. 有利于构建城市群和都市圈完善的综合交通体系

城市轨道交通的客流来源于城市内部和城市郊区的主要中心乡镇之间、城市组团与次中心城镇之间。从各种运输方式的运距来看，定位为中短途城市的城际轨道交通系统可更好地衔接既有铁路线路与市内交通。将铁路网、城际网、市内公共交通线路网综合布局，有助于更好地完善综合运输体系。

4. 我国轨道交通装备制造技术和产能处于世界先进地位

通过多年努力，我国铁路建造与轨道交通装备制造技术和产能已经处于世界先进地位，为城市轨道交通快速发展提供了坚强的支撑条件。

（五）我国城市轨道交通发展前景

根据国务院批准地铁建设的指标来看，我国有50个城市满足地铁建设的标准，未来我国大约有229个城市有发展城市轨道交通的潜力。据不完全统计，2050年前规划的地铁与轻轨的线路将增加到289条，总里程数达到12 000 km[6]。加上各种制式城市轨道交通的发展，远期规划总里程数预计将达到30 000 km，发展空间巨大。

四、城市轨道交通行业的特点

（一）城市轨道交通具有与铁路不同的技术特点

城市轨道交通由轮轨铁路衍生发展而来，它与铁路系统最基本的一致点，就是依赖于轮轨黏着来实现列车的牵引、控制与制动。因此，城市轨道交通与铁路有着许多相同的共性技术。但由于城市轨道交通与铁路在运输功能和运营环境方面有着显著差异，因此城市轨道交通也具有诸多与铁路完全不同的技术特点：①列车负载变化大，高起动加速度和高制动减速度且频繁启停的牵引与制动性能；②适应2分钟甚至1.5分钟的高密度列车追踪间隔能力和准确的无人自动运行功能；③大容量和快速方便疏散乘客能力的轨道交通装备和乘客服务系统；④特殊的线路平纵断面、站间距和枢纽车站设计；⑤直流供电制式，接触网或受电轨取流模式；⑥更高的减振降噪、列车空调能力要求；⑦公交化票务系统。

正因为城市轨道交通与铁路在技术性能和技术标准方面存在上述显著差异，其关键技术的发展目标也和铁路系统有不同要求。

（二）城市轨道交通比城市公交其他系统具有明显的优势

就解决城市居民出行问题而言，城市轨道交通系统与其他城市公共交通系统比较，在行车速度、列车行车时间间隔与运转密度、乘客乘车环境与服务水平、节能环保、安全性等多方面具有明显优势，是其他非轨道交通工具系统无法比拟的。

1. 运能大

列车编组辆数多且具有较大的运输能力。单向高峰每小时的运输能力最大可达到 3 万～6 万人次，甚至达到 8 万人次；轻轨可达到 1 万～3 万人次，有轨电车能达到 1 万人次。

2. 速度快、准时

与常规公共交通相比，公共电车、公共汽车的旅行速度一般为 10～20 km/h；城市轨道交通的旅行速度可达 30～40 km/h。2018 年，国内城轨交通平均旅行速度为 35.3 km/h，是城市其他公共交通方式旅行速度的 2～3 倍。同时其不受气候影响，是全天候的交通工具，列车能按运行图运行，具有可信赖的准时性。

3. 安全、可靠

城市轨道交通一般处于封闭、半封闭状态，运行在专用轨道上，没有平交道口，不受市内道路交通的干扰，并且有先进的通信信号设备，其保障系统的安全可靠性标准较高，极少发生交通事故。与其他公共交通系统相比，事故率较低。

4. 舒适性好

与常规公共交通相比，城市轨道交通具有较好的乘车环境和条件。其列车具有较好的平稳运行特性，同时车辆、车站等装有空调、引导装置、自动售票机、自动扶梯、乘客信息系统等直接为乘客服务的设备，较好地实现了以乘客为中心的运营服务标准，舒适性优于公共电车、公共汽车。

5. 节约用地

城市轨道交通充分利用了地下和地上空间的开发，不占用地面街道，能有效缓解由于汽车大量发展而造成的道路拥挤、堵塞，有利于城市空间合理利用并有效改善城市景观。轨道交通每运送 1 名乘客所用占地面积，仅为其他城市交通的百分之几，大大提高了土地利用价值和城市空间利用率。

6. 绿色节能环保

与公共电车、公共汽车相比，城市轨道交通节省能源，运营费用较低。以每人每千米的能耗计，轨道交通、道路公共汽车、小汽车的能耗比为 1：1.8：5.9。轨道交通是社会成本最低的运输方式，它同时解决了城市交通的拥堵、污染和安全三大难题，是一种理想的绿色环保交通体系，对我国实现"双碳"目标具有重要意义。

（三）城市轨道交通技术装备及管理体系庞大

城市轨道交通不是单一的技术体系，为了满足城市公共交通安全、大容量、快速、便捷和舒适的特殊需求，整个系统的技术装备涉及车辆、轨道、通信、信号、供电、环控通风、给排水、消防、综合监控、售检票、安检、自动扶梯及电梯、照明、屏蔽门/安全门、旅客导引指示、车站辅助设施、停车及站场设施、应急抢险、安装维修设备等众多领域，体系庞大，各系统间的接口关系又十分复杂。

一座大城市的轨道交通线路往往长达数百千米乃至上千千米，车站多达数百座，项目工程量大且周期长。众多的参与单位、专业、工种、人员之间的工作协调难度大，给项目建设的规划、工程设计、建设施工、装备制造以及运营管理带来了一系列高标准的要求。因此，必须制定大量可行的技术标准规范，由高素质的机构组织进行严密的管理来有计划地实施。

（四）城市轨道交通对城市发展具有重要作用

城市轨道交通是城市建设中最大的公益性基础设施之一，对城市的布局和发展模式有深远的影响。自 20 世纪 90 年代起，开始出现了 TOD 的模式。世界上各发达国家的城市和地区（如纽约、巴黎、伦敦、东京、大阪等），都采用 TOD 模式，建成了以城市轨道交通为骨干的城市公共交通体系，既极大地改善了城市的交通环境，又促进了城市合理形态的构建[7]。

目前，TOD 模式被广泛应用于城市开发中。东京的 TOD 通过轨道形成站点联结，全面形成了城市和车站的融合，在 20 km 范围内形成超过 800 万人的核心城区。图 7-3 为日本东京二子玉川轨道交通 TOD 实景。

图 7-3　日本东京二子玉川轨道交通 TOD 实景

五、我国城市轨道交通技术装备的发展概况

国内城市轨道交通机电设备系统的发展大体上经历了四个阶段，见表 7-1。

表 7-1　国内城市轨道交通机电设备系统发展历程简况

发展阶段	年 份	城 市	系统构成	技术水平	供应厂商	运营管理
第一阶段	1965～1984 年	北京、天津	独立分散	传统工艺	国内	人工操作为主
第二阶段	1985～1999 年	上海、广州	部分集成	核心设备采用最新技术	关键设备大部分国外	自动化程度较低
第三阶段	2000～2015 年	一二线城市	集成度提高	普遍采用最新技术	发展国产化关键设备国外	自动化程度提高
第四阶段	2016 年至今	各地城市	多数集成	开始采用全自动运行	国产化比例进一步提高	开始实施信息化智能化

目前，我国已建成一批具有国际先进水平的轨道交通装备制造基地（图 7-4），生产能力已居世界领先地位。我国形成了以主机企业为核心、以配套企业为骨干、辐射全国的轨道交通装备制造产业链。轨道交通装备产业通过引进消化吸收再创新，整体研发能力和产品水平大幅提升，初步掌握了高速动车组、大功率交流传动机车、重载和快捷货运列车、城轨车辆、大型养路机械、列车运行控制、行车调度指挥、计算机联锁、综合监控等产品制造技术。

图 7-4 轨道交通车辆生产制造基地组装车间

六、城市轨道交通在轨道交通学科中的地位和作用

（一）城市轨道交通系统与轨道交通其他类别系统具有共同的基本属性

在整个轨道交通大家族中，城市轨道交通与铁路、城际铁路等系统都具有轨道交通的主要基本属性，技术类别和系统组成都体现了轨道交通的特色，属于轨道交通中极其重要的组成部分。在学科门类和人才培养等方面都与轨道交通其他类别基本相同或类似。

城市轨道交通系统的基本要素包括以下几个方面。

（1）装备。可分为两类。一类是固定设施，如线路、车站、车辆段、环境系统、指挥控制系统（信号、联锁、闭塞系统）等；另一类是移动设施，如动车组、自动停车装置等。系统为乘客提供出行服务时，与顾客直接接触的是车站内的各种设施（如自动扶梯、自动售检票系统、座椅等）和车内的各种设施（如座位、各种信息设施等），这些设施的数量与质量直接影响乘客出行的方便性与舒适性。

（2）人员。可分为两类。一类是乘客，即被服务者，他们的出行需求各不相同，要求各异，因此为系统的运营带来较高的要求；另一类是系统内部的职工，包括第一线的基层职工、后勤和管理人员等，他们是服务的提供者，要求具有较高的素质。

（3）技术与管理。包括各种作业技术、标准、方法和管理制度，属于系统的软件部分，主要是为了保证系统能够持续、高效、可靠地运行。

（二）城市轨道交通的应用环境具有鲜明的城市特色

城市轨道交通的基本功能是为城市人口（包括居民与流动人口）提供大众化的出行服务。由于它具有速度快、容量大的基本特性，因而特别适用于市内和城郊之间大规模、集中性、定点、定时、定向的出行需求，起到城市客流组织的主导作用，其效果是其他交通系统无法替代的，成为现代城市综合公共客运交通体系的骨干。其应用环境具有鲜明的城市特色，这是与铁路应用最主要的区别，因此，在学科建设中应给予其充分的重视。

（三）城市轨道交通拓展了轨道交通学科的应用范围

城市轨道交通以城市公共交通客运服务为特色，其具有的城市公共交通的基本属性拓展了轨道交通的应用范围，丰富了轨道交通学科领域的内涵。

城市轨道交通所服务的地域位于城市中心和周边地区，与城市规划和经济发展密不可分，由此它的学科领域产生了一系列跨界的技术与管理层面的新课题。例如，城市圈城镇规划布局、城轨线网规划、城市综合公共交通体系基本架构、围绕车站和交通枢纽的开发、在密集城区的地下空间开发利用、施工建设与城市运行的关联性、居民出行方式与客流预测、线路空间走向（地面、地下、高架、深基坑、小半径、大坡度）的特点、大客流高密度的客运管理、车辆高频率启动加减速与低地板、全自动运行、不同制式交通系统的互联互通、智慧运维与智慧城市的融合、系统安全与应急管理等。这些新课题给城市轨道交通学科领域的建设带来了巨大的发展空间。

（四）城市轨道交通具有多种层次的轨道交通型式

根据其运能大小，城市轨道交通系统大致可划分为三个层次：一是大运量的轨道交通方式，主要是地铁和市域快速轨道，适用于市中心区和市郊有大密度客流的地区与方向；二是中等运量的轨道交通方式，主要是指轻轨、单轨和磁浮系统等，适用于市郊间、市区次中心之间，甚至市区（主要是中、小城市）等有相当客流量的地区与方向；三是低运量的轨道交通方式，主要是指有轨电车和自动导向轨道系统，适用于较小运量的地区或方向。这三个层次的系统制式、技术标准、运营模式都有很大差别，因此，在学科领域中需要进行明确的学科划分，分别进行专门研究。

（五）城市轨道交通成为城市综合交通系统的核心

城市综合交通系统具有多重结构。上述城市轨道交通的三个层次与常规公交汽车、电车互相有机配合，所构成的城市综合交通系统可高效、快速地满足城市人口的公共交通出行的需求。

城市轨道交通依靠所具有的轨道交通特点，使其成为城市综合交通系统的核心，起到客流组织的骨干作用。首先，城市综合交通网络的骨架与主干（"大动脉"）是轨道交通和机动车快速干道，采用高架或地下全隔离系统；其次，辅助与补充（"一般血管"）是轨道交通或公交干线、机动车城市干道，地面部分隔离；最后，集疏与延伸（"毛细血管"）是延伸至居民区及其他功能区的公交线路、机动与非机动车城市道路。几个部分如何以城市轨道交通为核心，有机地组成高度有效的城市综合交通系统，在学科建设中需要综合考虑相互间的关联性。

（六）城市轨道交通领域管理的基本内容

城市轨道交通领域管理的基本内容涵盖规划管理、建设管理、运营管理和经营管理四个方面，在学科建设中需考虑相应的专业设置。

1. 规划管理

城市轨道交通系统的规划就是要做到系统内部线路网络的合理分布，运输能力的合理分配，与其他交通子系统（如常规公交、汽车、自行车等）的相互协调，进一步与城市社会经济大系统相协调，以满足现代城市人口迅速、舒适、频繁的出行需求。学科主要包括：城市发展规划、城市轨道交通线网规划、TOD研究、环境保护规划等。

2. 建设管理

城市轨道交通系统的建设管理包括两个方面。一是建设计划的管理。城市轨道交通系统的建设，一般采用逐线甚至逐段的建设方案，为了保证系统能够有计划地建成和投资效益的最大化，必须制定切实可行的财政援助计划、资金筹措计划等，同时进行最佳建设时机和建设顺序的研究。二是建设过程的管理。学科内容主要包括：可行性研究、标准编制、设计管理、项目管理、资产管理、工程筹划、装备制造、施工管理、质量管理、安全管理等。

3. 运营管理

城市轨道交通运营管理包括客运管理和行车管理，是指对城市轨道交通系统各类要素（包括人员、设备、技术和管理）的计划、组织、指挥、协调与控制，目的是充分发挥系统的效率，确保乘客出行的质量。学科主要涉及安全与应急管理、生产调度、运维管理、技术管理、财务管理等。

4. 经营管理

经营管理涉及资本运作、物业开发与管理等方面，可弥补轨道交通运营亏损，减少政府补贴，以保障城市轨道交通的持续和健康发展。学科以经济类为主。

七、城市轨道交通建设进程中遇到的主要问题

（一）人均拥有城市轨道交通里程数偏低

我国一线城市轨道交通现状与国外大城市相比差距甚远。以我国城市轨道交通运营里程最多的上海、北京为例，2020年末，上海市全市常住人口总数按2423.78万人计算，每万人拥有城市轨道交通里程数为0.344 km；北京市全市常住人口总数按2154.2万人计算，每万人拥有城市轨道交通里程数为0.371 km。法国巴黎的水平为0.909km/万人，都相差甚远。其他二三线城市的轨道交通更是处于起步阶段。2017年，国外轨道交通人均城轨长度为0.39 km/万人，而我国轨道交通人均城轨长度为0.12 km/万人，人均城轨拥有量增长空间巨大[7]。

（二）一二线城市轨道交通客流增长迅猛

随着城市体量和城市轨道交通建设规模的扩大化，除北京、上海、广州、深圳这些一线城市的轨道交通客流高位运行和继续增长外，一些新一线城市（如成都、西安、南京、武汉、杭州、长沙、郑州等），也开始形成网络，客流同步快速增长，有的客流强度甚至超过北京、上海。轨道交通客流占城市公共交通客运总量比例的上升，也给城市轨道交通的运营管理带来了诸多问题，如拥挤带来的安全隐患、管理人才缺乏、运维成本上升、与城市交通一体化的协调等[6]。

（三）城市综合交通一体化需求迫切

综合交通一体化是实现城市运输体系的重要环节，城市运输体系是国民经济体系的组成部分，其任务是满足社会生产、商品流通和人民出行的运输需要。运输体系内有铁路运输、公路运输、水路运输、航空运输和管道运输等多种运输方式，每种运输方式各有不同的技术经济特点，可适应不同的自然地理条件和运输需要。

中国的国情与西方发达国家不同，城市建设规模大、建设速度快、人口众多、民众习俗不同，城市轨道交通网络化运行的需求迫切，高铁网络发达。高铁、市域快轨、城市轨道交通、城市其他公共交通的四网融合成为当务之急。城市轨道交通建设必须统筹考虑城市公共交通，形成匹配合理、衔接紧密的综合公共交通网。

（四）轨道交通建设投融资模式亟待改革与创新

我国轨道交通在建设运作上最初是由政府全面掌握，建设的投资费用都由政府出资。随着轨道交通事业发展越来越迅速，从运作形式上也向多元化和市场化转变，逐渐形成政府引导、社会参与、市场运作的投资格局。

分析国内运转较好的轨道交通城市（如广州、上海），其资金来源主要有三个。一是政府投入。政府投入的资金包括市财政资金和区财政资金。二是项目借款。项目公司借入内外债运用于项目建设中。三是沿线土地开发收益。这项资金来源被认为是解决轨道交通投融资问题的关键所在，目前在香港地铁运用较为成功。

近期，国家有关部门密集出台了一系列包括城市轨道交通在内的基础设施投融资的相关政策。在此阶段，可探索多种融资模式，如建设-经营-转让（build-operate-transfer，BOT）、TOD、公共私营合作制（public-private-partnership，PPP）等项目融资，以及股票和债券融资、信贷、租赁、信托等多种方式，以推动融资模式的创新[8]。

（五）促进城市轨道交通可持续发展的政策法规急需完善

轨道交通是一项具有正外部特性的公益性质的公共服务项目，经济回报率低，建设和运营投入资金量大，需要国家出台一系列扶持政策，保证这项公共事业的顺利开展。自2012年9月以来，国家密集出台了一系列政策，但是仍有一些急需解决的方针政策问题，如土地开发利用政策，出台统一建设标准、技术标准、投融资标准政策等。轨道交通事业的可持续发展需要长期规划，有序实施。规章制度的完善、科学技术的进步将会进一步推动我国轨道交通事业又快又好地发展[9]。

（六）国产设备性能及质量需进一步提高，装备标准化工作亟待加强

在轨道交通产业中，技术装备投资最大的是车辆、牵引供电、通信信号、通风空调、屏蔽门、收费系统、车站服务等设施，占到总造价的30%～35%。经过多年来"国产化"战略的实施，通过引进消化和合资合作等多种途径，城市轨道交通技术装备的自主化率逐步提高，大部分产品已基本上实现国产化。下一步工作重点应放在关键核心产品和技术创新上，进一步实现完全自主知识产权。

城轨车辆及主要技术装备的标准化工作亟待加强。例如，我国的城市轨道交通有二十几种转向架，完全可以根据A型车、B型车按不同的速度等级进行标准化、简统化设计；我国的城市轨道信号系统完全可以按互联互通的要求，统一接口标准，按通用性基于通信列车自动控制系统要求进行生产。近些年，全自动运行（fully automatic operation，FAO）系统的技术研发和推广已在国内普遍开展。随着我国自主化产品成为主流，建设规模越来越大，装备的标准化、简统化工作迫在眉睫。目前相关城市和企业已经开展了车辆、信号等装备标准化的研制[10]。

（七）区域化城市轨道交通互联互通问题突出

我国地域广阔，环境条件各异，投资管理体系以城市为中心，实现同一城市轨道交通的互联互通，相对比较容易。城轨交通的互联互通建设，不仅体现在其不同线路之间设备的互联互通和跨线、越线运行，而且体现在其对城市总体规划和资源优化配置的促进功能，更体现在城市和城市间在基础设施、资源开发、产业进步和金融合作的相互支持和交融。

中国城市轨道交通协会已经发布了CBTC互联互通规范，并在重庆地铁二期工程4条线、128 km线路上实现了互联互通。同时，要加强国铁、城际、市域快轨、城市轨道交通的多制式融合（四网融合），充分发挥轨道交通网络化运行的效率[11]。

（八）我国城市轨道交通行业信息化水平亟须提高

我国城市轨道交通行业信息化水平与其他行业相比发展相对滞后，运输生产系统各个专业各自为政，各条线路独立建设运行，信息不能共享。面临的问题是：缺乏行业标准及统一规范，轨道交通行业各个专业、各个环节信息化发展也不均衡。实现智慧城轨、数字轨道交通工程，必须结合城市轨道交通工程行业特点与实际需要进行针对性研究，将云技术、BIM 技术、3S 技术［即遥感（remote sensing，RS）技术、地理信息系统和 GPS］、5G 技术、物联网技术、大数据处理技术等现代信息技术深度融合。城市轨道交通逐步步入网络化运营，庞大的运行网络对信息网络安全的要求也越来越高，这是今后需要大力开展研究和发展的领域。

近期，行业内相关机构已经开始编制智慧城市轨道交通信息系统云架构的有关规范，从需求、技术架构、网络安全角度顶层设计城市轨道交通企业的信息化系统，并在武汉等城市进行试点。

（九）我国城市轨道交通发展差异化日趋明显

各城市轨道交通发展呈现差异化局面。一是发展阶段各异。有的城市进入线网加密阶段、优化阶段，有的刚开始形成网络，还有的刚起步。二是制式需求侧重不同。不同地区和区域的城市对城市轨道交通制式的需求各异，各种制式全面发展，对制式引起的技术差异需求出现多样化局面。三是各城市工作重点不一致，有的重点是规划，有的是建设工程和人才储备，有的是建设运营并重。

这种差异化给城市轨道交通行业的发展带来了"百花齐放"的局面，同时给行业的均衡稳步发展带来了一系列无法预计的新问题，用简单一刀切的办法来解决会引起诸多弊端。因此，需要考虑不同的经济发展程度和城市规模等具体情况，精准地制定相应的政策。

（十）城轨现代运维技术改进与专业服务体系建设需要创新

目前，我国城市轨道交通设备维修大多参照原有铁路的检修制度，以计划预防维修为主。计划性预防维修存在维保与设备实际使用情况不符、检修周期依据不一定合理、未考虑合理的经济寿命、未考虑潜在隐患、忽略了设施设备的潜在故障等缺点，严重影响城轨运营的经济性和安全性，需要大力改进基于最新科技的现代智慧运维技术和维保制度。

此外，我国城市轨道交通智慧运维专业服务体系尚未形成，存在一系列问题：①轨道交通智慧运维专业服务体系尚未建立，大部分属于空白状态。专业服务市场规模小、服务品种少而分散，且极不规范；②轨道交通智慧运维技术手段与建设运营规模不相称，技术创新步伐亟须加快；③轨道交通智慧运维技术标准体系亟待完善；④高水平的轨道交通智慧运维专业服务机构和人才奇缺；⑤轨道交通智慧运维专业服务市场尚未与资本市场有机对接。

随着城市轨道交通的蓬勃发展，采用现代智慧运维技术，制定更为经济合理的维保制度已刻不容缓。目前，对城市轨道交通智慧运维技术的研究和主动维保制度的改革已经成为行业技术创新的热点[12]。

（十一）城市轨道交通系统安全保障和应急管理体系建设亟须加强

1. 安全形势严峻

不断扩大的建设和运营规模，给城市轨道交通安全带来的压力与日俱增，但是由于历史及其他各方面的原因，国家层面的城市轨道交通安全保障与应急管理体系尚不完善，以致对城市轨道交通安全的监管存在缺口，使得国内城市轨道交通项目安全形势的严峻局面始终不能缓解。

此外，城市轨道交通安全物防和技防设施尚需改进、应对突发事件的能力亟待提高。在城市轨道交通建设速度提高和运营规模迅速扩大的同时，不少城市由于建设和运营经验不足，以及专业人员匮乏，在建设、运营过程中不断出现安全隐患，加上自然灾害及国际形势的影响，以致重大恶性事故事件时有发生，对城市轨道交通的健康发展产生负面影响，尽快建立完善城市轨道交通安全保障和应急管理体系的必要性与紧迫性日益显现[13]。

2. 国内城市轨道交通安全管理的现状

我国城市轨道交通安全保障与应急管理体制的发展，是伴随整个行业的发展而不断前进的。但由于历史及体制问题，安全保障与应急管理工作分散在项目的各个阶段中，互不关联，尚未形成整个生命周期内统一有效的监管体制。从国家层面来看，国家各相关部委发布了一系列政策和法规，要求加强城市轨道交通的安全保障和应急管理体系建设工作。2019年11月29日，中共中央政治局就我国应急管理体系和能力建设进行第十九次集体学习，习近平总书记强调充分发挥我国应急管理体系特色和优势，积极推进我国应急管理体系和能力现代化[14]。行业各相关单位机构已开始采取行动，开展了城轨建设和运营安全与应急管理的制度建设及各项实施工作[13]。

目前,我国城市轨道交通安全保障和应急管理工作的开展还存在如下问题需要解决:①法律法规建设滞后,安全保障与应急管理工作的法律依据不足;②由于体制问题,缺乏统一的安全与应急监管机构和相应的监管制度;③安全保障与应急管理技术标准尚未完全覆盖整个体系;④安全认证评估体制刚起步,对系统安全保障与应急管理关键设备国产化的发展尚有制约;⑤系统安全保障与应急管理资金投入不足,影响安全保障与应急管理工作的力度和效果;⑥独立第三方评估认证机构队伍尚未具备成熟经验;⑦相关企业和公众的安全与应急文化建设力度和深度不足;⑧各类专业人力资源严重不足,影响安全保障与应急管理体系的建立。

八、城市轨道交通学科领域的需求

通过前述城市轨道交通的特点,以及对在轨道交通学科中的地位与作用和存在问题的分析可见,城市轨道交通学科领域的需求有其特殊性。

(一)城市轨道交通工程方面的需求

1. 项目规划和工程可行性研究领域

需要进行 TOD 的学科体系建立,开展城市综合公共交通体系学科的跨界融合研究、项目全生命周期的安全规划、加强适合中国国情的生命周期成本(life cycle cost,LCC)领域的技术规范研究。

2. 设计、施工、监理等领域

需要建立 BIM 学科的应用技术系列标准,进行适合不同地质环境的盾构施工装备的研究与技术标准的制定,建立工程全过程安全监控体系、加强地下车站和隧道防水与沉降技术的研究。

(二)城市轨道交通技术装备领域的需求

国内外应用环境条件的多样性和复杂性,导致城市轨道交通各种新制式系统迅速发展,为技术装备的发展提供了极为广阔的挑战与机遇空间。因此,对传统的车辆、通信信号、牵引供电、售检票、综合监控等机电技术装备,以及运营管理和安全保障等学科领域提出了许多崭新的需求,各种形式的运载工具和相关系统装备的技术开发、研制及产业化成为行业的热点[15]。

1. 新型运载系统制式领域

主要聚焦于中低运量的单轨、磁浮、有轨电车、APM，以及市域快轨等系统。对各种不同形式系统的运载工具、牵引方式、动力性能、环境适应性、基础设施、运行模式等学科进行建设，以利于全方位的技术研究、装备研制及产业化推进。

2. 基础研究领域

在基础理论、新型材料、制造工艺、智能化、信息化、自动运行、质量安全及应急管理、认证体系、技术标准规范等领域进行深入研究和学科的完善与建设。

（三）城市轨道交通运营管理方面的需求

目前，一方面，我国城市轨道交通行业正处于大规模的建设过程中；另一方面，一些城市已经开始步入大规模的网络运营阶段，并且运营规模迅速扩大，这给运营管理学科领域带来了许多亟须解决的课题。

1. 运营管理

运营管理需要解决网络运营模式研究、超大规模的客流运行组织、多种公共交通系统的综合运营管理等问题。

2. 安全与应急管理

安全与应急管理是运营管理最重要的工作，需要解决大客流实时监控、突发事件应急处理、城市公共交通安全策略、新型安检系统研发与构建、第三方安全评价体制的建立与完善等问题。

3. 智慧运维

运维成本占到城市轨道交通运营成本的一半以上，而且运维工作技术复杂、专业要求高，对保障安全运营起着极其重要的作用。智慧运维需要建立在自动检验检测、大数据、物联网、云技术等学科的应用研究和开发上。

城市轨道交通各界重点关注的智慧运维产业是即将到来的巨大新领域，

目前已成为行业热点，预计 2030 年后将逐渐成为轨道交通领域最大的投资板块[12]，在学科建设中应予以重点关注和推进。

4. 资源经营

城市轨道交通是具有正外特性的公益事业，为了保持城市轨道交通事业的持续发展，与 TOD 共同考虑进行资源经营规划和开发，可以有效缓解项目建设资金不足和运营企业的运营财政亏损问题。这是学科建设领域的新课题。

（四）城市轨道交通人才方面的需求

综合以上各方面需求可见，城市轨道交通对涉及各种类型工作的高中低人才需求是相当迫切的。因此，在涉及的各类学科的师资队伍培养和教材建设工作中都要进行研究与规划，尤其是中高级学科人才资源的开发。

第二节　国内外研究发展现状和趋势

一、城市轨道交通关键技术的发展状况与趋势

我国城市轨道交通国产化起步较晚，所以实现关键核心技术国产化成为我国发展为城市轨道交通先进国家的标志，关键技术亟待攻克和提高。

20 世纪后期，城市轨道交通发达国家在城市轨道交通技术上取得了瞩目的成绩，在运营组织、基础设施、运行试验、车辆制造、牵引供电及传动、制动系统、通信信号、运营安全保障、新交通系统等方面已具备非常成熟的技术，并且得到广泛的应用，占领了大部分国际市场。

进入 21 世纪以来，随着我国改革开放进程的加快，在国家有关政策的支持下，城市轨道交通行业关键技术有了长足的进步，取得许多突破。经过 20 年左右的努力，我们基本实现了主要技术装备的自主化。然而，由于我国人口众多，幅员辽阔，特别是随着"一带一路"倡议的推进等，我国城市轨道交通的关键技术发展离行业发展的需要还有一定距离。

（一）车辆

1. 车辆系统集成技术

车辆系统集成技术具体体现在节能环保、安全可靠、智能控制、环境适应、舒适性技术等方面。车辆系统集成技术是高强度轻量化车体制造、转向架技术、网络信息技术、自动化柔性化制造技术、总装技术、系统集成测试技术的综合反映，集中体现了车辆的整体综合技术水平。

目前，我国已形成了较大的规模和生产能力，并且建立了相应的创新平台，在生产高速铁路车辆的过程中，积累了车辆系统集成技术的宝贵经验。城市轨道交通车辆系统集成技术与高速铁路车辆系统集成具有类似的技术特性，可以充分利用我国在高速铁路车辆系统集成技术创新平台的成功经验，经部分改进完善建立起我国城市轨道交通车辆系统集成技术的创新平台体系。

车辆系统集成的关键技术如下。

1）车体及其制造技术

车体是车辆结构的主体。车体的强度、刚度，关系到运行安全、可靠性和舒适性；车体的防腐能力、表面保护和装饰方法，关系到车辆的外观和寿命；车体的重量，关系到能耗、加减速度、载客能力乃至列车编组等。

国外车体第三代轻量化不锈钢车体和铝合金车体已经问世。底架边梁用爆炸连接材料、底架用不锈钢、侧墙车顶采用铝合金的混合材料车体也已经问世；轻量化的碳纤维车体也已经研制成功并投入使用；结构用骨架承载、内外板材料选用轻量化、低成本材料的车体也已经在100%低地板车上应用。我国在车体新材料、新结构的研发速度方面与国际先进水平相当。在2018年德国柏林轨道交通技术展览会（InnoTrans 2018）上，中车青岛四方研制的碳纤维地铁车辆引起了世界的关注。

2）转向架技术

国外对转向架的开发与创新始终没有停止过。西门子公司开发了独立旋转轮驱动的SF-30型转向架，应用于100%低地板轻轨车辆Combino，并在此基础上开发了SF-40、SF-50等系列，广泛应用于城市轻轨低地板车辆。法国阿尔斯通公司开发了采用独立轮的TSF-2型转向架，并广泛应用于低地板车辆。日本已经大量应用了铰接式转向架，已经应用的有TR914、TR958等系列。我国在标准地铁车辆转向架方面技术成熟，也有了铰接式转向架产品，但是在低地板车、跨座式单轨车、直线电机车等转向架的研发方面与技术先进国家还有一定的差距。

国内地铁 A 型车（车宽 3 m/3.2 m）和 B 型车（车宽 2.8 m）均全面采用国际上普遍应用的无摇枕转向架。这种转向架具有结构简单、零部件少、重量轻、维修工作量少等优点。转向架采用两系悬挂减振结构，一系采用金属橡胶叠层结构，二系采用空气弹簧，并设有高度自动调整阀，通过排气和供气，自动调整车辆地板面高度，使其与站台面相匹配。地铁 A 型车、B 型车、线性电机车、单轨车、低地板轻轨车等所有不同类型车辆的转向架均已实现国内生产。

3）列车网络控制技术

为了进一步适应列车高速化、智能化、自动化的需要，世界各国正在不断地研制新的列车网络控制技术。列车诊断更加智能、方便、准确，网络控制设备模块化和轻量化水平更高。

国外城市轨道交通系统供应商都推出了自主的基于网络的控制系统，不同公司采用的总线技术和控制策略不尽相同。欧洲、北美普遍采用基于 IEC61375 标准的列车网络控制系统，而日本一直是 HDLC485、ARCnet 及 20 mA 电流环等总线的列车监控系统。以德国西门子公司为例，继 SIBAS-32 列车网络控制系统成功应用之后，其正在开发具有更高功能的新一代 SIBAS-32 系统，将采用当前计算机技术、微电子技术等领域的最新成果。

我国是 IEC/TC9 国际电工委员会轨道交通电气设备与系统技术委员会成员单位，列车网络符合国际标准，自主化的列车控制网络已在高速列车和地铁车辆上普遍采用，以太控制网也已经广泛用于车载检测网络。在列车网络控制技术方面，我国与世界先进国家在同一梯队。

4）节能环保技术

随着国家大力倡导建设节能型社会，轨道客车的节能环保理念已经深入人心。国外发达国家在此方面开展工作较早，尤其是在列车车辆管理、列车阻力控制、列车牵引效率提升、新能源利用等方面研究深入，形成了系列成果。我国永磁牵引、制动能量发馈、车辆空调管理等方面也已经全面进入推广应用阶段。

5）安全可靠性技术

用可靠性、可用性、可维修性和安全性（reliability, availability maintainability, safety, RAMS）指标衡量安全可靠性，已经是国内外各制造行业通用的技术。它可以加强城轨车辆与运行环境集成技术研究，包括轮轨磨耗、弓网磨耗，并研究轮轨客车失效行为和结构疲劳，提升轨道客车风险预测及失效评估能力。

6）环境适应性技术

城市轨道交通车辆应用的场合多种多样，有低温、高温、风沙、雨雪、盐雾等，国外在 20 年前就已经建立起整车环境实验室，用于检验车辆对环境的适应性。我国近些年才大面积开展环境适应性方面的研究，尤其是以中车长春轨道客车股份有限公司研究的高寒地铁车为代表，但是整体技术水平与国外还存在差距。

7）舒适性技术

轨道客车最终的用户是乘客，因此保证乘客的舒适性是衡量系统集成技术最重要的指标，具体包括减振、降噪、电磁防护、压力控制等。欧洲和美国早已形成了完备的技术体系与系列标准，对行业内部的舒适性进行了规范化和标准化的控制。我国在该领域有一定研究，在高速列车上已经形成体系，在城轨列车还没有形成体系和普及，待进一步加强。

2. 列车运行控制技术

列车运行控制系统曾经是我国城市轨道交通设备国产化中最薄弱的环节之一，在我国已经有自主化的 CBTC 系统的基础上，从 2014 年开始，以 CBTC 互联互通规范的编制为抓手，依托重庆地铁二期规划的四条线路，利用国内四个厂家的 CBTC 系统实现互联互通，至 2018 年已经实现了共线运营，2019 年实现跨线运营。

3. 车辆制动技术

制动技术是城市轨道交通车辆的另一个关键技术，直接影响到列车运行安全。各国在发展城市轨道交通车辆的过程中，都把提高制动能力作为一个重要目标进行研究。城市轨道交通车辆与铁路车辆一样，其制动控制模式都经历了一个由空气制动模式向电空制动模式发展的过程。电空制动也是由初期的电气控制发展到目前的计算机控制。微机控制的模拟直通电空制动是当今世界上最先进的城市轨道交通车辆制动控制模式，它具有如下技术特点。

（1）操纵灵活、控制准确、反应迅速并同步，尤其适用于频繁停车的城市轨道交通车辆。

（2）采用混合制动模式。优先并充分利用电制动，电制动不足时由空气制动自动补偿，大大减少了摩擦制动所产生的机械磨耗。

（3）具有常用制动、快速制动、紧急制动功能。其中紧急制动为空气制动模式，它是最高级别的安全制动，用于电气失灵、列车分离、ATP 响应、总风缸压力不足等危急工况下的安全停车。

（4）具有冲动限制及按载重变化调整制动力的自动控制。

（5）具有防滑控制。

（6）具有自检、故障诊断、信息显示及与列车监控系统的接口。

（7）可进行网络通信或控制。

德国的克诺尔（KNORR）公司和日本的空气制动机公司（NABCO）的微机控制模拟式直通电空制动技术处于国际领先地位。目前，我国已经取得了制动技术的突破，国内城市轨道交通车辆制动系统的产品也已经由北京纵横机电科技有限公司和南京中车浦镇海泰制动设备有限公司批量供货。

4. 车辆牵引传动技术

车辆牵引传动技术是城市轨道交通车辆的关键技术，也是国际大公司继续垄断市场的有力武器，一直被进行严密的控制。

近年来，国内研究机构、企业、高校纷纷开展研究工作，已初步实现了交流传动技术的国产化，并在城市轨道交通车辆上装车试用。依托"十一五"国家高技术研究发展计划（863 计划）及国家科技支撑计划，中车株洲电力机车研究所有限公司成功研制出具有完全自主知识产权的城市轨道交通牵引传动系统，形成了标准化、系列化、平台化的工程产品。同时，储能式低地板轻轨车电力牵引及辅助变流系统也已经取得工程应用，我国在车辆牵引传动技术方面也处于世界先进地位。

我国在牵引变流系统主要的功率器件 IGBT 的生产、研发方面取得突破性的进展，地铁车辆用的 700 V/1500 A 的 IGBT 器件已经批量生产和广泛装车应用。对于碳化硅 IGBT 器件，我国还处于研究阶段，基础理论和新材料研究等方面与国外相比还有较大的差距。

牵引传动系统中的多项关键核心技术，包括最大黏着利用的防滑防空转控制、系统稳定性控制技术、逆变器的优化控制、异步牵引电机的参数辨识及控制、永磁同步电机控制、全速度范围再生制动、无速度传感器控制技术、参数自适应及稳定性控制系统电磁兼容性、寿命预测及智能故障诊断等，尚待继续深化研究。

5. 车辆企业技术发展趋势

国外车辆企业技术的发展特点集中在 RAMS/LCC、智能化、能源、效率、经济、生态、轻量化、防灾减灾等方面，主要体现在以下方面：①高品质，即高安全、高可用、高舒适；②高效能，即绿色化、经济化、持续化；③高智能，即数字化、网络化、信息化；④高适应，即谱系化技术研究[14]。

（二）基础设施

近 20 年来，我国在城市轨道交通土木工程基础设施建设方面取得了巨大成就，在综合规划设计技术、机构设计理论与方法、各种施工方法技术与装备，以及减振降噪等技术方面均取得了大量的理论突破和实践经验，有的技术甚至已经进入世界先进技术行列，但总体上与国外先进技术还有差距。

1. 轨道结构减振技术

轨道结构减振技术在欧洲（德国、英国、法国等）、美国及日本研究甚多，从理论分析到实际测试都取得了很多研究成果。我国在轨道结构减振技术方面的研究起步较晚，研究水平和减振产品都需要进一步提高。在建立相关创新平台的基础上，深入研究振动传递机理，有针对性地提出轨道结构减振的技术措施，对减轻列车荷载对下部结构物的冲击、延长线路的使用寿命、有效地保护环境、降低噪声、减轻列车通过对沿线居民生活的影响都具有重要意义。

2. 桥梁技术

高架桥在城市轨道交通工程中占有重要地位。我国城市轨道交通在桥梁结构体系、计算理论、预制技术及设备、桥梁维护技术、减振降噪等方面都取得了巨大进步。但桥梁的设计目前主要以铁路桥梁规范作为参考，城市轨道交通桥梁专业设计规范处于空白状态。

城市轨道交通与铁路交通在荷载（车型）、运营速度、限界、行车密度、舒适度、噪声控制、运营维护等方面存在很大差异。面对城市轨道交通特征和这些新的桥梁形式，桥梁的刚度控制标准、荷载组合方式、抗震取值要求、检测监测参数及活载模式等方面均缺乏相应的具体规定，极易出现因标准、参数选择不当而造成的桥梁体量过大、投资造价偏高、不合理活载标准以及使用、维护功能受限、景观不协调等问题，影响轨道交通的运营安全性和长期可靠性，也禁锢了新型桥梁结构的发展。因此，我国迫切需要研究轨道交通桥梁建设标准、减振降噪及维护保养创新技术。

3. 隧道设计与施工工法技术

城市轨道交通的隧道往往位于城区下面,有很多敏感的建筑物。因此,需要采取许多特殊措施(如锚固、围岩加固和附加支护等),维护隧道施工安全。此外,还需经常观察和进行测量,以便确定隧道及其上面建筑物的变形情况。

4. 盾构法施工技术与装备

2009 年之前,我国大约有 85%的盾构掘进机依赖从国外进口,主要从德国、日本、法国和加拿大等发达国家进口。其中,占据欧洲大半市场份额的德国海瑞克公司(Herrenknecht AG),以总产量 1670 台居世界首位的日本三菱重工业株式会社,以及拥有多个品牌的德国维尔特公司的表现最为抢眼。其中,德国海瑞克公司就占据国内盾构机市场的 70%以上。近些年,国内各重型机械制造企业纷纷通过与国外盾构机制造商合作、合资或自主研发及并购国外公司,开始进入盾构机制造领域,中国制造的盾构机产品已进入国际市场。

通过不断努力,如今我国已全面掌握盾构机的核心制造技术,如双模式盾构机、整体式滚刀、滚刀工作状态无线检测和传输、冷冻式刀盘、主驱动高承压系统、伸缩摆动式主驱动、大直径盾构机常压换刀、钢套筒盾构始发和接收、衡盾泥开挖面稳定技术、复合地层盾构施工隐蔽岩体环保爆破等新技术和新的施工工艺,使得国内盾构施工异彩纷呈。大直径盾构泥水劈裂、超高承压能力、复杂地层盾构掘进、刀盘刀具配置等技术难题仍需进一步攻克[16](图 7-5)。

图 7-5　国产地铁盾构机[16]

未来的盾构掘进机目标是朝着智能化方向迈进，将传感技术和检测技术加入其中，包括由人工操作向智能化操作转变，实现机械化和信息化的集成，以达到盾构的智能化。目前，国内的厂家已在开展掘进机器人的研发和试验。

5. 明挖维护结构技术与设备

一个是一体化维护结构技术，一个是特种机械（如双轮铣槽机等），现在还是国外设备，但国内市场很大。

6. 装配化设计施工技术

主要是指城市轨道交通车站的装配式结构，无论是地下车站还是地上车站，都是发展方向。

（三）通信信号

城市轨道交通信号系统已经从固定闭塞、准移动闭塞、基于感应环线的移动闭塞发展到基于无线通信的移动闭塞（CBTC）、互联互通 CBTC 和全自动运行系统（FAO）。

信号的 CBTC 技术具有连续距离速度曲线控车模式、车地实时双向通信、最小行车间隔可达 90 s、可靠性安全性高等特点。我国城市轨道的信号系统绝大部分是基于通信的列车控制系统，借助我国通信技术的发展，我国是第一个将第四代通信技术——机器的长期演进（long-term evolution for machines，LTE-M）用于城轨列车车地通信的国家，在 LTE 通信制式的基础上，CBTC 车地通信质量有了本质上的提高，也具有了更强的抗干扰能力，能适应更高的列车速度。我国 5G 技术的应用推广将对城轨通信技术进步产生深刻影响。

FAO 进一步提高了轨道交通系统的可靠性、安全性、可用性、可维护性，不仅提升了运营/系统的应急处置水平，而且提升了系统的自动化水平，降低了劳动强度。它具有更安全、更高效、更节能、更经济、更高服务水平的突出优点，已成为城市轨道交通新技术的发展方向。

1998 年，世界上第一条全自动无人驾驶地铁线路在法国巴黎投入运营。截至目前，全自动无人驾驶已广泛应用于全球各国地铁线路中，成为城市地铁的主流发展方向。据国际公共交通协会（Union Internationale des Transports Publics，UITP）估计，2020 年后，国际上 75%的新线和 40%的既有线改造将采用全自动驾驶技术。

无人值守下的列车自动运行，列车自动唤醒、休眠、调整、停车、关闭车门、干扰事件下运行等均为自动运行模式，均不需要司机或乘务员操作，可有效减小运行误差，使列车运行更加安全和平稳，并减少10%～15%的能源消耗。

上海地铁10号线是我国第一条建成的全自动运行地铁线路，于2010年4月10日开通运营。2017年12月30日，由我国交控科技股份有限公司自主研发的具有完全自主知识产权的全自动运行系统线路北京地铁燕房线一期工程（阎村东站—饶乐府站—燕山站）开通试运营[17]。截至2020年底，已有上海、北京、广州、成都、太原5座城市8条地铁运营线路采用自动化等级（grade of automation，GOA）4级的FAO技术。目前国内各城市新建的轨道交通线路已广泛采用FAO技术。

（四）运营组织

1. 运输组织与保障一体化技术

运输组织与保障一体化是指城市轨道交通运行监控、运营保障检测、设备维修保障和运营安全决策支持的一体化。未来城市轨道交通发展的趋势将是在追求节能、环保、舒适的基础上，不断向高速、大运量、高发车密度方向发展，这对运输组织与保障一体化技术提出了更高的要求。

以列车运行安全保障的应用需求为出发点，围绕城市轨道交通系统运输组织及保障一体化、国产化的发展目标，针对城市轨道交通领域网络化运输组织、路网运营安全预警和应急处置、列车运行状态检测与故障诊断、关键设备寿命预测等方面开展研究，为城市轨道交通的安全可靠运行提供保障，全面提升城市轨道交通保障公共安全和处置突发公共事件的能力，最大限度地预防和减少突发公共事件及其造成的损害。

国内一二线城市大规模的轨道交通网络，为了加强轨道交通路网的中央协调，建设了轨道交通指挥中心（Traffic Control Center，TCC），负责协调各条线路的控制中心及各运营主体。轨道交通指挥中心具有综合监视、多轨道线路多交通系统运营协调、应急指挥、信息共享等职能。轨道交通指挥中心对各线路的控制中心及线路运营只监视但不控制线路设备。日常情况下，主要提供协调、协助服务；非正常情况下，尤其是发生影响两条及以上线路的紧急灾害情况时，其将代表上级部门行使指挥权。TCC的功能模块示意见图7-6。

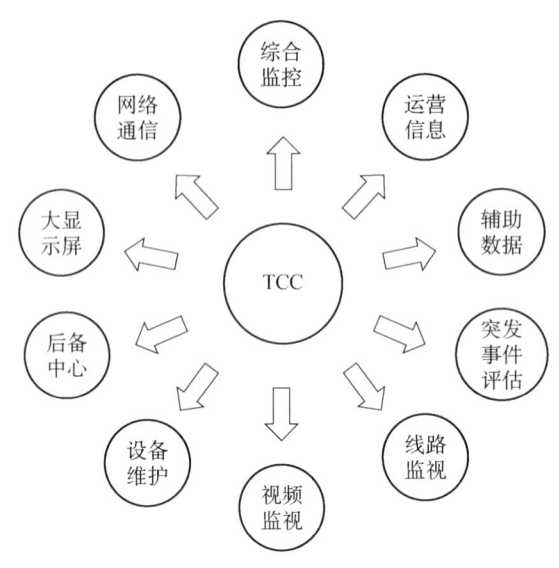

图 7-6 TCC 的功能模块示意图

2. 运营服务关键装备

1）自动售检票系统

自动售检票（automatic fare collection，AFC）系统是国际化大城市轨道交通运行中普遍应用的现代化联网售检票系统。

自动售检票系统是基于计算机、通信、网络、自动控制等技术，实现轨道交通售票、检票、计费、收费、统计、清分、管理等全过程的自动化系统。AFC 系统的关键技术是票卡、终端设备、计算机票务系统、互联网票务系统。近年来，随着互联网技术和计算机技术的发展，我国城市轨道交通 AFC 系统普遍实现了电子支付购票、智能终端过闸，以及各种公共交通运输工具的互通，甚至是城市与城市间的互通。

自动售检票系统的主要发展趋势是：进一步提高系统的可靠性、安全性；积极推进产品的标准化、系列化；发展互联网票务系统、实名制信用消费、多支付手段并存的便捷消费；提升智能化水平，加强对系统信息数据的深度挖掘、分析、整理，为城市公共交通运营与管理服务。

为了使城市轨道交通网络内部各线路之间，以及与城市公共交通领域的其他系统（公交、出租、轮渡）接驳，实现乘客一卡换乘，以便进行票务管理、票款清分和客流统计，需要建设联网收费系统——自动售检票清算系统（AFC Clearing Center，ACC）。

ACC 系统与路网内各线路的 AFC 共同构成轨道交通路网的联网收费系

统，以先进的集成技术、信息处理技术、自动控制技术、IC卡技术及安全保密技术为保证，自动完成车票发售、车票有效性检验、实时客流统计、自动计费收费、费用清分清算等功能，也可进行不同城市间轨道交通票务的清分管理。

2）站台屏蔽门系统

站台屏蔽门（platform screen doors，PSD）系统为乘客提供一个安全的乘车环境，有效防止乘客挤（跳）下站台发生意外事故影响正常运营。站台屏蔽门系统可以将站台区与隧道执行区隔离，降低因列车运行过程中产生的活塞风对车站区域的影响，同时更高密封性能的站台屏蔽门系统可以更好地减少热量损失，有效减少空调运行能源消耗。

目前，从我国站台屏蔽门技术的发展来看，屏蔽门产品还有许多有待突破和规范的地方，如屏蔽门与站台板绝缘、门体新材料应用等。国内站台屏蔽门产品在产品规范性、可靠性和安全性方面较国外产品要差。目前国内外站台屏蔽门系统尚无统一标准，需制定站台屏蔽门的行业标准，以填补该领域的空白。

3）乘客信息系统

乘客信息系统（passenger information system，PIS）体现了现代城市轨道交通运营正以车辆为中心的运营模式向以乘客服务为中心的运营模式的转变。

发达国家十分重视PIS的研究和应用，通过为出行者提供准确、及时的信息服务，吸引更多的出行者使用公共交通，从而促进公共交通的发展。PIS着力于提供快捷、方便的咨询服务；多媒体技术得到了广泛的应用，并与列车自动定位技术相结合，为列车中的乘客提供动态信息。

目前，国内各城市的PIS建设尚未提出统一的技术规范和施工规范，这对城市轨道交通乘客信息系统的长期发展和标准化建设显然是不利的。

4）综合监控系统

综合化、集中化和网络化是城市轨道交通运营管理与控制系统的发展方向，目前世界主要城市轨道交通均设置了综合监控中心。

城市轨道交通综合监控中心设置的综合监控系统（integrated supervision and control system，ISCS）主要采用现代通信技术和计算机技术，实现对运输生产过程的监视和控制，主要包括：电力监控与数据收集（power supervisory control and data acquisition，PSCADA）、环境与设备监控（building automation system，BAS）、站台屏蔽门、闭路电视（closed-circuit television，CCTV）监

控系统、火灾自动报警系统（fire alarm system，FAS）等。采用主备、冗余、分层、分布式客户端/服务端（C/S）体系，通信方式采用传输控制协议/互联网协议（TCP/IP），并采用行之有效的故障隔离和抗干扰措施。

ISCS 还可与列车自动监控（automatic train supervision，ATS）系统、AFC 系统、PIS、视频监视系统、广播系统、门禁系统、通信系统、时钟系统等互联，实现信息的交换和处理。

目前，国内轨道交通监控系统通常按照线路、专业分别进行设置，造成城市轨道交通网络中多国家、多厂家、多制式的系统相互并存，缺少必要的标准和规范。

5）应急指挥及安防

城市轨道交通应急指挥中心用于运营监控与协调、应急处置、信息服务，在突发事件发生时，按照预案向线路控制中心发出指令，辅助抢修和救援工作。城市轨道交通安防技术包括入侵探测与防盗报警技术、视频监控技术、出入口目标识别与控制技术、报警信息传输技术、移动目标反劫技术、防盗报警技术、社区安防与社会救助应急报警技术、实体防护技术、防爆安检技术、安全防范网络与系统集成技术、安全防范工程设计与施工技术等。

国外比较典型的是西班牙马德里城市轨道交通应急指挥中心，该中心能够集中控制 14 条城市轨道交通线路。我国在应急平台建设上起步较早的包括上海城市轨道交通网络运营协调与应急指挥室、北京市轨道交通指挥中心、深圳市轨道交通应急指挥协调中心、广州城市轨道交通安全预警与应急平台系统。

北京市轨道交通指挥中心（图 7-7）实现了源自各线路的数据的采集和

图 7-7 北京市轨道交通指挥中心的调度大厅[18]

处理，生成统一的人机界面和报表，成为一个公共的中心平台，便于轨道交通运营商、政府部门等共享其所采集到的数据，也便于政府可以在多运营商环境下统一路网运作的观念来监视、管理、协调和调度轨道交通运营相关课题与信息，确保在正常和应急情况路网层面下各相关单位之间的协调运作。

目前，城市轨道交通应急平台存在的问题是应急指挥和运营调度相互干扰。城市轨道交通应急平台的建设标准由各城市自己定义，缺乏统一的行业标准。由于其应急处置相对封闭，难以和地方政府的应急平台互联互通，因此，探索应急指挥与日常运营的分离设置模式，实现全行业、全方位的应急管理，将是城市轨道交通应急平台建设面临的新挑战和新机遇。

（五）系统安全保障

1. 基于项目全生命周期的系统安全控制的安全保障体系建设

基于项目全生命周期的系统安全控制的安全保障体系的基本概念是通过系统和科学的手段，对复杂系统的本质安全特性进行评估，建立用户对该产品安全性的信心。这种系统安全保障的做法需要在建立相应法规、机构的安全保障制度的基础上，将安全保障工作覆盖项目的整个生命周期。运用风险分析、安全评估等方法对系统各阶段进行安全控制，以实现系统安全的目标，即对RAMS进行管理，以确保系统达到最优的RAMS表现。发达国家经过数十年的研究，形成了完整的适用于铁路和城市轨道交通行业的安全技术标准与法规体系（EN50126铁路应用可靠性、可用性、可维护性和安全性）。

城市轨道交通的运营安全保障技术涉及装备的设计、制造、安装、运营管理、维修保养，以及安全技术标准、产品的认证、市场准入等诸多方面。国内越来越多的机构和企业借鉴国外成功经验，在城市轨道交通的建设和运营的全生命周期中开展RAMS工作，这对提高整个系统的安全可靠性发挥了较好的作用。

2. 国家层面的政策法规和政策

近些年，国务院和有关部委针对我国城轨行业工程建设与运营中存在大量安全问题的严峻现实，连续发布文件和部令，要求所有参与单位和机构高度重视城轨的安全问题。

2012年12月25日，住房和城乡建设部与国家质量监督检验检疫总局联合发布《城市轨道交通工程安全控制技术规范》(GB/T 50839—2013)，明确了城市轨道交通工程建设期间的安全控制要求。

2015年4月30日，国务院办公厅印发《国家城市轨道交通运营突发事件应急预案》，要求建立健全城市轨道交通运营突发事件处置工作机制，科学有序高效应对运营突发事件，最大限度地减少人员伤亡和财产损失，维护社会正常秩序。

2018年3月7日，国务院办公厅印发《关于保障城市轨道交通安全运行的意见》，要求加强城市轨道交通规划、建设、运营协调衔接，加快技术创新应用，构建运营管理和公共安全防范技术体系，提升风险管控能力。

2019年11月1日，交通运输部印发《城市轨道交通运营突发事件应急演练管理办法》。主要对城市轨道交通运营过程中发生的因列车冲突、脱轨，设施设备故障、损毁，以及大客流等情况，造成人员伤亡、行车中断、财产损失的突发事件应急演练工作做出具体规定。

2019年11月29日，中共中央总书记习近平在中共中央政治局主持学习时强调：应急管理是国家治理体系和治理能力的重要组成部分，承担防范化解重大安全风险、及时应对处置各类灾害事故的重要职责，担负保护人民群众生命财产安全和维护社会稳定的重要使命。要发挥我国应急管理体系的特色和优势，借鉴国外应急管理有益做法，积极推进我国应急管理体系和能力现代化[19]。

2021年5月6日，国务院安全生产委员会办公室印发紧急通知，部署各地区、各有关部门和单位深刻吸取墨西哥地铁轨道桥垮塌重大伤亡事故的惨痛教训，举一反三加强我国城市轨道交通安全工作。

（六）城市轨道交通各类制式快速发展

国内外城市轨道交通在发展轮轨制式技术的同时，根据环境和应用条件的需要，也采用了各种不同制式的新的轨道交通系统。这些系统随着应用项目的不断增加，其技术发展呈现出多样化和快速发展的态势。

1. 单轨系统

日立公司在单轨车研究方面处于领先地位，主要包括跨座式单轨车与悬挂式单轨车，其中尤以跨座式单轨车应用最为广泛。例如，东京羽田线的车辆1964年开通时采用300型，1969年改用500型，经过多次改进后目前已开始采用 2000 型，大阪单轨线及日本多摩单轨均采用这一车型。鉴于单轨交通具有污染少、造价低、建设速度快等特点，国内外的很多城市均在使用，如我国重庆市的跨座式 2 条单轨交通线共计 57 km。

近期，庞巴迪公司在芜湖轨道交通 1 号线推出了新型的跨座式单轨系统，重心更低，轴重更轻，采用单胶轮行进，线路全长 30 km，全程高架运行，共设车站 24 座，采用自动化等级最高的全自动运行技术，可实现多场景全过程的自动控制与运行。车辆可以实现每天自动唤醒、自检、发车、停靠站，结束运营后自动回库、洗车和休眠。跨座式单轨属于中等运量轨道交通系统，其特点是适应性强、噪声低、转弯半径小、爬坡能力强，能更好地适应复杂的地形地貌环境。

2. 市域快轨系统

随着城市轨道交通路网的发展，市域快轨将是组建城市轨道交通网络的重要组成部分，近年来发展较快。截至 2020 年底，我国市域快轨运营总里程已达到 810.6 km。中国城市轨道交通协会、中国铁道学会、中国土木工程学会等都编制了市域快轨相关规范，市域快轨一般列车速度在 100 km/h 以上，站间距 3 km 以上，供电系统为交流 25 kV 和直流 1500 V。近年来温州 S1 线（图 7-8）、北京新机场线等一批市域快轨线路相继开通运营。

图 7-8　温州 S1 线列车

3. 现代有轨电车

由于欧洲国家的城市较小，所以成本低、运能小、灵活方便的低地板车得到了大量的应用和广泛的好评，目前欧洲各大车辆供应厂家均有各自特点的低地板技术。阿尔斯通公司已经形成了 Metropolis 系列和 Citadis Dualis 系列的低地板车平台，同时将超级电容与低地板车结合，起到了更为节能和环保的作用。我国低地板有轨电车发展很快，中国中车集团有限公司的 6 家城市轨道交通车辆制造厂都有自己的产品，但自主化率不高。中车长春轨道客车股份有限公司研制的 100% 低地板轻轨车，在轻量化车体、独立轮转向架、模块化铰接技术等方面取得了重大突破，中车株洲电力机车有限公司的铰接型转向架也取得了突破。

4. 直线电机系统

直线电机车辆有地铁隧道截面较小、爬坡性能好、曲线通过能力强等诸多技术和性能优势。自 2005 年底开始，我国的广州、北京等地的城市轨道交通中开始应用这一技术。中车青岛四方已向广州四号线、五号线交付 60 列（300 辆）直线电机车辆，广州六号线直线电机地铁车辆采用四辆编组形式。

5. 磁浮交通系统

日本、德国、韩国对中低速磁浮交通系统的研究已有 30 余年，其中仅有日本的 HSST 系统于 2005 年在名古屋 Tobu-Kyuryo 线实现商业运营。德国在高速磁悬浮列车技术方面研究最为深入，西门子公司在牵引供电及运行控制系统、悬浮导向电磁铁研究方面成果显著，蒂森克虏伯（ThyssenKrupp）公司在车体、道岔及其他部件的制造方面拥有大量的经验。目前，世界已经投入商业运行的高速磁悬浮线路为上海浦东机场到龙阳路线。

2016 年 5 月 6 日，中国首条具有完全自主知识产权的中低速磁悬浮商业运营示范线——长沙磁浮快线开通试运营，其关键技术由中车集团联合西南交通大学等院校共同研究开发。长沙磁浮快线全长 18.55 km，全线共设高铁站、榔梨站和机场站三站，是世界上最长的中低速磁浮运营线。2017 年底中低速磁浮交通示范运营线——北京 S1 线投入运营。

6. 胶轮路轨系统

胶轮路轨系统是新开发的具有高速、准点、舒适和污染小的交通方式及运行服务系统，是 20 世纪 60 年代出现的不同于传统运输方式的新型交通工具，为克服现有交通方式在环境和经营上的缺陷，或为满足现有运输方式难以适应的运输需求而开发的新交通方式和新运营服务的总称，多用于旅客运输。

我国广州市在珠江新城修建了一段 3.14 km 的胶轮路轨系统线，近年来上海和北京也相继建成胶轮路轨系统。

7. 储能式轻轨系统

中车株洲电力机车有限公司自主研制的世界首台储能式电力牵引轻轨列车原型车在湖南株洲成功下线，其采用超级电容作为动力，最高运营时速约 70 km，其开创的"制动即充电"模式，可利用列车进站停靠时的间隙在 30 s 内完成充电。

上述轨道交通新技术的突破，填补了国内空白，提高了我国自主创新装备技术水平，对建立节能、环保、便捷、安全的新型交通体系，满足我国城市轨道交通多样化发展的需要，并进入国际市场具有重要意义。

（七）我国城轨新技术的进展

近年来，我国城轨领域出现了一批拥有自主创新技术和独立知识产权的新型式装备，为丰富和完善我国城轨制式体系以及各系统、各专业的联动性做出积极贡献。

1. 成都新能源"空铁"

2016 年 11 月 21 日，新能源空铁试验线（图 7-9）在成都市双流区成功运行。该项目由民营企业中唐空铁集团有限公司全资，西南交通大学牵引动

图 7-9 成都新能源空铁试验线

力国家重点实验室牵头，联合中国中车、中国中铁、攀枝花钢铁公司等 7 家大型国有企业协同研制，是世界上第一条采用新能源作为动力源的悬挂式单轨系统。

2. 比亚迪云轨和云巴

比亚迪集团历时 5 年自主研发的跨座式单轨云轨（图 7-10），于 2016 年 10 月 13 日在深圳举行首发仪式，其主要优点为占地面积小、桥梁通透、景观性好、建造周期较短、运行噪声低、环境适应性强、采用储能式电源。2018 年 1 月 10 日，银川云轨 1 号线全线正式开通运营，是银川市的第一条跨座式轨道交通单轨线路。完全由中国自主创新的新型胶轮导轨系统云巴（图 7-10），由比亚迪集团历时 7 年研发建设完成，具有小巧灵活的特点，于 2021 年 4 月 16 日在重庆璧山正式上线运行。全线采用全自动运行、智能运维、无人驾驶，最高速度可达 80 km/h。

图 7-10　比亚迪出口巴西的云轨和云巴

3. 智能轨道快运系统

2017 年 6 月 2 日，由中铁第四勘察设计院集团有限公司设计、中车株洲电力机车研究所有限公司研制的智能轨道快运系统（autonomous rail rapid transit，ART，简称智轨）的全新交通产品在株洲首次亮相（图 7-11）。

该系统采用虚拟轨道跟随控制和多轴转向系统等新技术，具有建设周期短、基础设施投资小、城市适应性高、综合运力强等优点，是兼顾运能与投资的中小运量轨道交通系统解决方案。智轨已在株洲、宜宾等城市开始商业化试运营。

图 7-11　智能轨道快运系统列车

4. 重庆互联互通系统

重庆环线、十号线、四号线线路设立为互联互通国家示范工程，使得信号系统互联互通研究迈出了工程化应用的重要一步，实现了互联互通在轨道交通路网内进行网络化运营，也实现了建设和运营资源共享，降低了建设和运维成本。

以上几种系统都是最新开发的新型城轨交通形式，还处于市场开发初期阶段，将通过项目实际应用来验证其技术的可行性，以及运营的安全可靠性和经济性。

（八）国内外城市轨道交通技术现状对比

我国城市轨道交通经过 50 多年的发展，各方面都取得了巨大进步，但与国外关键技术相比较，仍有许多方面需要改进。国内外城市轨道交通技术对比见表 7-2。

表 7-2　国内外城市轨道交通技术对比表

技术类别	国外情况	国内情况	具体技术差距及研究方向
系统综合检测技术	发达国家具有综合装备试验线及各种专业实验室、完善的系统及子系统检测技术和检测平台，并有完善的技术标准体系	我国已经有环形试验线等先进的系统综合检测平台，正在建设 7 个城轨领域国家级检测试验中心	（1）需制定系统综合检测规范国家标准；（2）系统及子系统检测平台需完善；（3）系统安全性及可靠性认证检测体系未建立

续表

技术类别	国外情况	国内情况	具体技术差距及研究方向
车辆制造技术	自主设计制造 B 型车； 自主设计制造 A 型车； 自主设计制造 100% 低地板车； 具有先进的网络设计、环保设计、噪声控制、RAMS、LCC 等技术	自主设计制造 B 型车； 集成制造 A 型车； 初步自主设计制造 100% 低地板车； 开始研制城轨标准地铁列车； 在网络设计、环保噪声、可靠性及寿命等方面尚有差距	1. 关键零部件制造方面 （1）车体新材料、新结构的研发速度滞后于国际先进水平，处于跟踪阶段； （2）在低地板车、跨座式单轨车、直线电机车等转向架的研发方面还处于初级阶段； （3）我国株洲中车时代电气股份有限公司、中车青岛四方车辆研究所有限公司、北京纵横机电科技有限公司已经有具有完全自主知识产权的列车网络控制系统，中车株洲电力机车研究所有限公司开始批量生产 2. 系统集成技术方面 （1）节能环保技术还处于初级阶段，需加大开发力度； （2）安全可靠性技术尚未建立完善的国家规范与标准； （3）在环境适应性方面，中车青岛四方车辆研究所有限公司建设了整车环境试验装备； （4）在车辆舒适性方面，需建立完善的技术体系； （5）需建立车辆舒适性技术标准体系
列车运行控制技术	CBTC、FAO 系统技术先进、成熟	CBTC 的应用技术成熟，并且实现了 FAO、互联互通技术的突破	（1）全自动运行的系统功能在需求标准上遵循了 IEEE1474、EN62290 国际标准，在安全管理需求标准上遵循了 IEC61508、EN50128 等国际标准； （2）通过系统设计、产品研发、安全认证等工作，自主化信号系统在功能、性能、安全性等方面达到与引进系统一致的标准，某些方面甚至达到了更高的水平； （3）系统安全可靠性的验证需高水平的检验检测平台，自主化的全自动运行系统重点解决了各专业的联动性问题； （4）对未来实现基于 CBTC 互联互通，或者基于 FAO 互联互通的网络化运营奠定了坚实的基础，使城市轨道交通具备了向更高水平拓展升级的可能性； （5）列车运行安全实时控制技术、车地安全信息传输技术、自动驾驶技术等有待进一步完善

续表

技术类别	国外情况	国内情况	具体技术差距及研究方向
列车牵引技术	交流牵引传动技术先进、成熟	我国自主研发的交流牵引传动系统装备已经形成产业链，永磁驱动技术有待批量推广	多项关键核心技术，包括最大黏着利用的防滑防空转控制、系统稳定性控制技术、逆变器的优化控制、异步牵引电机的参数辨识及控制、永磁同步电机控制、全速度范围再生制动、无速度传感器控制技术、参数自适应及稳定性控制系统电磁兼容性、寿命预测及智能故障诊断等均已取得突破
列车制动技术	微机控制模拟式直通电空制动技术先进、成熟	微机控制模拟式直通电空制动技术已经成熟、批量供货	（1）已经掌握制动方式、空电联合制动模式、牵引制动通信模式、制动力分配、控制策略等技术进行仿真试验研究的制动仿真技术，需进一步深化研究； （2）已发布城市轨道交通制动系统若干规范
土建工程与养护技术	发达国家在轨道减振降噪和盾构制造技术上处于领先地位	我国在轨道交通线桥隧铁道工程建设方面处于世界领先水平	（1）轨道结构减振产品的技术水平需要进一步提高，标准化体系尚未形成； （2）在桥梁建造技术方面，需深入研究轨道交通桥梁建设标准及高架桥梁的减振降噪及维护保养创新技术； （3）盾构关键元配件仍依赖进口
运营管理和智能化技术	完善的运营管理体系，有标准、完整的管理软件产品	拥有完善的运营管理体系，但缺乏统一的行业标准	（1）根据城市轨道交通运营特点研究网络化运输组织； （2）开发关键设备寿命预测技术； （3）需要建立完善的运营管理国家标准规范体系
运营安全保障技术	具有先进的城市轨道交通综合检测列车移动检测系统等较完整的技术装备；具有先进、成熟的城市轨道交通系统安全风险评估体系和方法；具有RAMS相关标准体系和技术方法；具有完善的安全监控系统	具有和国外功能类似的综合检测列车移动检测系统，但功能需要进一步完备；维修工艺标准体系不规范、不统一，尚无国家的安全风险评估体系和评估方法；初步引入RAMS技术，尚无规范的实施标准	（1）创建我国城市轨道交通定量化安全评估方法； （2）为建立完善的城市轨道交通安全保障体系，需要制定相应的运营安全保障技术（RAMS）标准规范； （3）需深入研发列车运行状态检测与故障诊断技术

续表

技术类别	国外情况	国内情况	具体技术差距及研究方向
运营服务关键装备技术	具备先进的自动售检票系统技术、站台屏蔽门技术、乘客信息系统技术、应急指挥和安防技术	自动售检票系统已取得突破，互联网售检票系统异军突起，形成了有中国特色的体系；纸、硬币识别模块的差距由于用量断崖式下降而缩小；站台屏蔽门均已国产，但缺乏创新和统一的技术标准规范；乘客信息系统已取得创新成果，但技术参差不齐；应急指挥和安防系统已在主要城市建立了平台，亟待规范和完善	（1）在自动售检票系统架构稳定后，需完善测试规范和标准体系；（2）需完善站台屏蔽门的测试规范和标准体系，提高其安全性和可靠性；（3）需要制定统一的乘客信息系统技术规范及实现标准化；（4）需要对综合监控系统集成模式和可靠性进行深入研究；（5）需完善应急指挥和安防系统的测试规范与标准体系
新型城市轨道交通系统技术	跨座式单轨、市域快轨、现代有轨电车、直线电机轻轨系统、中低速磁悬浮、胶轮路轨系统、储能式轻轨等均已开发多年，有完善的标准体系，装备运行可靠、系列化	各种类型的系统都已实现突破；在低地板现代有轨电车方面自主设计程度不高，未形成完善的标准体系	（1）需要充分研究不同环境条件下各类制式系统的适用性；（2）需要分别制定各类型制式的技术标准规范；（3）对各种类型制式系统的认证测试技术进行研究

从表7-2可以看出，我国城市轨道交通在技术层面与国外相比处于同一梯队，应进一步加强关键零部件的专业化研究和新材料研究，从"跟跑"到"领跑"。建设提升我国较为完整的城市轨道交通技术创新能力，是超越世界先进城市轨道交通技术的必由之路。

二、我国城市轨道交通创新平台建设情况

（一）我国城市轨道交通创新平台建设背景和过程

我国经济已由高速增长阶段转向高质量发展阶段，依托科技创新能够为高质量发展提供新的成长空间、关键着力点和重要支撑，是促进实体经济升级、引领高质量发展的核心驱动力，构建新型创新平台是重要举措之一。通过十余年的努力，我国轨道交通行业已初步构建了国家轨道交通技术创新框

架，建成一批专业门类齐全的，以现代轨道交通国家实验室为代表的国家级研发机构。

"十一五"以来，国家已在高速铁路等领域制定和实施了创新平台建设的政策、方针与计划，在迅速提高我国高速铁路的技术水平和促进轨道交通产业发展方面取得了显著效果。"十二五"开始，国家有关部委就制定和开展了城市轨道交通创新平台建设的指导意见与组织工作。自2012年起，中国城市轨道交通协会组织行业内主要骨干企业和院校单位机构，着手城市轨道交通创新平台建设的准备和研究工作，完成构建我国城市轨道交通完整的综合创新平台的建设方案[20]。

2014年，国家发展和改革委员会发布了《关于请组织申报城市轨道交通创新能力建设专项的通知》(发改办高技〔2014〕2600号)[21]，于2016年3月批准了城市轨道交通数字化建设与测评技术国家工程实验室、城市轨道交通绿色与安全建造技术国家工程实验室、城市轨道交通系统安全与运维保障国家工程实验室、城市轨道交通系统安全保障技术国家工程实验室、城市轨道交通列车通信与运行控制国家工程实验室、轨道交通车辆系统集成国家工程实验室、轨道交通系统测试国家工程实验室共7个国家级工程实验室。

上述7个国家工程实验室已于2021年全部建成并通过验收。

根据通知和国家有关部委批复意见，7个国家级工程实验室所属单位已经于2017年共同出资组建了城轨创新网络中心有限公司，将创新平台上升到行业范围，并于2021年10月组建了技术委员会。城市轨道交通创新网络主要围绕国家重大战略任务和重点工程，面向城市轨道交通新产品开发、新工艺形成、新业态培育等需求，特别是竞争前共性技术创新需求，以跨部门产学研用相结合且具开放性的创新网络形式，致力于聚拢共享城市轨道交通创新资源，突破技术创新的"孤岛现象"，提升联合攻关与协同创新能力，共享信息和知识产权，共同推动技术成果转移转化，建立健全行业技术标准体系，有力提升城市轨道交通创新能力，使我国城市轨道交通产业技术水平进入国际先进行列。

（二）我国城市轨道交通创新平台简况

1. 轨道交通系统测试国家工程实验室

中国铁道科学研究院牵头建设的轨道交通系统测试国家工程实验室针对我国城市轨道交通缺少系统测试、试验验证和联调联试等主要问题，围绕城市轨道交通系统的可靠性、舒适性和节能环保等性能验证的迫切需求，在整合高速铁路系统试验国家工程实验室的基础上，建设城市轨道交通系统测试验证与应用示范平台，支撑开展城市轨道交通车辆系统、线路工程、通信信号、基础设施检测、运营装备与乘客信息系统、节能环保、安全评估等系统测试、综合试验、检验认证和联调联试技术、装备的研发和工程化。

2. 城市轨道交通数字化建设与测评技术国家工程实验室

以中国铁路设计集团有限公司为主体，联合产学研单位合作共建的城市轨道交通数字化建设与测评技术国家工程实验室，将研究城市轨道交通数字化建设与评估技术、综合检测监测评估技术、轨道交通减振降噪技术、轨道交通环境控制技术、轨道交通工业化建造及运营维修技术等研发平台以及相关试验验证系统。在地理信息系统和建筑信息模型集成应用、三维协同设计、快速综合检测与评估、噪声检测识别与评估、地下环境质量实测与控制等方面突破相关关键技术。

3. 城市轨道交通绿色与安全建造技术国家工程实验室

由北京城建设计发展集团股份有限公司牵头，采用产学研用协同创新模式，联合行业优势单位共同建设的城市轨道交通绿色与安全建造技术国家工程实验，围绕我国城市轨道交通安全、环保、高效和可持续发展的迫切需求，重点建设城市轨道交通绿色建造技术研发与应用示范平台，将开展城市地下与高架工程绿色建造、新型轨道结构、建设与运营安全等技术、工艺和装备的研发与工程化研究，引领国家在城市轨道交通工程设计和建设领域技术发展的先进性与创新性。

4. 轨道交通车辆系统集成国家工程实验室

中国中车股份有限公司依托"十二五"在轨道交通装备基础技术、核心技术、共性技术研发取得众多成果的基础上，围绕重要系统、关键部件产品，在高端轨道交通移动装备系统集成技术、牵引传动技术、网络控制技术、转向架关键技术、车体关键技术、制动关键技术、柴油机关键技术、齿轮传动系统关键技术、弓网受流技术、振动噪声控制技术、工程机械电气传动与控制技术、永磁电机、电力电子器件等方面开展深入研究，并继续在基础材料应用研究、轮轨关系研究、高寒高速动车组关键技术研究、车体疲劳试验研究、服役性能研究、谱系化头型、重载快捷货车核心技术基础理论、仿真验证技术及可靠性技术研究等方面和基于互联网的轨道交通旅客信息服务系统、电力电子变压器、永磁牵引传动系统等一批前瞻性技术研究等方面开展创新与技术攻关，以提高下一代轨道交通车辆的设计、开发、制造和运维能力，加快既有车辆的技术升级，降低新型车辆的研发周期。

5. 城市轨道交通系统安全与运维保障国家工程实验室

由广州地铁集团有限公司牵头，联合多家单位组建的城市轨道交通系统安全与运维保障国家工程实验室，为开展系统安全设计、车线网安全状态实时获取、列车运行安全评估、全息网络化行车安全保障、运营安全决策、应急救援和处置、大客流应急疏散、基于全生命周期动态监测的 RAMS 等技术的研究与开发提供支撑。

该实验室已经开展了信号系统故障预防技术研究与系统研制，基于太赫兹成像及波谱分析技术的地铁安检系统研究，列车车体结构在线监测、评估技术与延寿改造技术研究、基于振动频谱应用的列车旋转部件状态监测、列车车门运行状态监测与故障预警系统、基于大数据技术的地铁工程建养新技术研究等十七项城轨系统运维大数据分析与综合运营维护一体化技术研究。

6. 城市轨道交通系统安全保障技术国家工程实验室

由中铁信息技术中心联合深圳地铁集团有限公司、西南交通大学、深圳市永达电子股份有限公司等单位共同组建的城市轨道交通系统安全保障技术国家工程实验室，针对城市轨道交通复杂技术装备、复杂时空分布、复杂场景位移带来的严峻挑战，探索以"软件定义"及"数据驱动"的信息技术将城市轨道交通物理实体系统映射到网络虚拟空间中，重构其生产设计、测试验证、运营管理和维保服务等制造过程，形成城市轨道交通系统的主动性安全方法和技术。

7. 城市轨道交通列车通信与运行控制国家工程实验室

由北京交控科技股份有限公司牵头，联合北京市轨道交通建设管理有限公司等单位共同建设的城市轨道交通列车通信与运行控制国家工程实验室，开展全生命周期安全设计保障技术研究与平台建设、ATP/ATO 设备关键技术研究与平台建设、车地通信信息传输设备技术研究与平台建设、以行车为核心的综合调度指挥设备技术研究与平台建设、面向最小系统的集成试验验证技术研究与平台建设、基于大数据的运维及培训设备技术研究与平台建设等，填补了国内基于无线通信的列控系统（CBTC）的技术空白和装备体系，推进了我国城市轨道交通向安全、高效、便捷、环保的方向发展。

三、我国城市轨道交通人才队伍建设及发展情况

人才是国家发展的第一战略。城市轨道交通人才是国家人才队伍的重要组成，是保证城市轨道交通持续健康发展的重要力量。城市轨道交通的大规模发展，对城市轨道交通人才发展提出了更高的要求。近年来，在城市轨道交通跨域式发展的同时，城市轨道交通人才队伍也取得显著成效。然而，与当前城市轨道快速发展的形势相比，城市轨道交通人才队伍建设仍然滞后于行业发展需要，人才培养支撑条件与资源建设不足，人才培养环境需进一步优化，人才结构不合理等问题逐渐凸显，不能适应行业快速发展需要，成为制约城市轨道交通健康、安全、可持续发展的短板[22]。

（一）我国城市轨道交通人才需求情况

1. 人才的总量需求

根据《我国城市轨道交通人才培训体系建设研究报告》，从人才总量规模来看，城市轨道交通企业每千米从业人员配置参数经验值为 60 人，按 2015 年底城市轨道交通运营里程 3618 km 计算，从业人员总量约 21.7 万人。截至 2022 年底，城市轨道交通运营里程达 10 078 km，人才需求总量预计将近 60.5 万人。

2. 人才的结构需求

从人才结构来看，城市轨道交通从业人员总体结构按照岗位性质可分为管理人员、专业技术人员和生产操作人员三类。行业内管理人员、专业技术人员和生产操作人员的平均配置基本服从 6%、9%、85%的结构特征。

城市轨道交通涵盖工程咨询（勘察、规划、设计、咨询）、工程建设（筹划、施工、项目管理、监理）、运营管理（客运、行车、调度、运维、企业管理）、技术装备（车辆、供电、通信、信号、售检票、车站设施、综合监控、安检、轨道线路、基础设施等）、资源经营（物业、广告、资源经营）等多个领域，需要大量高素质的管理人员、技术人员和生产人员，但面对大规模快速发展的行业形势，人才的数量和质量问题突出。

为适应城市轨道交通新技术发展和轨道交通"走出去"战略实施对高层次人才的需求,需要培养和造就一批专业能力强、具有国际视野和创新能力的高层次管理与技术人才。

(二)我国城市轨道交通人才供给情况

城市轨道交通从业人员的职前教育主要由设置轨道交通相关专业的高等院校、职业教育等教育机构承担。其中,管理和专业技术人员主要由高等学校(16所)培养,生产操作人员主要由职业学校(39所)培养。

目前,仅北京、上海、广州、深圳、重庆等城市建立了较为完善的企业培训机构,大部分三四线城市的培训机构和能力建设还处于起步阶段。"十三五"期间,职前教育供需缺口9.06万人,在职培训供需缺口23.24万人。

(三)我国城市轨道交通人才培养存在的问题

1. 培养能力不足,供需缺口明显

一批较早建成城市轨道交通路网的城市(北京、上海、广州、深圳、重庆),已经建立了较为完善的培训中心,可以完成企业内在职人员的转岗、温故和技能提升培训工作,而大部分三四线城市的培训机构和能力较为薄弱。高等学校和职业学校等教育机构人才培养的针对性不强、培养能力有限,供需矛盾突出。

2. 制度建设滞后,制约健康发展

目前,尚未建立统一的城市轨道交通从业人员的职业标准、培养标准和认证标准,也缺乏相应的培训管理制度、教学大纲和考试大纲等。各城市企业自定的培训标准和规范有差异,不统一。

3. 师资力量不足,难以适应需求

各类培训、教育机构的师资数量短缺,技术知识需要更新。

4. 资源统筹不足,合作共享度差

行业内各地之间资源差异较大,存在重复建设、资源共享率低等问题,合作交流协作有待提高。

5. 高端人才不足，成为发展瓶颈

城市轨道行业的规模快速增长，新技术、新装备迅猛发展和应用，以及国际市场的快速推进，对高端人才的需求不断增加。特别是三四线城市新建设和新开通的企业对高端人才的激烈争夺，不利于人才队伍的稳定。

6. 区域发展不平衡，新老企业差异大

东西部城市发展规模和时间阶段不平衡，对人才的需求存在较大差异，需要制订差异化的培训方案。

（四）城市轨道交通人才培养的改善策略

城市轨道交通人才培养的总体思路是：统筹考虑规划、设计、建设、运营、经营、安全、信息化等多方位对人才规模、结构、素质的要求。强化人才建设规划引领，落实企业培养主体责任，加强普通高校学科专业建设、扩大职业教育培养规模，实施高端人才提升工程，深化校企合作培养模式，加快实训基地规划建设，健全人才培养标准体系，搭建人才培养协作平台，优化人才培养政策环境[22]。

第三节 重点研究方向与前沿科技问题

一、我国城市轨道交通发展面临的关键问题

（一）车辆及其他技术装备

随着城轨多种制式系统的快速发展，应用于各种类别的车辆及其他技术装备（包括供电、通信、信号、轨道、环境控制、给排水及消防、自动售检票、安检、电扶梯、屏蔽门、安防门、综合监控、乘客信息系统等）的结构设计、材料及生产制造工艺、运营维护技术、可靠性和安全性保障技术、技术标准体系建设、检验检测手段、系列化和互联互通、智能化信息化等都面临着众多需要尽快解决的问题。

（二）规划与工程设计

城市轨道网络的规划要与城乡建设发展规划同步进行，因此，其工程可

行性的研究和设计阶段，需要进行结合城乡发展的 TOD 分析研究、考虑城乡地区性的综合交通一体化问题分析研究、新型的居民出行客流分析模型研究、不同交通类型的连接与互通形式的研究、全生命周期的安全保障研究与全生命周期的成本与资产分析研究等。

近年来，国内工程普遍应用 BIM 技术与设计、施工、制造、运营等领域的跨界融合，这将成为今后发展的热点。

（三）工程建设与标准

城市轨道交通工程筹划、前期准备、项目管理、施工管理、安全管理、质量控制、装备安装调试、竣工验收等工作，需要分门别类地研究和制定一系列完整的施工与验收技术规范规程，涉及数十种专业学科。

随着市场化的推进，国家积极推进团体标准制度建设。2017 年 11 月 4 日第十二届全国人民代表大会常务委员会第三十次会议修订的《中华人民共和国标准化法》第二条规定："标准包括国家标准、行业标准、地方标准和团体标准、企业标准。"从法律上进一步明确了团体标准的地位。团体标准和企业标准属于市场标准，由市场自主制定；国家标准、行业标准、地方标准属于政府标准，由政府主导制定。政府标准与市场标准协同发展、协调配套，这是一种新型的标准体系。市场标准除了快速反映市场需求外，其承载的一个重要功能就是创新。目前国内与城市轨道交通相关的机构和社会团体，都已积极开展和参与各类标准的研究与制定。

（四）运营管理

城市轨道交通一旦开通，就进入全生命周期不间断的运营管理过程，必须全面贯彻安全第一的宗旨。从"以人为本"和"安全第一"的宗旨来看，城市轨道交通的运营面临高强度客流的安全风险、网络化运营的统一调度指挥、突发事件的应急管理与处置、与其他城市公共交通体系的相互融合、新型制式类别的系统运营管理模式、庞大的基础设施与机电装备的运行监控与维护保养、乘客对通信手段大容量的需求、运营成本不断上升等许多重大课题。

我国已开通的城市轨道交通运维业务，大多沿用传统的运维模式，运维管理以人工巡检加计划修、故障修为主，普遍存在耗费大量人力资源和易造成过度维修、修程粗放不精细、备件多增加运维成本和预见性差、服务质量不易保证等缺点。这种大量增加人力和物力粗放的运维管理模式，使得运维成本居高不下，并且还继续保持上升态势，既影响了服务质量和经济性的提高，又带来了安全隐患。在网络运营规模迅速扩大的新形势下，后续更大规模线路将开通运营，依靠传统的轨道交通运维模式已经很难满足行业快速发展的需要。

杜心言[23]指出：由于智慧城轨的理念和需求是近些年才出现的新生事物，因此国内外都还处于研究探索的起步阶段。从各地城轨已建成的既有线路和正在建设中的线路（总长约 14 000km）情况来看，绝大部分项目在规划建设或运营策划阶段，都没有像现在这样深入研究过智慧城轨的构建，几乎所有项目都是按照传统运营模式规划建设的。所以，对智慧城轨来说，首先面临的就是这 14 000km 既有线和在建线路的智慧化构建问题。在智慧城轨体系构建的工程实施中，应规避不同区域城市轨道交通项目差异化带来的风险，需要深化项目前期的运营需求规划，并且将安全理念贯穿于项目的全生命周期中，以及融入智慧城市的综合公共交通体系中。

为此，近些年开始进入网络化运营的单位，都在尝试和寻求新的运维模式，并开展了一些围绕提高运维智能化的研究课题和技术创新项目来提高运维业务水平。目前，国内各运营单位在设备检修维护模式、设备运维管理体系以及整体信息化、自动化程度等方面的创新工作都还处于起步阶段。采用大数据、物联网等新技术，构建综合信息管理平台，对轨道交通的关键设备设施进行全生命周期的健康监测和故障智能诊断预警及成本分析，构建新型的智慧运维体系是业界普遍关注的热点。

为解决这些运营管理的难题，在列车自动运行技术、通信信号与综合监控技术、城市级的交通运营监控调度指挥技术、装备运行自动检测和智能运维技术、安检手段和新型装备技术、互联互通管理技术、乘客信息系统技术、信息网络安全技术、全生命周期成本分析技术等领域的研究不断深入，从而给大数据、云技术、物联网、通信终端、节能环保等基础研究学科带来了新的机遇。

综合上述几个方面的问题，国家有关部委和领导对推进城市轨道交通高质量发展提出了明确的指示和要求。

《城市轨道交通运营管理规定》已于 2018 年 5 月 14 日经交通部第 7 次部务会议通过，自 2018 年 7 月 1 日起施行。要求在城轨工程项目可研报告和初步设计文件编制阶段，应当对客流预测、系统设计运输能力、行车组织、运营管理、运营服务、运营安全等提出意见。

2018 年 11 月 8 日，交通运输部副部长刘小明在 2018 年中国国际铁路与城市轨道交通大会上强调：牢牢把握发展机遇，推动城市轨道交通高质量发展。一是确保安全可靠，坚持生命至上、安全第一，以风险隐患管控为核心，把好安全关、质量关。二是注重便捷舒适，持续改善乘客服务体验，推动城市轨道交通与高速铁路、市郊铁路、城际铁路"四网融合"，加强各种交通运输方式有效衔接。三是促进智慧高效，积极推广互联网购票、定制化出行规划等新技术研究应用，拓展城市轨道交通服务的广度和深度。四是推进健康可持续发展，推动加强前期规划和建设论证，探索创新投融资和经营模式，强化城市轨道交通自身"造血功能"[24]。

二、我国城市轨道交通学科发展重点研究方向与前沿科技问题

为了实现城市轨道交通安全、便捷、经济、节能环保的目标，系统中采用的大量技术装备和设施涉及许多技术领域。2012~2014年，中国城市轨道交通协会组织专家组，通过对国内外各地城市轨道交通项目建设和运营过程的调研，以及广泛征求行业内重点企事业单位对城市轨道交通核心技术的意见，提出的城市轨道交通关键核心技术如下：系统综合测试、验证技术；车辆系统集成技术；列车运行控制技术；土建工程建设与养护技术；车辆牵引传动技术；车辆制动技术；运输组织与保障一体化技术；运营安全保障技术；城市轨道交通运营服务关键装备技术。

（一）国家已开展研究项目情况

1. "十一五"国家科技支撑计划

"十一五"国家科技支撑计划重点项目"新型城市轨道交通技术"主要开展以下重点课题研究：城市轨道交通技术发展和创新体系研究与示范（中国土木工程学会）；城市综合交通和轨道交通规划关键技术研究与示范（北京城建设计发展集团股份有限公司）；城市轨道交通标准体系和关键技术标准研究（住房和城乡建设部标准定额研究所）；城市轨道交通运行与控制系统研究（北京交通大学）；中低速磁悬浮交通技术及工程化应用研究（北京控股磁悬浮技术发展有限公司）；100%低地板轻轨车研制（中车长春轨道客车股份有限公司）。

2010年11月9日，"十一五"国家科技支撑计划重点项目"新型城市轨

道交通技术"在北京通过科技部组织的验收。

2. "十二五"国家科技支撑计划

"十二五"国家科技支撑计划项目是"城市轨道交通运输组织、控制及保障一体化关键技术与系统研制",以城市轨道交通系统网络化、一体化、国产化为目标,重点研发以下方向的系统技术:城轨交通网络化运输组织;运营安全综合监控分析与应急处置;新一代城轨交通列车运行控制;城轨交通基础设施全息化移动检测与运营维护;城轨列车运行状态全息检测与故障诊断;城市轨道交通电力系统运行安全关键技术集成及示范。

3. "十三五"开展研究的项目

"十三五"在"十二五"取得丰硕成果的基础上,围绕城轨高端核心技术,依托新组建的国家工程实验室网络平台,更加深入、系统、全面地开展一批重点研究项目。

国家发展和改革委员会三年行动计划中的"重庆轨道交通信号系统互联互通示范工程"国家示范工程项目已经实现了共线载客运行,2019年随着工程进展实现跨线运行;北京市轨道交通燕房线全自动运行系统国家自主创新示范工程已经完成项目验收,其示范成果将在全行业推广应用。

2014～2019年,经中国城市轨道交通协会推荐,由国家发展和改革委员会推动了一批装备示范工程项目:①北京市轨道交通燕房线全自动运行系统(FAO)(国家自主创新示范工程);②重庆轨道交通互联互通(CBTC)系统示范应用工程;③上海轨道交通智能运维系统示范应用工程(车辆、通号、供电);④智慧车站示范工程(广州地铁、深圳地铁、上海地铁);⑤城轨云示范应用工程(呼和浩特、太原);⑥城轨车辆关键零部件试验检验与认证平台(4A车)和城轨交通综合检测车(3B车)(中国铁道科学研究院);⑦中国标准A型地铁列车研制项目(深圳地铁);⑧青岛地铁集团有限公司列车自主运行系统(TACS)示范工程。

这些项目取得了丰硕的成果,带动了一批技术装备创新项目的发展。项目的实践证明,以业主需求为引领,行业合力参与,政府择优推动,是行业科技发展行之有效的创新模式[25]。

(二)城市轨道交通前沿科技问题

归纳起来,国内外城市轨道交通的主要前沿科技如下。

1. 车辆

（1）技术方向方面，主要前沿科技包括：列车自动运行控制技术、智能化列车健康管理技术、互联互通技术研究、车辆智慧运维技术等。

（2）结构形式与制造方面，主要前沿科技包括：新制式运载工具结构形式研究、标准动车组研制、车辆系统集成技术、轻量化技术、车辆制动技术、低地板技术、走行部结构与性能研究、主动导向技术、系统综合测试与验证技术、模块化与系列化研究、设备制造工艺与新材料研究等。

（3）基础研究方面，主要前沿科技包括：地铁车辆动力学参数优化研究、地铁车辆轮轨踏面匹配研究、轮轨及弓网耦合关系研究、车辆减振降噪技术研究、车辆限界标准研究、车辆环境适应性研究等。

2. 牵引供电与传动

牵引供电与传动方面，主要前沿科技包括：新型供电制式技术、新能源技术、中低速磁浮技术等。

3. 基础设施

基础设施方面，主要前沿科技包括：地铁装配式车站施工与工法技术、盾构关键零部件制造技术、轨道减振技术、钢轨磨耗研究、线路小半径大坡度适应性研究、BIM 技术应用研究、深基坑施工安全监控技术、车站及区间隧道高架的工程施工与智能养护技术等。

4. 通信信号

（1）通信方面，主要前沿科技包括：1.8 G 专用频段的 LTE-M 城轨车地安全信息通信的综合承载技术，LTE-U、5G 等宽带非安全信息车地传输应用，提升系统传输的频谱效率和稳定性，降低硬件成本。

（2）信号方面，主要前沿科技包括：基于新型通信手段的 CBTC 技术、全自动运行系统技术；开展 LTE-M 的数据、语音、图像的核心网、空口互联互通测试试验；CBTC 完整的集成试验、通信信号系统动态、静态性能试验、CBTC 各子系统关键设备试验研制、CBTC 各子系统关键技术、CBTC 系统内部接口技术标准等方面的研究、功能试验、性能测试和安全评估；FAO 全自动运行场景、接口、关键技术；基于车车通信的列车自主运行系统（train autonomous circumambulate system，TACS）的关键技术。

5. 运营组织

轨道交通网络化运营监控技术适用于超大规模城市轨道交通网络运营指挥中心的运营监控与协调、应急处置、信息服务。

与运营安全密切相关的技术包括列车自动运行控制、运输组织与保障一体化、智能主动运维、系统安全保障等。其关键技术包括以下方面。

（1）大数据。采用城轨云架构，建立城轨运行、企业管理、旅客服务城轨企业全领域的信息共享大数据平台，并在此基础上进行线网级的大数据分析运用，提升城轨企业智慧化、智能化水平。包括：城市轨道交通数字化建设与评估技术、基于大数据的工程建设 BIM 系统、运营管理信息化技术、对系统设备可能出现的潜隐故障进行预警、实现信号系统设备的状态修及预测修等。

（2）计算机视觉。通过利用视觉设备感知环境，实现主动识别前方障碍物；通过人脸识别区域内的乘客数量，为列车运行图动态优化、客流清分清算等应用提供计算输入；通过态势识别自动有效识别乘客异常乘车行为（如乞讨卖艺、打架斗殴等），为轨道交通智能管理提供更为有效和精确的数据支撑。

（3）机器学习。基于从现场采集的大量运行数据与线路静态数据，通过神经网络进行特征学习，实现列车控制、需求与状态的全局最优规划决策、故障处置自优化、应急状态下的自动生成调度方案，协同处置。

（4）物联网。构建传感器集群网络，实时获得各子系统的工作，本地利用边缘计算能力处理数据，实现系统设备、环境状态的数据采集并集中远程实时监测。

（5）系统智能化。利用互联网、物联网、大数据、智能终端、区块链等综合技术，构建智能化的城市轨道交通机电系统集成模式，以及设备设施与乘客的在线实时信息采集、实时感知监测、故障预警、在线维护保障的新型维保模式，提高运营服务水平。

（6）云计算。利用云平台实现多专业信息深度融合，在中心统一部署轨道交通领域运营系统，动态分配和管理所需的计算、存储、网络、安全资源。

（7）综合智能检测系统。可进行多维实时检测、AI 智能处理、多专业协同分析，并具备车地数据传输和在线预警功能。

（8）互联互通研究。适应资源共享、网络化运营、降低运维成本，实现技术制式的整合，标准化、模块化系统及标准体系建设。

（9）运营服务设备的部分关键零部件制造技术。

6. 系统安全保障与应急管理

（1）基于全生命周期的系统安全可靠性技术。建设覆盖城轨交通全生命周期的可靠性、可用性、可维护性和安全性控制管理体系，如图7-12所示。

（2）城轨交通设施在役安全状态检测。由轨道、桥梁、隧道、接触网等检测子系统构成，可分别完成轨道不平顺、隧道轮廓、接触网几何参数检测以及桥梁状态长时不间断检测。

（3）车载综合数据监测预警。主要包括数据汇聚、实时监测、诊断预警、车地数据传输等功能。

（4）应急管理指挥。构建基于智慧运维的应急管理指挥系统，主要包括数字化预案管理、突发事件处置管理、地理信息系统、环境灾害预警系统、信息传输与数据分析、联动处置、培训演练系统等功能。

（5）主动维保支持。系统具有设施设备的状态评价、故障诊断、隐患挖掘、失效预警、维修建议等功能。

7. 信息化与智慧城轨

2019年9月25日，习近平总书记在考察北京市轨道交通建设发展情况时指出："城市轨道交通是现代大城市交通的发展方向。发展轨道交通是解决大城市病的有效途径，也是建设绿色城市、智能城市的有效途径"；"北京要继续大力发展轨道交通，构建综合、绿色、安全、智能的立体化现代化城市交通系统"[26]。

城轨基础设施包括车辆等多个专业系统，技术复杂，维护工作量大，技术难度高。然而，系统工程建设与装备运维仍然大量采用人工操作，效率低下，技术相对滞后。随着各地城市轨道交通从单线进入网络化运营阶段和智慧城市的进程加快，信息化问题逐步显现：可扩展性方面的业务系统之间的联动性弱、柔性不足和缺乏统一标准等；信息共享方面的"信息孤岛"、信息共享程度低和对企业辅助决策能力不足等；网络应用方面的层次不清、分头建设、多应用混合和应用介入混乱；系统安全方面的信息安全和网络安全保护机制的缺失等，促使城轨领域的信息化、自动化势在必行。针对这些问题，需结合高性能检测装备、物联网监测系统以及维护工作信息化等先进手

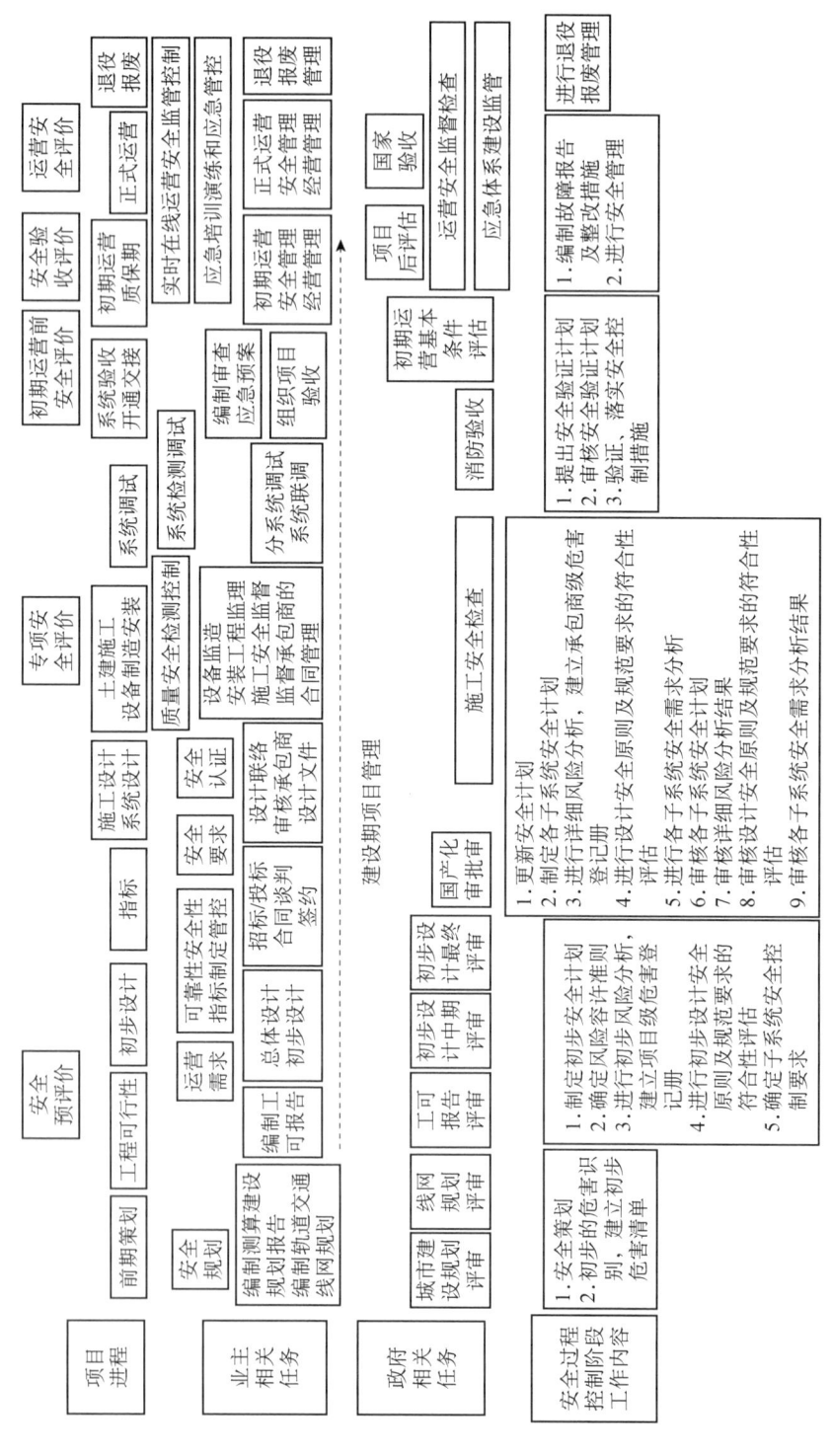

图 7-12 城市轨道交通项目全生命周期质量安全控制与应急管理工作内容

段，对现有城轨工程建设运维装备进行自动化、信息化改造，从而实现建设工程和运营维保工作的智能化。

进入 21 世纪以来，轨道交通的智慧化、智能化逐渐成为世界各国发展的主攻方向。通过新一代信息技术进一步提高轨道交通运输的安全水平、显著提升轨道交通运输组织效率效益和优化运输服务品质，已成为世界各国轨道交通发展的必由之路。在此背景下，德国、英国、澳大利亚、美国、日本等国的轨道交通业界相继提出数字化与智能化发展的战略规划，并制定了实施路线图和重点任务。

2011 年，欧盟发布《欧洲一体化运输发展路线图》白皮书，旨在将欧洲目前的运输系统发展为具有竞争力和高资源效率的运输系统。欧洲铁路研究咨询委员会（ERRAC）同步制定"Rail Route 2050"计划，从智能移动、能源与环境、基础设施等方面，提出具有高资源效率、面向智能化的 2050 年轨道交通系统发展蓝图（图 7-13）。

基础设施	基础设施维修智能化，车站成为运输枢纽
战略与经济	运营智能和自动化，可为当地经济、区域经济和国家经济带来显著的贡献
竞争力和使能技术	技术创新将在使铁路成为欧洲最受欢迎的交通方式方面发挥主导作用
认证	统一互操作认证
安全	感知潜在风险能力，快速自主决策
能源与环境	列车无碳运营，使火车成为对环境友好的出行手段
智能移动	无缝衔接旅程服务，列车准时性达到95%

2050年

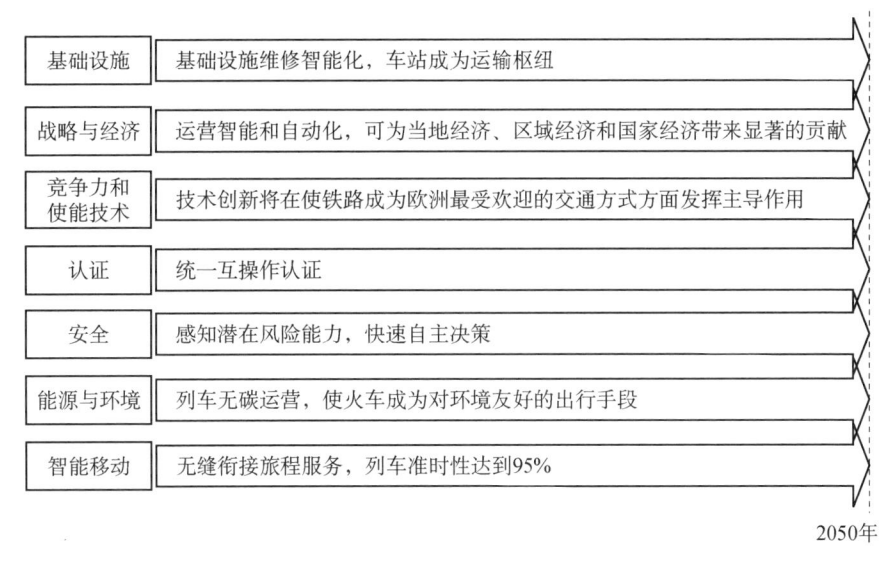

图 7-13　欧洲轨道交通系统发展蓝图[27]

2020 年，中国城市轨道交通协会根据交通强国的精神，组织力量专题研究智慧城轨发展建设问题，经广泛深入的调研，编制了《中国城市轨道交通智慧城轨发展纲要》（下面简称《纲要》）（中城轨〔2020〕10 号）[28]，作为城轨交通行业今后一个时期（2020～2035 年）制定智慧城轨信息化发展的技术政策、技术规范、发展规划和实施计划的指导性文件。

《纲要》提出了智慧城轨的总体发展目标，按照"1-8-1-1"的布局结构，铺画一张智慧城轨发展蓝图（图 7-14），创建智慧乘客服务、智能运输组织、智能能源系统、智能列车运行、智能技术装备、智能基础设施、智能运维安全和智慧网络管理八大体系，建立一个城轨云与大数据平台，制定一套中国智慧城轨技术标准体系。指出，应按照 2025 年和 2035 年"两步走"的战略，分阶段实现总体发展目标。2035 年实现的总体目标是：中国城轨行业的智能化水平世界领先，自主创新能力全面形成，建成全球领先的智慧城轨技术体系和产业链[29]。

智慧城轨的发展目标，1-1-8-1总体布局

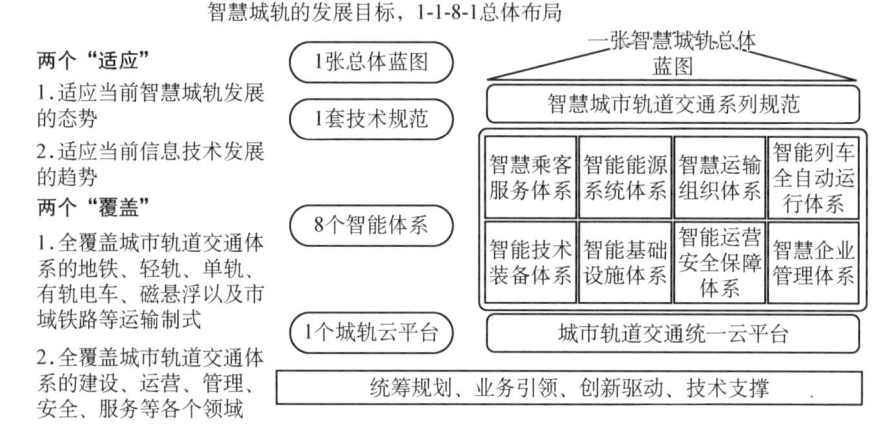

两个"适应"
1. 适应当前智慧城轨发展的态势
2. 适应当前信息技术发展的趋势

两个"覆盖"
1. 全覆盖城市轨道交通体系的地铁、轻轨、单轨、有轨电车、磁悬浮以及市域铁路等运输制式
2. 全覆盖城市轨道交通体系的建设、运营、管理、安全、服务等各个领域

一张智慧城轨总体蓝图
- 1张总体蓝图
- 1套技术规范：智慧城市轨道交通系列规范
- 8个智能体系：智慧乘客服务体系、智能能源系统体系、智慧运输组织体系、智能列车全自动运行体系、智能技术装备体系、智能基础设施体系、智能运营安全保障体系、智慧企业管理体系
- 1个城轨云平台：城市轨道交通统一云平台
- 统筹规划、业务引领、创新驱动、技术支撑

图 7-14 我国智慧城轨的发展目标[23]

8. "十四五"重点示范工程

为落实"交通强国"战略部署，2021 年 11 月，中国城市轨道交通协会在《城市轨道交通发展战略与"十四五"发展思路》研究报告[30]中，提出了城轨总体发展战略、重点发展方向及政策建议，确定了"十四五"重点示范工程项目如下：区域性多网融合示范应用工程；综合资源开发的可持续发展模式示范；系列化中国标准地铁列车示范应用工程；基于新一代通信技术的智能列控系统研究示范应用工程；重大核心关键技术装备创新平台；网络运营协同管控关键技术与示范应用；智慧运维体系建设示范应用工程；绿色城市轨道交通示范应用工程；城轨云数据中心示范应用工程；智慧基础设施建设示范应用工程。

本章参考文献

[1] 中华人民共和国住房和城乡建设部. 城市公共交通分类标准（CJJ/T 114—2007）[S]. 北京：中国建筑工业出版社，2007.

[2] 刘志刚，谭复兴. 城市轨道交通安全工程概论[M]. 北京：中国铁道出版社，2010.

[3] 韩宝明，杨智轩，余怡然，等. 2020 年世界城市轨道交通运营统计与分析综述[J]. 都市快轨交通，2021，34（1）：5-11.

[4] 中国城市轨道交通协会. 城市轨道交通 2020 年度统计和分析报告[J]. 中国城市轨道交通协会信息，2021（3）：1-3，14，39，48.

[5] 中国政府网. 国务院关于激发重点群体活力带动城乡居民增收的实施意见[EB/OL]. https://www.chinanews.com.cn/gn/2016/10-21/8039749.shtml[2023-07-07].

[6] e 车轨道交通. 2021 年中国城市轨道交通行业市场现状及发展前景分析[EB/OL]. https://www.sohu.com/a/456258380_120044369[2023-07-20].

[7] 产业信息网. 2017 年中国轨道交通人均城轨长度及城轨交通线路长度分析[EB/OL]. https://www.chyxx.com/industry/201712/591029.html[2023-07-20].

[8] 郭宝，李玉婷. 基于 TOD 的城市轨道交通融资模式分析[J]. 知识经济，2017（2）：84-85.

[9] 人民网. 发改委：将加强研究出台促进城市轨道交通发展政策措施[EB/OL]. http://politics.people.com.cn/n1/2016/0413/c1001-28273147.html[2023-07-10].

[10] 道客巴巴. 中国北车. 城市轨道车辆技术发展趋势及展望[EB/OL]. https://www.doc88.com/p-3087527987251.html[2023-07-10].

[11] 田葆栓. 多层次多模式多制式城市轨道交通-融合、协调、创新发展[J]. 铁道车辆，2018（2）：83-84.

[12] 杜心言. 轨道交通智能运维与创新平台建设[J]. 现代城市轨道交通，2019（6）：1-9.

[13] 刘卡丁. 城市轨道交通系统安全保障体系研究与应用[M]. 北京：中国建筑工业出版社，2011.

[14] 新华社. 习近平：充分发挥我国应急管理体系特色和优势 积极推进我国应急管理体系和能力现代化[EB/OL]. https://baijiahao.baidu.com/s?id=1651616619249918533&wfr=spider&for=pc[2023-08-07].

[15] 李照星，孙宁，杨润栋. 城市轨道交通车辆和机电设备国产化发展现状分析[J]. 中国铁路，2008，6：55-58.

[16] 中国盾构产业网. 国产盾构机稳占 80%市场份额 超大直径盾构发展迅猛[EB/OL].

[17] 宁滨，郜春海，李开成，等. 中国城市轨道交通全自动运行系统技术及应用[J]. 北京交通大学学报. 2019（2）：1-6.

[18] 华强电子网. 北京轨道交通控制中心方案简介[EB/OL]. https://tech.hqew.com/fangan_1723752[2023-07-30].

[19] 中华人民共和国中央人民政府. 习近平主持中央政治局第十九次集体学习[EB/OL]. https://www.gov.cn/xinwen/2019-11/30/content_5457203.htm[2023-08-11].

[20] 宋敏华，杜心言. 中国城市轨道交通协会助力创新能力建设专项工作[J]. 城市轨道交通，2014（4）：14-16.

[21] 国家发展和改革委员会. 国家发展改革委办公厅关于请组织申报城市轨道交通创新能力建设专项的通知[EB/OL]. https://www.ndrc.gov.cn/xxgk/zcfb/tz/201411/tz0141113_963650.html[2023-08-13].

[22] 中国城市轨道交通协会. 城市轨道交通"十四五"人才培养规划[EB/OL]. https://www.sohu.com/a/500370270_180330[2021-11-10].

[23] 杜心言. 智慧城轨系统构建和工程实施若干热点问题研究[J]. 现代城市轨道交通，2020，（8）：12-19.

[24] 中华人民共和国中央人民政府.2018年中国国际铁路与城市轨道交通大会召开[EB/OL].https://www.gov.cn/xinwen/2018-11/09/content_5338624.htm[2023-08-07].

[25] 中国城轨协会. 2014—2019城市轨道交通装备国家示范工程项目详解[EB/OL]. http://www.ecrrc.com/news/detail-35-226.html[2023-08-10].

[26] 毛强.城市轨道交通：现代大城市交通的发展方向[EB/OL]. https://paper.cntheory.com/html/2019-10/09/nw.D110000xxsb_20191009_3-A2.htm[2023-08-07].

[27] 李平，邵赛，薛蕊，等. 国外铁路数字化与智能化发展趋势研究[J]. 中国铁路，2019（2）：25-31.

[28] 中国城市轨道交通协会：中国城市轨道交通智慧城轨发展纲要[EB/OL]. https://www.wenshuba.com/doc/6105032015002153.html#page4[2023-08-01].

[29] 中国网.《中国城市轨道交通智慧城轨发展纲要》权威解读线上开启[EB/OL]. http://t.m.china.com.cn/convert/c_zLXWLgzQ.html[2023-08-01].

[30] 中国城市轨道交通协会. 城市轨道交通发展战略与"十四五"发展思路研究报告[EB/OL]. https://www.163.com/dy/article/GPOUOPI80511T04N.html[2023-08-01].

第八章 磁浮交通

第一节 概 述

自 1825 年英国开通世界上第一条铁路以来,轮轨铁路一直是轨道交通发展的主体。轮轨铁路利用钢轮和钢轨之间的滚动、接触、摩擦解决列车支撑、导向和驱动问题,具有安全舒适、快捷高效、经济环保等优点,广泛应用于城际高速客运、大宗货物运输和大城市公共交通领域。铁路的迅速发展缩短了人们的时空距离,改善了人类的生活方式,极大地促进了社会进步和经济发展。但是,随着轮轨列车速度和轴重的持续增长,由轮轨之间机械冲击、摩擦磨损引起的列车运行安全性、结构疲劳耐久性、环境振动和噪声问题等受到严峻挑战,而且轮轨列车 350 km/h 以上的提速受到轮轨黏着极限和弓网受流的制约。

20 世纪上半叶,随着电子电气、自动控制、电磁理论和新型电磁材料的快速发展,欧美国家率先提出了一种有别于传统轮轨制式的轨道交通——磁悬浮交通。磁悬浮交通采用磁力支承、导向和牵引列车运行,避免了轮轨铁路由钢轮和钢轨机械接触带来的诸多弊端,具有加速快、振动小、噪声低、爬坡和曲线通过能力强、运行安全舒适等优点,其技术优势基本覆盖了未来安全、高效、智能、绿色交通的所有要素,是一种具有广阔应用前景的新型轨道交通制式,在德国、美国、英国、日本、韩国、中国、俄罗斯、巴西等国家得到重视和发展[1-8]。

一、磁浮交通的特点与分类

磁悬浮（magnetically levitation，Maglev）交通是指利用磁力实现车辆非接触支撑、导向和驱动的轨道交通系统。磁悬浮交通简称为磁浮交通，我国已颁布实施的相关技术标准或规范中均统一使用了"磁浮交通"这一术语。

磁浮交通按悬浮力的产生原理可分为吸力型、斥力型和高温超导钉扎悬浮型三种类型。吸力悬浮又可分为电磁悬浮（electromagnetic suspension，EMS）和永磁-电磁混合悬浮。斥力悬浮包括使用超导线材的超导电动悬浮（electrodynamic suspension，EDS）和采用永磁铁的永磁电动悬浮。高温超导钉扎型悬浮（high-temperature superconducting magnetic suspension，HTSS）利用高温超导块材（非理想的第二类超导体）的抗磁性和钉扎效应为车辆提供悬浮与导向。常导 EMS 磁浮交通以德国的 TR 高速磁浮系统和日本的 HSST 中低速磁浮系统为代表，超导 EDS 磁浮交通以日本的 L0 系超导磁浮系统为代表，目前它们均已达到商业化应用水平。HTSS 磁浮交通是我国西南交通大学提出的原创技术，该校于 2000 年底成功研制出世界首台高温超导磁浮实验车[9]，随后德国、巴西、意大利、俄罗斯等迅速开展跟踪研究[10]。2013 年，西南交通大学研制出新一代高温超导磁浮车"Super-Maglev"，建成真空管道磁浮环形实验线[11]。2021 年，西南交通大学联合中国中车、中国中铁等单位协同攻关，研制出世界首台高温超导磁浮工程样车，建成全长 165 m 试验线。

磁浮交通按其运营速度可分为低速（100 km/h 以下）、中速（100～200 km/h）、高速（200～600 km/h）和超高速（600 km/h 以上）四类。磁浮列车所采用的非接触直线驱动技术可分为直线感应电机（linear induction motor，LIM）牵引和直线同步电机（linear synchronous motor，LSM）牵引两类。低速磁浮列车一般采用 LIM 牵引，短定子线圈安装在车辆上，车载集电装置从地面动力轨上采集电能，仍保留了机械接触式的集电系统。高速磁浮列车采用 LSM 牵引，长定子线圈安装在地面轨道上，牵引动力来自轨道，是真正意义上的非接触式轨道交通。

由于 EMS、EDS 和 HTSS 的悬浮原理区别显著，因此不同悬浮制式磁浮交通的车辆走行部及轨道结构形式有显著差别，技术特点也不完全一样，这与高速铁路、重载铁路和地铁均采用轮轨制式并具有大量通用共性技术不一样。如图 8-1（a）和（b）所示，常导 EMS 磁浮列车利用传统的铁芯电磁铁产生电磁吸力，通过控制器主动调节电磁铁电流，实时改变电磁力大小，从而实现车辆的稳定悬浮和导向[12, 13]。中低速 EMS 磁浮系统一般不设置导向电磁铁，利用悬浮电磁铁的横向回复力导向车辆，而高速 EMS 磁浮系统设置了专门的导向电磁铁，其导向控制原理与悬浮控制基本相同。EMS 磁浮列车的悬浮间隙大小与列车运行速度无直接关系，运行速度为零时，列车可以静止悬浮，额定悬浮间隙为 8～10 mm，因此，EMS 磁浮列车既可以用于高速交通领域，也适用于中低速交通领域[14]。EMS 磁浮列车环抱轨道运行，电磁铁与导轨之间形成闭合磁路，磁场向外界扩散极少，车内外的辐射磁场远低于相关国家标准规定的限值，对人体的影响可以忽略不计。EMS 磁浮交通所使用的工业技术成熟，工程研究历史长，技术成熟度高，目前中国、日本和韩国均已开通运营 EMS 磁浮交通商业线。但是，EMS 磁浮列车的额定悬浮间隙小，对磁浮轨道功能面的制造安装精度和基础结构（路基、桥梁）的变形控制要求极高，难以推广应用于超高速交通领域。

(a) 高速EMS磁浮系统[3]　　(b) 中低速EMS磁浮系统

(c) 高速EDS磁浮系统　　(d) 高温超导磁浮系统

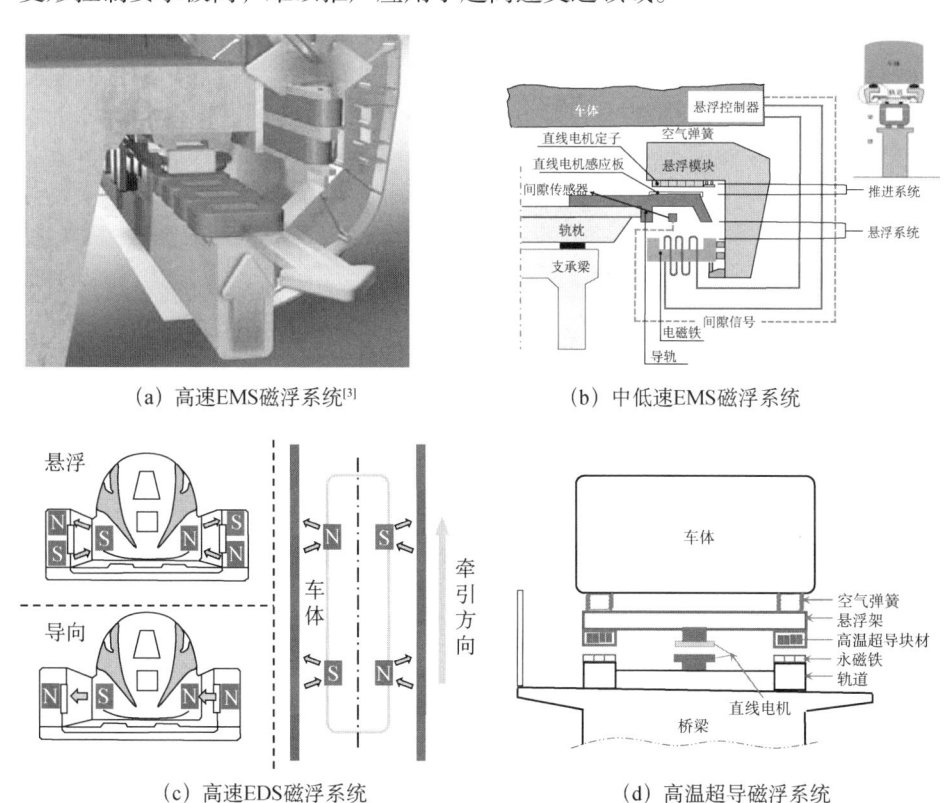

图 8-1　不同类型磁浮交通悬浮/导向/牵引原理示意图

如图 8-1（c）所示，超导 EDS 磁浮列车运行时，运动的车载磁体（使用低温或高温超导带材绕制线圈）使得地面悬浮导向线圈产生感应电流，感应电流产生感应磁场，感应磁场与车载磁体相互作用产生悬浮导向磁力。超导 EDS 磁浮列车的悬浮导向力及悬浮间隙大小均与列车运行速度直接相关，列车静止或以较低速度运行时，悬浮力小于列车重量，需要辅助轮支撑和导向车辆。当列车速度高于起浮速度（100～120 km/h）以后，车辆完全由磁力支撑和导向，悬浮间隙可达 100 mm 以上[15]。超导 EDS 磁浮列车的悬浮和导向不需要进行主动控制，悬浮间隙大，对线路变形和轨道制造安装精度的要求低，因此其尤其适用于高速及超高速交通领域。超导 EDS 磁浮交通也有明显的不足：超导磁体的超低温维持系统复杂，技术难度大；采用了不闭合的高强磁场，磁泄漏较 EMS 制式大得多，需要在车厢内进行磁屏蔽处理；轨道上悬浮导向和驱动线圈的金属材料用量很大，混凝土侧墙需要使用低磁钢筋或高强度玻璃纤维筋，故线路造价较高。

永磁 EDS 磁浮列车和超导 EDS 磁浮列车的悬浮与导向原理基本相同，悬浮间隙可达 40 mm 以上，低速运行时同样需要辅助轮支撑和导向，但车载永磁体不需要低温维持系统[16]。由于永磁体的自重大，永磁 EDS 磁浮列车的悬浮能力与自重比要低于常导 EMS 和超导 EDS 磁浮列车。此外，永磁体需要使用珍贵的稀土材料，容易吸附铁屑，导致其制造安装与运营维护成本高昂，不利于永磁 EDS 磁浮交通的工程推广应用。

如图 8-1（d）所示，高温超导钉扎型磁浮列车无须主动悬浮和导向控制，但车载超导块材需要低温维持系统，且需要永磁轨道提供外部磁场。外磁场在悬浮方向上必须是非均匀的，即一定要有磁场梯度存在，这样高温超导块材才能俘获一定的磁场，形成钉扎效应。HTSS 钉扎型磁浮列车可以静止地稳定悬浮在外磁场中，悬浮间隙可达 20 mm，悬浮力大小、悬浮间隙与列车运行速度无直接关系。但是，HTSS 磁浮交通轨道上的永磁铁用量非常大，永磁轨道制造安装和运营维护成本高。此外，目前高温超导的物理机制还没有得到完全揭示，高温超导块材的制备成本非常高，极端环境下高温超导块材的物理力学性能及失超问题等尚未进行充分研究，因此，高温超导钉扎型磁浮交通技术发展仍面临诸多科学与技术挑战。

二、磁浮交通的技术优势

（一）具有更高的速度能力

传统轮轨列车的最高运行速度受到轮轨间的摩擦和弓网高速受流的制约。轮轨系统全天候可利用的摩擦系数一般在 0.36 左右，用轮轨黏着系数来表示可利用的轮轨摩擦系数，用黏着重量来表示能产生牵引摩擦力的列车重量，它们的乘积就是列车可发挥的最大牵引力。在平直道和列车全动轴的条件下，根据我国电力机车的牵引黏着公式计算，可得到单位列车重量的牵引力；参考我国"和谐号"高速列车的功率配置和速度，可大致得到单位列车重量的基本阻力。由图 8-2 中列车牵引能力、基本阻力随速度变化曲线可知，两条曲线最终会有一个交点，其对应的速度即最大极限速度。

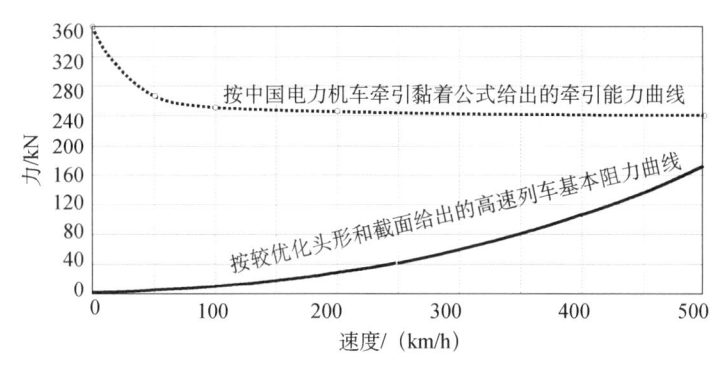

图 8-2 列车牵引能力与基本阻力随速度变化曲线[14]

轮轨列车运行中车顶受电弓的弓头碳滑板需要与架空接触导线保持接触，在滑动接触中实现牵引列车所需电能的传输，运行速度越高，保持稳定受流的平均抬升力越大。接触力过大会使碳滑板磨耗过快，过小则会使接触电阻变大，消耗电能并产生热量，甚至会出现弓网脱离，供电瞬时中断并产生空气拉弧放电，影响正常运行。从弓网受流的动力学角度分析，当受电弓运行速度等于甚至超过接触线上的弹性波传播速度时，将导致接触线上的变形分布以类似于空气动力学中马赫锥的形式出现。图 8-3 给出了弓网受流参数对列车最大运行速度的影响，通常列车最大运行速度不应超过接触线波速的 70%，该限制速度甚至低于轮轨摩擦的限制速度。因此，轮轨列车的最大速度同时受到轮轨黏着极限和弓网受流极限的制约。

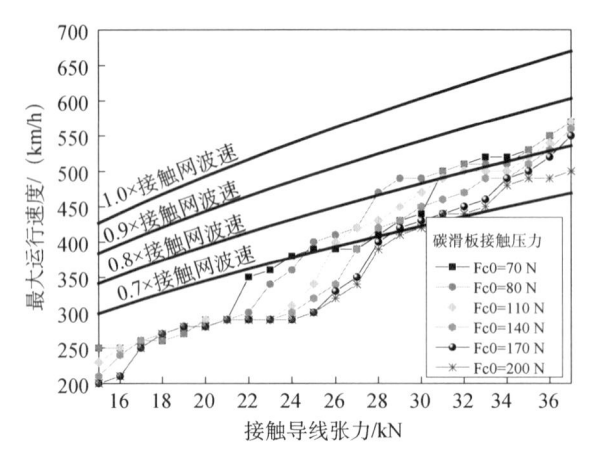

图 8-3 弓网受流参数对列车最高运行速度的影响[14]

对高速磁浮列车而言，列车运行速度的提升不存在摩擦因素的制约，也不存在大功率电能的受流制约，列车辅助装置虽然仍需要消耗一定的电能，但其功率远远低于牵引动力的功率，可以通过非接触感应供电的方式实现。因此，磁浮列车是当今唯一已实现运营速度 400 km/h 以上的地面客运交通工具，且原理上实现更高的运营速度也不存在制约因素。因此，磁浮列车作为未来运营速度达到 500～1000 km/h 的地面轨道交通，具有不可取代的技术优越性。

（二）具有更强的曲线通过能力

传统铁路依赖于轮轨接触的几何形状以及接触摩擦力的效应实现自然转向。这种方式通过中大半径曲线的速度必须受到严格限制，其限制指标主要是脱轨系数和轮重减载率，在任何情况下脱轨系数（轮轨接触横向力和垂向力之比）不能超出 1.0 左右（不同的国家或运营商的要求会略有差异），超速通过曲线极其危险。此外，轮轨列车以极低的速度通过车场线时，也易出现爬轨脱轨的现象，一般需要通过加大车场线曲线半径并结合轮缘涂油等措施来减小这一风险。

与轮轨列车不一样，EMS 和 EDS 磁浮列车的横向运动完全受轨道的约束，正常运行时完全依靠磁力实现非接触导向。EMS 磁浮列车的悬浮架抱轨运行，即使列车导向失效，车辆也不会脱离轨道。EDS 磁浮列车在 U 形轨道中运行，也不存在列车脱轨问题。由于这两种高速磁浮列车都没有脱轨的风险，理论上允许列车通过较小半径的曲线，或以较大的未平衡离心加速度通过曲线，或允许曲线有较大的横坡角以提高列车曲线通过速度。考虑到乘客的耐受性，通常会限制通过曲线时的未平衡离心加速度，该值大约为 0.7 m/s^2。表 8-1 对比了 EMS 高速磁浮交通与高速铁路的线路最小曲线半径参数，表中数据说明，高速磁浮交通的曲线通过能力优势十分显著。

表 8-1 典型高速铁路线路最小曲线半径与高速磁浮线路对比

国家	线路名称	运营速度/(km/h)	曲线半径/m	超高/mm	欠超高/mm
日本	东海道新干线	220（270）	2500	180（200）	60（110）
	山阳新干线	250	4000	180	30
	东北、上越和北陆新干线	250	4000	155	60
法国	东南线	300	4000	180	65
	大西洋线	300	4000	180	65
	地中海线	300	7000	180	65
德国	汉诺威-维尔茨堡	250	7000	85	90
	曼海姆—斯图加特	250	7000	85	90
	汉诺威—柏林	250	4400	85	90
	科隆—法兰克福	300	3500	170	150
中国	新建高速铁路	250 350	有砟 3500	有砟 150	90
			无砟 3200	无砟 175	
			7000	175	
TR 高速磁浮	—	500	5750	超高角 12°	受舒适度限制

（三）具有更强的爬坡能力

磁浮列车的爬坡能力取决于为直线电机定子提供电能的功率配置，因不受轮轨摩擦限制，理论上能适应比轮轨铁路大得多的坡道。大坡道不仅可减少展线，而且能缩短线路长度、减少隧道数量，有利于节省工程成本。

德国 TR 高速磁浮列车的坡道能力最大可达到 100‰。法国高速铁路采用全高速模式，通常采用的最大坡度为 35‰。德国在高速客运专线上，最大坡度可达 40‰。日本高速铁路采用全高速模式，新干线最大坡度多为 15‰，困难地段也采用了 30‰ 的长大坡。我国高速铁路通常采用 12‰ 坡度，困难地段也可采用 20‰ 的坡度。

对列车在坡道上的运行速度而言，由于高速铁路的牵引和制动都依赖于轮轨摩擦，因此列车在坡道上的运行速度应受到严格限制，上坡时速度受到车载牵引功率的限制，下坡时速度受到安全制动距离的限制。对高速磁浮列车而言，这一影响则小得多，要达到较高的上坡速度，可设置更大的地面配电站功率，以较大速度下坡时的安全制动距离也取决于配电站功率。

相较于传统的轮轨列车，磁浮列车在速度、弯道和爬坡能力这三项最重要的技术指标上均具有显著优势。这些优势使得高速磁浮交通的线路规划和建设相比高速铁路更具灵活性，由此带来的成本优势（更短的坡道展线、更易实现的高架跨越、减少隧道数量、较小的弯道甚至更短的总长度等）将可平衡磁浮系统长定子、配电站、道岔等地面设施的成本。因此，从系统建设总成本的角度综合考虑，尽管高速磁浮交通的速度相比高速铁路有显著提高，但其建设成本有望控制在与高速铁路相当或略高的水平。以德国所做的成本比较为例，在平原地区高速磁浮的建设成本比高速铁路增加约24.4%，而最大运用速度提高了约43%。

（四）具有低振动优势

传统轮轨铁路的钢轮与钢轨刚性机械接触，通过车轮对线路施加集中载荷，存在大承载的滚动轴承、传动齿轮、旋转电机等高速旋转部件。因此，从有轨电车、地铁到高速铁路，其振动噪声问题都较为突出，且解决困难。对于高速铁路而言，还存在位于车顶的受电弓与接触网之间的机械摩擦噪声。

磁浮列车在额定载客情况下单节车辆每延米重量为2~2.5 t，与高速动车组车辆基本相当，由于相比轮轨高速列车消除了机械接触、车辆沿线路施加的载荷为均匀分布方式，也完全消除了大承载的滚动部件，因此磁浮列车机械结构振动及其引起的噪声问题会明显好于轮轨列车。

德国和中国常导EMS高速磁浮交通已开展的振动测试分析均表明，对时速400 km的高速磁浮交通，在距离线路55 m之后，其对环境的振动就完全衰减，不会被察觉；即使在线路支墩上方，列车以该速度通过时的振动水平也只达到工业区白天对住宅振动影响的上限值。

（五）具有高运行安全优势

磁浮交通的高安全性主要表现在：磁浮列车环抱轨道行驶，或者运行于槽型轨道中，运行过程中消除了机械接触，在机理上不存在脱轨风险；在紧急状态下有电制动、涡流制动和摩擦制动多重制动措施保证；高速磁浮车上没有大功率的牵引变流器、没有大承载的滚动轴承；列车各悬浮点具有机械冗余措施；EMS高速磁浮系统采用主动控制，可根据外界环境的变化通过悬浮导向系统主动调节悬浮导向间隙，如超出可调范围则导向安全停车；运行控制与安全防护技术保证列车不会追尾和对撞，并保证妨碍正常运行的故障均会导向安全停车；列车的运行由地面控制，并将巡检车纳入了运行控制系统实现联锁，使高速磁浮交通更具安全性；列车即使在极端故障情况或紧急情况下仍能保持悬浮和制动功能；列车内部配件及电器装备均按照飞机防火标准设计；列车头部装有防撞装置，用于吸收碰撞能量、保护乘客；系统对于地震、大风、雷电等各类自然灾害具有很强的适应性。

上海高速磁浮线自2003年开通运营以来已安全运行20年，充分验证了高速磁浮交通系统的安全性和可用性，准点率与兑现率分别达到99.89%和99.93%，从未发生过人员受伤事件，仅发生过一次因蓄电池老化引起的局部火灾，这一问题的原因已分析明确并采取了相应措施。我国长沙磁浮快线、北京磁浮S1线投入运营以来，运行图兑现率达到99.9%以上，未发生过结构安全事故和人员伤害事件。随着高速磁浮交通、中低速磁浮交通工程应用技术的提升和运营经验的积累，磁浮交通系统运行的安全优势会进一步显现。

（六）具有低运营维护成本优势

轨道交通运营维护成本包括维持轨道交通运营所需的能源消耗费用（主要指电能）、设施设备维护维修费用、车站和车辆环境整治费用和人工成本等。以上海高速磁浮线为例，除了牵引能耗不可避免外，其运营维护成本对运营速度不敏感。由于非接触运行不存在机械磨耗，避免了高转速大承载的滚动轴承，列车上没有大功率变流设备及相应的冷却装置，列车载荷基本均匀地沿线路分布作用等因素，使得列车以时速300 km运行的运营维护成本与以时速430 km运行的运营维护成本基本相当。结合高速磁浮交通速度高、起停快、机械维修量小等特点，其运营维护优势明显。长沙磁浮快线的运营实践也表明，中低速磁浮列车和线路的养护维修工作量约为地铁的1/3，其运营维护成本明显低于地铁和轻轨系统。

三、磁浮交通的发展需求分析

（一）第四次工业革命必将推进高速磁浮交通发展

"更高、更快、更强"是奥林匹克运动格言，也是地面交通发展恒久不变的目标。每一次工业革命都标志着人类社会文明发展达到了一个新的里程碑，图 8-4 从纪年的尺度清晰地描述了人类科技进步与地面交通速度相辅相成的关系。

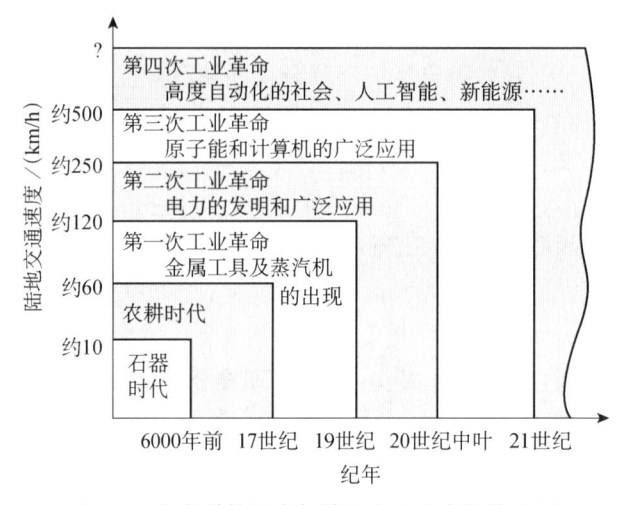

图 8-4　人类科技进步与陆地交通速度的关系[14]

随着 17 世纪蒸汽动力机械的发明和应用，现代轨道交通应运而生，之后轨道交通进入了快速发展阶段，牵引能力已能满足大运量客货运输需求。以电气化为代表的第二次工业革命，实现了轨道交通的高速化。1964 年日本东海道新干线开通，地面大运量旅行速度突破了 200 km/h，1983 年、1991 年法国和德国相继开行高速列车，速度分别达到 270 km/h 和 250 km/h，较之第一次工业革命时代大约翻了一番。以计算机及信息化为表征的第三次工业革命之后，传统轨道交通牵引能力显著增长，我国普遍开行 350 km/h 高速列车，且有望将运行速度进一步提升到 400 km/h。以高速磁浮列车为标志，基于材料、电子、信息、控制技术最新发展的新型大运量轨道交通的运行速度已可达到 500 km/h，较第二次工业革命的地面大运量交通速度大约又翻了一番。进入 21 世纪，迎来了以新能源、人工智能、量子通信等为特征的第四次工业革命的曙光。可以推断，推升轨道交通速度的诉求不会改变，地面轨道交通速度是否能再翻一番达到 1000 km/h 值得期待，而磁浮轨道交通最有可能实现这一目标。尽管航空方式已实现了 1000 km/h 的旅行速度，但地面高速交通仍有必要，其对沿线经济的带动作用和转移航空客流、减少高空温室气体排放的影响极为明显。

（二）绿色、高效、智能磁浮交通符合我国未来社会经济发展诉求

截至 2022 年底，我国共有 254 个民用运输机场，其中包括 69 个对外开放机场，通往国外 138 个城市，这些机场散布于广阔的国土上，国内远距离城市间基本上能实现 4 h 通达，东部 4 个国内主要的国际航空枢纽承担了约 1/3 的国际旅客中转量，是我国城市与国外城市点对点联通的主要客流通道。与国土面积广阔的其他国家相比，我国人口众多，仅靠点状离散分布的城市圈难以承受人口、资源和交通的压力，尽管形成了东部经济圈，但随着经济的持续发展，长三角、珠三角、京津冀、成渝地区等城市群经济圈最终也将达到承受的极限。

自 2008 年京津城际第一条高速铁路投入运营以来，截至 2020 年底，我国高速铁路路网规模已达到 3.8 万 km，"四纵四横"高速铁路网基本成形。为全面建成交通强国，2019 年 9 月我国颁布实施了《交通强国建设纲要》；2021 年初又发布了《国家综合立体交通网规划纲要》，指出：到 2035 年，基本建成便捷顺畅、经济高效、绿色集约、智能先进、安全可靠的现代化质量国家综合立体交通网，实现国际国内互联互通，全国主要城市立体畅达、县级节点有效覆盖，有力支撑"全国 123 出行交通圈"（都市区 1 小时通勤、城市群 2 小时通达、全国主要城市 3 小时覆盖）。到 2035 年，国家综合立体交通网实体线网总规模合计 70 万公里左右（不含国际陆路通道境外段、空中及海上航路、邮路里程），其中铁路 20 万公里左右。形成由"八纵八横"高速铁路主通道为骨架、区域性高速铁路衔接的高速铁路网。强化前沿关键科技研发，加强对可能引发交通产业变革的前瞻性、颠覆性技术研究，合理统筹安排时速 600 公里级高速磁悬浮系统、时速 400 公里级高速轮轨客运列车系统、低真空管（隧）道高速列车等技术储备研发；研究推进超大城市间高速磁悬浮通道布局和试验线路建设[17]。统筹发展高速铁路主通道和区域城际铁路，不仅适应我国这样一个人口大国的经济发展需要，对改变我国居民的生活方式、改善人口分布、产业布局和城市群演变、促成沿高速铁路经济带的形成也将发挥重要作用。

公路交通具有直达、开放、经济、灵活和全覆盖的特性，是地区间最直

接、最有效的运输方式，也是综合交通体系达到目的的最后一环。由于速度影响范围有限，因此在其速度影响范围之内它是高效、经济、灵活、便捷的，而在超出其速度影响范围后的中长距离交通中，这些优势随距离的增加而递减。公路交通在有限区域内实现全面积覆盖，因此在综合客运体系中其客运量占绝对多数。但随着高速铁路网的建成，2015年铁路的旅客周转量已逐渐超越公路，其中高速铁路对铁路客运周转量的贡献超过1/3，这充分说明了我国对地面高速大运量轨道交通的需求旺盛，也表明发展高速铁路非常适用于我国人口众多、经济活跃、布局有待改善的国情。

2003年，上海浦东机场至龙阳路地铁站30 km高速磁浮线路正式开通，最高运营时速430 km。上海高速磁浮线开通以来，我国对高速磁浮交通的研究和国产化工作一直在持续，高速磁浮列车车厢已通过引进技术实现了国产化，高速铁路的产业基础也为高速磁浮悬浮、运控等关键技术的国产化打下了较好的基础。2016年，我国又立项开展了时速600 km高速磁浮交通关键技术研发，可以说，目前中国高速磁浮交通已基本具备了高速铁路发展初期所具有的技术基础和产业条件。高速磁浮交通实现自主化设计和制造使未来我国更高速度的地面大运量快速通道的构建成为可能。高速磁浮交通作为高速铁路的拓展，将以突出的速度优势缩短时空距离，强化地面高速轨道交通的积极作用。

（三）非接触磁悬浮是超高速低真空管道交通的必然选择

超高速域从亚音速直至超音速，将轨道交通置于真空管道环境中是目前唯一的途径，依赖磁悬浮实现车辆非接触运行也是必然选择，两者合而为一形成了真空管道磁悬浮技术路线。

从公共客运交通属性来看，目标速度的确定并不是仅按交通工具的特定能力来确定的，需要考虑多方面因素合理确定。超高速轨道交通的最低要求是能达到与航空相当，实现转移航空客流的目的，其次是要满足未来公众对更高速度的期望。作为公共客运工具，1000～2000 km/h速度范围是超高速域磁浮轨道交通努力的目标[18]。从非公共交通属性，利用数倍于音速的磁悬浮轨道式超级载体，可以成为多种科学试验的平台工具。美国的磁浮滑橇达到了1019 km/h的最高速度，且最终目标是马赫数9.1，中国也在开展类似研究，由西南交通大学承担的"多态耦合轨道交通动模拟试验平台"的建设工作业已启动。

超导EDS磁浮列车的悬浮间隙大，无须主动控制，在日本已实现时速

603 km 的超高速试验运行，在技术原理上更容易达到超过 1000 km/h 的速度；常导 EMS 和高温超导钉扎型磁浮列车理论上也适用于超高速域，但目前还没有相关试验验证的报道。因此，超高速磁浮列车采用真空管道技术（ETT）+超导电动悬浮（EDS）技术路线更具有工程可行性。"真空管道技术（ETT）+高温超导钉扎悬浮（HTSS）"方案具有无须主动控制、可静悬、零磁阻等优势，但需要提高列车载重能力和导向能力、降低永磁轨道制造和运维成本等。

（四）中低速磁浮交通是现有城市轨道交通系统的有益补充

当前我国仍处于高速城市化的过程中，不可避免地出现雾霾、拥堵等"城市病"，中低速磁浮交通具有低振动、低噪声、无污染、线路适应性和环境兼容性好等优点，在解决城市交通拥堵问题、污染问题等方面具有优势。相比于轮轨交通方式，磁浮交通的优势在于坡道能力和弯道能力强，列车对线路和车辆产生的振动冲击更小，系统运营维护成本较低；劣势在于产业链还不够完善和成熟，轨道结构的专用性导致其所需一次性投入的建设成本较高。但是，随着中国城市化的不断发展和磁浮交通技术的不断进步，中低速磁浮交通在中国的城市化进程中必将得到进一步的发展和推广应用。

第二节 国内外研究现状、面临的问题及发展趋势

磁浮交通概念最早发源于德国[19]，工程化研究始于 20 世纪 60 年代，至今已有 60 多年的历史。磁浮交通技术在德国、日本、中国、韩国得到了大力发展，美国、加拿大、巴西、俄罗斯、意大利、瑞士、伊朗等国家对磁浮交通的未来应用抱有极大期待。美国、加拿大等很早就提出了磁浮交通的概念设计方案和技术路径，巴西研制了高温超导磁浮试验样车。在时速超过 1000 km 的超高速轨道交通领域，美国、欧洲和中国的研究人员分别提出了各自的设计方案，已经建成或正在规划建设多条短距离低真空磁浮交通试验线。

进入 21 世纪以后，磁浮交通的工程化应用步伐明显加快。在高速磁浮交通领域，采用德国常导 EMS 磁浮技术的上海高速磁浮线于 2003 年实现了商业运行。2015 年 4 月，采用 EDS 制式的日本 L0 系低温超导磁浮列车在 42.8 km 山梨试验线上创造了 603 km/h 的轨道交通世界最高速度纪录，目前正在修建 286 km 东京东品川至名古屋商业示范线[6]。在中低速磁浮交通领

域，采用常导 EMS 制式的日本 HSST 中低速磁浮列车于 2005 年在名古屋 TKL 磁浮线上实现了商业示范运行。2016 年 3 月，韩国 6.1 km 仁川机场中低速磁浮线投入正式运营，同年 5 月我国长沙磁浮快线投入运营，2017 年底北京中低速磁浮 S1 线投入运营。

一、中低速磁浮交通的发展概况

（一）日本 HSST 磁浮系统

日本从 1972 年开始研发中低速磁浮交通系统，1975 年制造出 HSST-01 第一代低速磁浮试验车，其特点是采用了倒 U 形轨道与 U 形电磁铁构成悬浮系统，具有侧向自稳功能，采用短定子异步电机推进。1978 年 2 月，HSST-01 磁浮列车试验速度达到 307.8 km/h，同年 5 月制造出 HSST-02 磁浮试验车，装备了二系减振系统，试验最高速度为 100 km/h。在 1985 年筑波世界科技博览会和 1986 年加拿大温哥华交通博览会上，日本 HSST-03 实用型磁浮列车进行了载客运行演示，该车的主要特点是采用磁浮模块结构，其作用相当于轮轨车辆的转向架。HSST-04 磁浮列车于 1987 年问世，车长 19.4 m，自重 24 t，可容纳乘客约 70 人，设计速度为 200 km/h，与 HSST-03 不同的是，车辆走行机构从外侧包住线路。1989 年，HSST-05 型磁浮列车在横滨国际博览会上演示，最高速度达到 55 km/h。

20 世纪 90 年代，日本成立 CHSST 磁浮交通公司，重新定义中低速磁浮交通市场目标与技术需求，推出了最高运营速度为 100 km/h 的 HSST-100S（短车身，每车 3 转向架）和 HSST-100L（长车身，每车 5 转向架）两种低速磁浮车型。HSST-100S 磁浮列车由两节车厢组成，全长 17.55 m，车辆高 3.3 m，宽 2.6 m，自重 18 t，最大负载重 30 t，最高速度为 110 km/h。在名古屋附近的大江试验线上，日本对 HSST-100S 进行了多项面向应用的试验，最高运行速度达到 130 km/h。1995 年，在 HSST-100S 的基础上日本研制出 HSST-100L 磁浮列车，其车辆长度由 HSST-100S 的 8.5 m 增加到 14.4 m。

2005 年，日本在名古屋市郊建造了 8.9 km 长的低速磁浮商业运营线，即 TKL 东部丘陵线。TKL 线上 Linimo 磁浮列车以 HSST-100L 列车为基础，其特点是 3 车编组，列车全长 43.3 m（包括连接装置），定员为每列 244 人（座席 104 人），设计最高速度为 100 km/h[20]。Linimo 磁浮列车的设计运营能力是 30 000 人/d，高峰时 3500 人/h。表 8-2 给出了日本 HSST 系列磁浮列车的主要技术参数。

表 8-2　日本 HSST-100S、HSST-100L 和 Linimo 磁浮列车的主要参数

	HSST-100S 型	HSST-100L 型	Linimo（3 车编组）
尺寸（长×宽×高）	8.5 m×2.6 m×3.4 m	14.4 m×2.6 m×3.4 m	43.3 m×2.6 m×3.45 m
重量（空、满载）	11 t/车　15 t/车	17 t/车　25 t/车	17.3 t/车　28 t/车
载客量	67 人/车	110 人/车	244 人/3 车
最大运行速度	100 km/h	100 km/h	100 km/h
最大坡度	7%	7%	6%
最小曲线半径	25 m	50 m	75 m
最大加速度	4.0 km/h/s	4.5 km/h/s	4.0 km/h/s
最大减速度	4.0 km/h/s	4.5 km/h/s	4.0 km/h/s

（二）韩国 UTM 磁浮系统

20 世纪 80 年代中期，韩国现代精密加工公司开始研究磁浮交通技术，1985 年研制出第一辆技术论证车型 HML-01，随后研发出 HML-02、HML-03，以期为市区交通运输服务。1992 年，大宇重工成功制造出 3 辆车编组的磁浮列车，可用于城市内部（如市区和郊区之间或机场和城市之间）的交通运输。1997 年，韩国机械与材料研究院与韩国现代集团合作设计出商业化样机 UTM-01。1998 年，韩国机械与材料研究院与韩国铁道制造公司合作推出 2 辆车编组的 UTM-01 磁浮列车。

2002 年，由韩国现代集团、大宇集团、韩国重工成立的韩国轨道公司成功开发出磁浮车辆 MLV，车辆最高设计速度 110 km/h。2006 年，韩国推出 UTM-02 磁浮列车，随后在大田科技博览园中建成中低速磁浮工程试验线，标志着韩国磁浮列车技术开始向商用转变。2011 年，韩国动工建设仁川机场低速磁浮线，2016 年 2 月该线投入正式运营[21]。

（三）中国中低速磁浮系统

我国中低速磁浮交通技术研究始于 20 世纪 80 年代，早期主要由西南交通大学、国防科技大学、中国铁道科学研究院等单位开展基础研究。1989 年，国防科技大学成功研制出我国第一台小型磁浮原理样车。1994 年，西南交通大学研制出自重 4 t、悬浮高度 8 mm 的中低速磁浮试验车；2001 年，在青城山建成中低速磁浮试验线，这是我国自行研制、设计和施工的第一条磁浮试验线，线路长 420 m，车辆长 11.2 m、宽 2.6 m、高 3.3 m，轨距 1700 mm。2002 年 4 月，国防科技大学在校园内建成中低速磁浮试验线，线路全长 204 m，包括一段 100 m 半径弯道和 4‰ 的坡度，轨距为 2.0 m，车辆

长度 15 m，可载客 130 人（图 8-5）。

(a) 成都青城山磁浮试验线

(b) 国防科技大学磁浮试验线

(c) 唐山磁浮试验线

(c) 株洲磁浮试验线

图 8-5 中国中低速磁浮试验列车及试验线

2005 年初，上海中低速磁浮工程试验线在临港新城开工建设，2006 年建成通过项目验收。上海中低速磁浮试验线正线长度为 1.72 km，出入库线长度为 206 m，厂房内线路长度为 60 m，线路上设置了 50 m 半径和 70 m 半径曲线段，还设置了长度为 205 m、坡度为 70‰的纵坡。上海中低速磁浮试验列车为三节编组，列车最高运行速度 100 km/h。

2008 年 5 月，中车唐山机车车辆有限公司在厂内建成中低速磁浮试验线并投入试验运行。唐山磁浮试验线包括轨道直线、半径 100 m 和 50 m 曲线和 70‰坡度线路，试验线全长 1.547 km。唐山中低速磁浮列车先后研制了两代车型，第一代车是中低速磁浮工程化样车，该车仅 1 节，为四转向架结构。第二代车是实用型中低速磁浮列车，列车采用 3 辆编组方式，为五转向架结构。实用型车采用的供电制式是 DC1500 V，短定子直线感应电机牵引，采用侧向供电轨受流方式。

2011 年，中车株洲电力机车有限公司动工建设中低速磁浮交通试验线，试验线正线长 1.57 km，线路上设置了 50 m 半径平曲线、1500 m 半径竖曲线和 70‰坡度坡道，桥梁结构多采用跨度 16~25 m 的简支梁桥结构，线路小半径地段及有特殊跨越要求时采用连续梁及其他特殊结构。株洲磁浮试验线的车辆采用 EMS 型电磁悬浮技术和异步直线电机驱动技术。列车采用 3 辆编组方式，采用铝合金材料及复合材料车体，宽幅车身。

利用唐山磁浮试验线、株洲磁浮试验线和上海临港中低速磁浮试验线，我国完成了低速磁浮列车悬浮控制及驱动系统设计与制造、线路轨道与道岔建设、车体设计与制造、信号系统的集成等关键技术研究与实施。在试验线上完成了悬浮电磁铁、牵引电机、牵引逆变器、辅助逆变器、高压电器箱、悬浮蓄电池以及列车称重、平稳性、噪声、电磁兼容、防水等型式试验，列车各种载荷工况下悬浮系统、牵引系统、制动系统、振动频率等研究性试验。正是这些扎实的基础理论研究、关键技术开发和工程试验验证，促使我国中低速磁浮交通步入工程实用化推广应用阶段。

2011 年 2 月，北京中低速磁浮交通线（地铁 S1 线）工程开工建设，S1 线起点为门头沟区的石门营站，终点为石景山区苹果园站，线路全长 10.2 km，其中高架段 9.9 km，隧道段约 0.278 km，共设高架站 8 座。2017 年 12 月北京 S1 线正式开通运营，其线路图如图 8-6 所示。2014 年 5 月，湖南省开始建设长沙南站至长沙黄花国际机场的磁浮交通线，长沙磁浮快线全长 18.55 km，全程高架敷设，设车站 3 座，预留车站 2 座，在长沙南站北侧设车辆段一处，在车辆段内设置控制中心一座。长沙磁浮列车采用 3 节编组，设计速度为 100 km/h。2016 年 5 月，长沙磁浮快线开通运营，这是中国第一条自主设计、自主制造、自主施工、自主管理的中低速磁浮交通商业线，其线路图如图 8-7 所示。

图 8-6　北京中低速磁浮交通示范线（S1 线）线路图[22]

图 8-7　长沙磁浮快线线路图

北京地铁 S1 线和长沙磁浮快线的成功运营，标志着我国已掌握中低速磁浮交通核心技术和系统集成技术，具备了设计建造中低速磁浮交通系统的技术基础。湖南凤凰磁浮观光快线于 2022 年 5 月开通运营，广东清远磁浮旅游专线正在建设中，计划于 2023 年底正式投入运营。

二、高速磁浮交通的发展概况

（一）德国 TR 高速磁浮系统

1922 年，德国人赫尔曼·肯佩尔（Hermann Kemper）提出了磁悬浮铁路概念，并于 1935 年研制了世界上最早的磁悬浮实验模型。1969 年，德国联邦政府技术与研究部提出了关于"高运力快速铁路系统"的研究计划，德国正式开始高速磁浮交通技术研究。

在高速磁浮交通概念设计阶段，德国于 1969 年研制了重 80 kg 的悬浮列车实验室原理模型，后来把它列入 Transrapid 计划，简称 TR01。在 TR01 磁浮原理实验车的基础上，1971 年发展了由短定子直线感应电机推进的 TR02 磁浮试验车。1974 年又研制了 MBB 型磁浮列车系统，采用了主动控制的导向系统，推进系统是短定子直线感应电机。同年，克劳斯玛菲（Krauss-Maffei）公司成功研制 TR04 磁浮试验车，采用了短定子直线感应电机驱动，车长 15 m，重 20 t，有 20 个座位，线路长 2400 m。早期的德国磁浮列车的共同特点是：采用短定子异步电机推进，在刚性的车厢底板上直接固定电磁铁，电磁铁之间没有相对运动自由度。这种系统结构虽然比较简单，容易实现，但由于电磁铁之间的耦合作用，车辆悬浮稳定性差，与轨道系统容易发生共振。在 TR04 磁浮车辆试验没达到预期效果以后，德国研究人员认为悬浮控制概念存在问题。因此，1976 年，MBB 公司提出了以"磁轮"概念为基础的分层递阶的系统结构概念，并研制了机械解耦、分层递阶控制的磁浮试验车辆系统 KOMET，该系统的推进采用了火箭技术，时速可达到 400 km，试验取得了预期的效果。

综合 KOMET 试验车成功的悬浮与导向系统结构以及 HMB2 试验车的长定子推进技术，德国蒂森·亨舍尔（Thyssen Henschel）公司和西门子公司合作研制了 TR05 磁浮列车系统。列车采用了两节车辆编组，总长 26 m，试验线长度 908 m，载客运行试验速度达到 75 km/h。TR05 磁浮列车在 1979 年汉堡国际交通博览会上接待了大约 5 万人乘坐，它的成功示范运行标志着德国 TR 磁浮系统完成了从概念设计到系统方案的研究。

在高速磁浮交通工程试验与实用化开发阶段，1969 年德国成立了 Transrapid 联合体，1980 年蒂森·亨舍尔公司启动 TVE 磁浮试验线建设，1983 年研制出时速 400km 的 TR06 磁浮列车，并在 TVE 第一期北环线上开始试运行。1987 年 TVE 第二期南环线建成，同年 TR06 磁浮列车在全长 31.5 km 试验线上的运行速度达到 413 km/h。1989 年，德国研制了面向应用的 TR07 磁浮列车，在 TVE 试验线上最高运行速度达到 450 km/h。1991 年底，由德国铁路局和大学组成的专家组完成了对 Transrapid 系统独立、全面的评价与鉴定，得出该系统在技术上已经成熟、可以进入商业运营的结论[23]。

1992 年 7 月，德国联邦交通部在评估 6 条可能的磁悬浮铁路应用线之后，将柏林—汉堡线作为磁浮铁路的首选线路。柏林—汉堡磁浮线全长 292 km，总投资为 98 亿德国马克（1996 年物价）。为研制面向柏林—汉堡线商业运营的实用化磁浮列车，对 TR07 磁浮车辆进行了改善和优化，使车辆重量进一步减轻，可靠性进一步提高，德国研制出 TR08 磁浮列车。TR08 列车通过增加模块化部件、减少特殊部件，强化了系统的标准化，给制造、安装、维修提供了方便；同时，改善列车气动力外形，减小气动阻力与噪声，提高乘坐舒适性。TR08 磁浮列车的涡流应急制动系统可使车速降至 10 km/h 以下，而 TR07 只能降到 120 km/h。1999 年，三节车辆编组 TR08 磁浮列车在 TVE 试验线开始试验运行，最高时速达 431 km。

2000 年 2 月，德国联邦交通部部长同磁浮铁路工业集团、德国铁路公司及相关各州高层代表协商后宣布：由于预测客运量不足，决定停止执行柏林—汉堡高速磁悬浮铁路建设计划。从柏林—汉堡高速磁浮线的规划、技术论证与准备情况来看，德国的高速磁浮列车技术已经成熟，终止柏林—汉堡线建设计划不是技术方面的原因，而是经济效益方面的原因。对于高速铁路、高速公路已经相当发达、国土面积不是很大、人口不是很多的德国来说，选择一条适合商业运营的高速磁浮列车线似乎并不容易。

2000年6月，中国上海市与德国磁浮国际公司合作进行中国高速磁浮示范运营线可行性研究；同年12月中国决定建设30 km长的上海浦东龙阳路地铁站至浦东国际机场高速磁浮交通线。2001年3月，采用了德国TR08磁浮系统的上海磁浮线正式开工建设，2003年投入商业运行，最高运行速度达到501 km/h。

2000年，德国提出修建慕尼黑机场磁浮线，并启动TR09磁浮系统研发，TR09系统按照慕尼黑线要求和德国有关城市轨道交通法律要求建造，设计时速350 km。相较于TR08磁浮系统，TR09系统根据线路特点（机场专线）为列车设计提出了新的要求，包括更高的承载能力以运送更多旅客（包括座位和可供站立的空间），更宽的车门以使旅客能更快地上下车，提供分离的用于放行李的空间，列车内部更高的净空高度，结合上海磁浮线运营经验对核心系统进行改进。

德国TR09高速磁浮系统的改进之处主要有[24]：取消供电轨，改用无接触供电方式；改进了电磁铁磁极制造工艺，在相同使用寿命条件下，悬浮电流可以加大，悬浮能力增加10%左右，但电磁铁的参数没有大的变化；改进了车辆电气设备，以升压斩波器为例，功率管由GTO改为IGBT，弱电控制部分由模拟信号改为数字信号，升压斩波器的输入发电线圈+供电轨变化为发电线圈+感应供电；改进车厢结构，TR09磁浮列车不仅满足铁路运输标准，而且符合机场运输的特殊要求，列车部件采用模块化设计，可以根据用户需要进行不同的改装，对车门、座位、地板、空调、照明系统、火警等子系统做了较多的改进。为了减轻车辆自重，TR09列车取消了前挡风窗设计，取而代之的是为摄像头取景，车内乘客通过观看车厢中的大屏幕LED可以欣赏到车前方的风景。

德国磁浮交通技术研究自1969年起步，经过30余年后（2003年）在上海首次实现商业示范运行，到2008年研发出TR09高速磁浮列车，40年经过了9代技术演变，其发展进程如图8-8所示。德国高速磁浮交通系统的研发历史表明：EMS高速磁浮技术是信息技术与传统机、电、磁、控制等技术的结合，不存在无法逾越的技术难题；EMS高速磁浮交通系统是复杂的、强耦合的大系统，各部件/系统要求高，系统集成难度大；EMS高速磁浮系统是迄今国际上进入商业运行的地面运行速度最高的运输工具，其系统安全

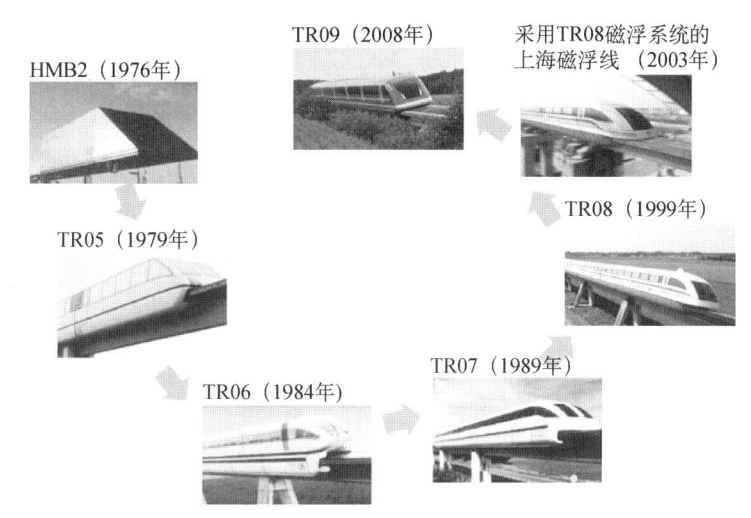

图 8-8 德国高速磁浮交通技术发展进程

性、先进性和可靠性已在工程实践中得到验证。

(二)日本 L0 系高速磁浮系统

20 世纪 60 年代,日本国铁(Japanese National Railways,JNR)开始超导 EDS 磁浮列车技术研究。1972 年,JNR 推出短定子线性电机驱动的 ML100 磁浮实验车,1977 年建成 7 km 长宫崎磁浮试验线,其轨道采用了倒 T 形结构,ML500 磁浮试验车在该线上创造了当时的地面交通最高速度世界纪录(517 km/h)。因为倒 T 形轨道使得磁浮车辆的内部空间利用率不高,1980 年宫崎试验线轨道被改造为 U 形结构,同时研制出 MLU001 超导磁浮列车。1980 年,MLU001 磁浮试验车开始在改造后的宫崎试验线上运行,并进行了人为不平顺轨道上的动力学测试。1987 年,JNR 民营化以后,JR 东海公司接管超导磁浮交通技术研究,推出了为商业运行准备的 MLU002 磁浮试验车,它采用了弹性连接的超导磁体转向架以及集成的悬浮、导向和推进轨道结构,在宫崎试验线上进行了道岔通过试验。1991 年,MLU002 在试验运行中被火灾毁坏,随后推出了改进的 MLU002N。1996 年,日本建成 18.4 km 长山梨磁浮试验线先导段,1997 年 42.8 km 试验线全线建成并升级为商用规格。1997~2011 年,三节车辆编组的 MLX01 磁浮列车在山梨磁浮试验线上进行高速试验运行,2003 年 12 月创造了 581 km/h 的最高试验速度纪录。2009 年,改进型试验列车 MLX01-901A 投入试验运行,经技术评审,确认"已经建立完整的运营线路建设的必要技术体系",JR 东海公司和铁路运输机构启动磁浮中央新干线规划与设计。2010年10月，日本确定适应运营线路的L0系第一代超导高速磁浮列车（图8-9）的主要技术条件，头车长28 m（流线型车头长15 m），头车定员24人，中间车定员68人，车体宽2.9 m、高3.1 m，试验时最长编组为12辆，运营时编组为16辆。L0系列车始发时是橡胶轮走行，当速度超过150 km/h时，电磁力足够把车辆抬起转换为磁悬浮走行，悬浮高度约100 mm。

图8-9 日本L0系高速超导磁浮列车

2014年10月，日本国土交通部批准JR东海公司动工建设运营时速500 km的磁浮中央新干线，计划2027年开通东京至名古屋区间，2045年延伸至大阪[6]。磁浮中央新干线将连通东京都市圈、大阪都市圈和名古屋都市圈，其中东京—名古屋段长286 km，86%的线路位于隧道内，地上路段仅40 km，东京端的品川站深达地下40 m，名古屋站则深约30 m。第一期项目总预算约5万亿日元，建成通车后品川至名古屋的旅行时间将从目前东海道新干线的68分钟缩短至49分钟。2015年4月，L0系超导磁浮列车在山梨试验线上创下载人速度603 km/h的地面轨道交通世界新纪录。

日本高速超导磁浮交通技术研发历经60余年，先后研发了5代车型，目前已具备了商业化运营水平。但是，L0系高速超导磁浮列车目前采用的低温超导方式需使用成本昂贵的液氦冷媒，且存在因磁铁温升而液氦气化甚至引发火灾的隐患，因此，近年来日本着力开展高温超导磁体技术研究，安装有高温超导磁体的试验车辆已在山梨试验线完成试验运行，目前正在进行耐久性和可靠性试验，一旦高温超导磁铁的实用化获得成功，将大幅削减车辆成本，提升超导 EDS 磁浮交通的技术经济竞争力。此外，线路上导电金属材料用量很大，线路造价很高，且轨道上所有线圈均间断布置，悬浮力、导向力及驱动力均存在脉动，故超导磁浮列车的舒适度较差，需要设置一系阻尼线圈和二系主动减振系统。

（三）中国高速磁浮系统

以上海高速磁浮线建设引进德国 TR 高速磁浮系统为契机，我国正式启动了 EMS 高速磁浮交通技术研究。自 2002 年起，科技部连续在四个五年计划中设立了重大专项支持高速磁浮国产化研究、技术创新及产业化研究、工程化集成系统研究以及时速 600 km 磁浮交通关键技术研究，组建了国家磁浮交通工程技术研究中心。"十五"期间，以国家磁浮交通工程技术研究中心为牵头单位，西南交通大学、国防科技大学、同济大学等参与研究，研制了由一列车、一条试验线路和一套牵引供电与运行控制系统组成的试验系统，形成技术研发平台和集成试验环境，在线路轨道、牵引供电和车辆等子系统技术方面相对上海线的德国技术有多项创新。我国基本掌握了车辆设计和制造、涡流制动、车载供电、车载诊断和控制、车辆测速定位等关键技术；掌握了线路轨道技术，并在德国技术基础上取得创新和突破，开展了大型桥梁、隧道等工程技术研究，为新项目奠定了基础；掌握了系统仿真、牵引控制、系统设计与集成、直线同步电机特性分析和优化等技术。

"十一五"期间，以沪杭磁浮线立项为背景，在部分技术转移的基础上，我国研制了一批面向工程应用的车辆和关键设备与部件，开展了替代技术与创新研究，研制出一批具有自主知识产权的设备，并且研制了满足工程应用需求的系统技术集成试验系统，建设和完善了高速磁浮交通系统综合试验基地。图 8-10 为我国国产化高速磁悬浮试验车。其中，研制了时速 500 km 的磁浮列车，部分指标（如噪声空调）优于原列车；研制了长定子铁芯生产流水线、高速和低速道岔，并通过了安全评估，形成工程化生产能力；研制了 766 种部件，已有 630 余种通过实验检测、型式试验、上线运行测试等方式，超过了项目要求的 70%完成率目标；完成了 3 项行业标准和 93 项企业技术标准编制，申请知识产权成果 125 项，其中发明专利 74 项[含 7 项专利合作条约（patent cooperation treaty，PCT）专利]。

车辆走行机构

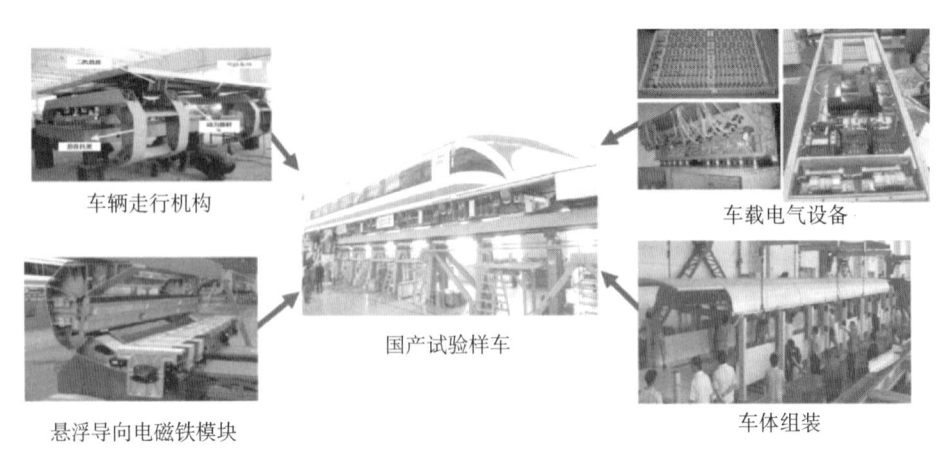

车载电气设备

悬浮导向电磁铁模块

国产试验样车

车体组装

图 8-10　国产化高速磁悬浮试验车

"十二五"期间，上海高速磁浮示范线保质期已满，维修主体转移至中方，我国研制了上海示范线的兼容部件和设备，保障了上海线的稳定运行和降低系统维护成本。同时，研制了 28 km 半实物仿真平台，深入研究设备制造和系统集成技术，开展了高速磁浮前沿技术探索研究，如车辆轻量化、永磁/电磁混合悬浮、多分区牵引和运行控制等。

2016 年，科技部"先进轨道交通"重点专项首批启动了"高速磁浮交通关键技术研究"课题，由中车青岛四方牵头承担，联合国内 30 余家企业、高校、科研院所共同攻关。项目旨在研制具有完全自主知识产权、最高设计时速 600 km 的高速磁浮交通工程化系统，并进行线路集成示范和试验验证，构建高速磁浮交通系统协同创新与集成化试验平台，掌握高速磁浮系统设计、制造、试验验证、安全评估技术，形成我国高速磁浮交通系统核心技术体系及标准规范体系。2019 年 5 月，时速 600 km 高速磁浮试验样车在青岛下线，2020 年 6 月在同济大学高速磁浮试验线上成功试跑，完成了多种工况下的动态运行试验，包括不同轨道梁以及道岔、小曲线、坡道、分区切换等，完成七大项 200 多个试验项点，对悬浮导向、测速定位、车轨耦合、地面牵引、车地通信等关键性能进行了全面测试，高速磁浮系统及核心部件的关键性能得到了初步验证，为后续高速磁浮工程样车的优化提供了重要的技术支持。2021 年 7 月，5 辆编组的高速磁浮工程化列车在中车青岛四方内成功下线，这是世界首套设计时速达 600 km 的高速磁浮交通系统（图 8-11），标志着我国基本具备高速磁浮交通成套技术和工程化能力。

图 8-11　时速 600 km 的高速磁浮工程化列车

时速 600 km 的高速磁浮列车采用了自主设计的新头型和气动方案，车体制造采用了激光复合焊和碳纤维技术，满足了超高速气密承载要求的轻质高强度车体。悬浮导向和测速定位装置的控制精度达到了国际领先水平，掌握了高速条件下车地通信超低时延传输、分区交接控制等关键技术，建立了适应长大干线自动追踪运行的高速磁浮运控系统。

由于常导 EMS 磁浮系统的悬浮间隙仅为 10 mm，对线路几何精度要求极高，导致线路建造和运维成本极高，因此，近年来我国也开展了高速超导 EDS 磁浮交通技术研究。2017 年，中国航天科工集团第三研究院宣布已启动时速 1000 km "高速飞行列车"研发项目，与国内相关单位联合开展了高温超导磁浮列车、低真空管道及轨道技术研究。2021 年 5 月，高速飞车大同试验线开始动工建设。2019 年初，中车长春轨道客车股份有限公司、同济大学、上海超导科技股份有限公司等单位联合启动高温超导磁浮交通系统关键技术研究及试验系统研制，建设了长度为 200 m 的高温超导 EDS 磁浮交通试验线。

三、超高速真空管道磁浮交通的研究现状

稠密大气引起的空气阻力、空气噪声是阻碍地面交通运行速度进一步提升的根本原因，未来的超高速地面交通模式需要改变运行环境介质的密度，

营造一个稀薄空气的外部条件。真空管道交通在密封的高架或地下管道中营造一个万米高空的低气压环境，将无接触的磁悬浮或空气悬浮技术和真空技术相结合，从而达到提高列车运行速度、降低系统噪声水平和运行能耗的目的，是一种有望实现超高速（1000 km/h 以上）、低能耗运行的新型地面轨道交通系统[18]。

（一）美欧超级高铁研究现状

人类尝试采用真空管道进行超高速运输的想法由来已久。1904 年，"美国火箭之父"罗伯特·戈达德（Robert Goddard）最先提出真空管道交通的概念，其设想是建立波士顿至纽约的真空管道线路，载体采用火箭推进。1978 年，美国兰德（RAND）公司的研究人员在一份研究报告中描述：一种叫运输之星的地铁系统，在地下一定真空度的管道中运行由电磁支撑的车辆，能够在一小时内穿越美国。

1974 年，瑞士洛桑联邦理工学院的鲁道夫·里斯（R. Nieth）博士提出地下真空隧道磁悬浮列车的概念，此想法得到一批技术界人士的支持，并于 1985 年获得瑞士国会的支持，资助了一项最初的研究，目标在于论证用现有技术建造该系统的现实可行性。1992 年，瑞士成立了专门从事真空管道开发的 Swissmetro SA 公司，目标是把瑞士的主要城市用多条隧道系统连接起来，形成与城市地铁相似的运输系统。1994 年，里斯与他的研究团队就"瑞士地铁"开始了为期 5 年的研究工作，他们的研究表明，在真空环境下使用磁悬浮与在通常环境下使用磁悬浮没有实质性差异，目前磁浮交通所具有的承重、导向、位置与速度的检测与控制、牵引与制动技术基本上适用于真空环境。

瑞士研究团队提出的"瑞士地铁"技术方案要点为[25]（图 8-12）：真空管道由两个直径 5 m 的隧道组成，真空度大约为 10% 的大气压，即与 18 000 m 高空的气压相当，以减小空气对列车的阻力；车辆采用磁悬浮方式支撑和导向，由直线电机推进，设计运行速度 500 km/h；车站都设在城镇中心，并且与城市的地面运输线连接成网。此外，瑞士人设想，乘客进出真空系统利用的是一个巨大的机械装置，如同罐头自动生产线上的罐头封装设备那样在大气环境和真空环境之间搬动与转运载有乘客的车辆。

遗憾的是，"瑞士地铁"仍然处于系统概念设计阶段，目前没有进一步的研发计划。"瑞士地铁"方案缺少实际施工所必需的技术细节以及技术经济性对比分析。重要的问题在于：考虑到隧道中的活塞风效应，车辆在"瑞士地铁"中行驶所遇到的空气阻力远大于在距离地面 16 km 高度上飞行的协

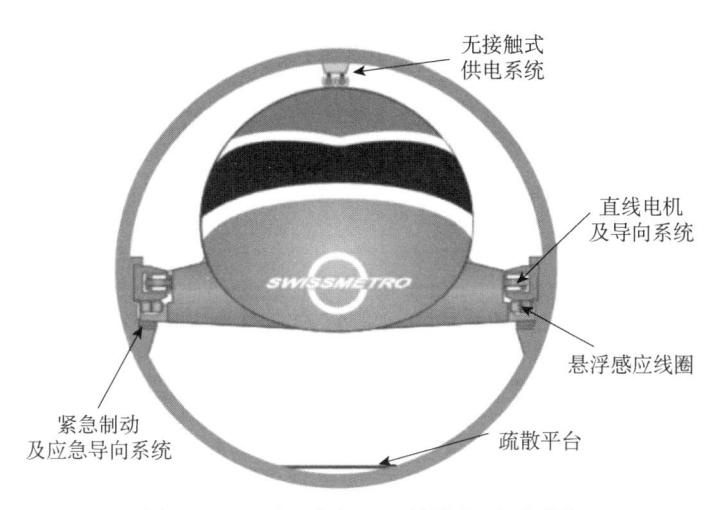

图 8-12　"瑞士超级"地铁技术原理图[25]

和飞机，其功率消耗并不比地面行驶的高速铁路具有特别明显的优势。而且，与时速可达 1000 km 的民用航空相比较，500 km/h 的设计运行速度不具备优势。

2003 年，美国人西瓦茨威尔特（Swartzwelter）在"瑞士地铁"概念的基础上，提出了"美国地铁"的思路：将地下数十米空间综合应用起来，以建立隧道真空管道网，其中地下 10 m 左右的深度用于建设本地真空管道交通线路，地下 30 m 左右的深度用于建设区域真空管道交通线路，而地下 50 m 或者更深处则用于建设国家真空管道交通线路。西瓦茨威尔特设想，将这些不同深度的隧道均抽成部分真空到 1%～2% 大气压，在其中运行的车辆用磁悬浮支撑，由直线电机驱动，其运行速度在音速附近，既进行客运也进行货运。西瓦茨威尔特不仅比较详细地介绍了"美国地铁"的设想，还详细说明了真空管道交通的一些显著优势：除了高速度的特点以外，真空管道无须依赖石油，是真正环保的交通方式，不但在运行中消耗比较少的能源，不排放废气，而且无噪声，也无视觉上的干扰。同时，还是准时的运输方式，风雨雪雹对真空管道运输都没有任何影响。西瓦茨威尔特用很大篇幅介绍了地下隧道的施工与成本问题，然而，他没有从技术角度详细说明如何创立与维持"美国地铁"的真空系统。此外，美国人奥斯特（Oster）提出将架空真空管道作为公路的升级换代的真空管道交通方案，并且申请了美国专利。奥斯特设想，这种架空的真空管道既可用于公共交通，更普遍的应用方向在于个人交通。

2013年，特斯拉（Tesla）和太空探索技术（SpaceX）公司的首席执行官埃隆·马斯克提出在洛杉矶至旧金山之间建立Hyperloop超级高铁的设想，Hyperloop Alpha版本建议采用气动悬浮和推进的技术方案，管道上方铺设太阳能光伏板，超级高铁列车在低真空管道中的运行速度可达1223 km/h[25]，如图8-13所示。

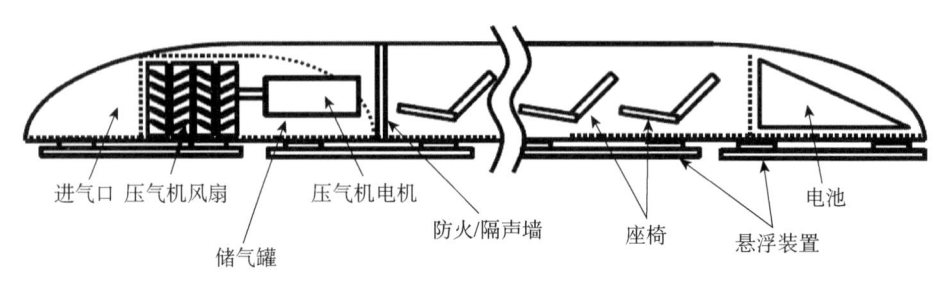

图 8-13　超级高铁Hyperloop Alpha版技术原理图[25]

2014年6月，美国Hyperloop Technology公司在洛杉矶注册成立，后续更名为Hyperloop One和Virgin Hyperloop One，致力于将Hyperloop技术设想工程化，初期技术创新主要在管道、制动、悬浮和密封舱四个方向。2016年5月，Hyperloop One公司在内华达拉斯维加斯35 mi①以北的沙漠里开展了动力推进系统测试，如图8-14所示。2017年，建成500 m长超级高铁测试管道，几乎真空的管道被减压到相当于海拔20万ft②的气压，随后进行了

图 8-14　Hyperloop One公司超级高铁测试系统

① 1 mi=1609.344 m。
② 1 ft=0.3048 m。

多次全真空测试。第一次测试采用磁浮技术的 XP-1 客舱在直径 3.3 m 的真空管道内运行了近 100 m，最高时速为 113 km；第二次测试客舱运行距离达到 500 m，时速提高到 310 km；2017 年 12 月，完成了一次时速达 387 km 的测试。2020 年 11 月，XP-2 胶囊舱在内华达 Devloop 试验段实施了载人试验，载客 2 人，走行距离 500 m，用时 15 s，最高速度 172 km/h。

2013 年 11 月成立的超级铁路交通技术公司也致力于 Hyperloop 实用化技术开发，主要员工为欧美大学研究人员和航天企业的工程师，采用分散化的协作方式，总部设置在美国洛杉矶，并在法国图卢兹、西班牙巴塞罗那、巴西圣保罗和阿联酋迪拜设立了分支机构。2018 年 4 月，超级铁路交通技术公司宣布在法国图卢兹修建 320 m 全尺寸超级高铁测试管道，管道直径 4.0 m。2018 年 10 月，在西班牙加迪斯推出了全尺寸超级高铁旅客列车客舱（图 8-15），客舱长 32 m，内部空间长约 15 m，可容纳 28~40 名乘客，车厢重约 5 t，包括 82 个碳纤维面板、72 个传感器、75 000 个铆钉和 7200 m^2 的光纤。

图 8-15　超级铁路交通技术公司超级高铁乘客舱

美国和欧洲提出的真空管道磁浮车辆方案均采用了永磁 EDS 制式，Virgin Hyperloop One 公司的短车辆类似于太空舱，主要面向个人或家庭出行以及星际发射（旅行），没有优先考虑车辆的承载能力，而是期望通过缩短发车间隔和高机动解编组来提高系统的运输能力。但是，由于胶囊舱从常压环境进出真空管道所需时间长、成本高，胶囊舱内需要配置生命保障系统，管道内不宜设置较多的复杂道岔系统等，其实施难度和技术风险极大。

（二）中国超高速低真空管道交通研究

我国学者很早就对高速真空管道交通给予了密切的关注，为推动真空管道交通的研究做出了积极努力。2004 年 12 月，西南交通大学举办了"真空管道高速交通"研讨会，中国科学院院士沈志云、张涵信、葛昌纯和中国工程院院士钟山、钱清泉、宋文骢、乐嘉陵等 20 多位专家学者参加了学术研讨。沈志云院士在《关于真空管道高速交通的思考》中指出，任何一种地面大气环境下的交通工具，不管是否悬浮，商业运营速度都不宜超过每小时 400 km，否则能耗大，噪声超标，难以被运输市场所接受，真空管道高速交通的发展应定位于每小时 600～1000 km 超高速地面交通[18]。2009 年，西南交通大学的刘本林和赵勇出版了专著《速车系统概论》[27]，对真空管道交通的优势与问题进行了系统讨论，对真空管道交通的定位、真空管道的真空环境实现方式与应用模式等方面进行了论述和研究。

2013 年底，西南交通大学研制完成我国第二代高温超导磁浮试验车，建成长度为 45 m、管径为 2 m 的低真空管道环形试验线，如图 8-16 所示。受限于试验环线半径仅为 6 m，真空管道高温超导磁浮试验系统的最高试验速度只能达到 50 km/h[28]。2020 年 5 月，四川省创建综合性国家科学中心启动第一批支撑项目"多态耦合轨道交通动模试验平台"，项目总投资 5.8 亿元，计划 2023 年建成长度为 1500 m、管径为 3 m、最低气压为 0.005 标准大气压、最高试验速度 1500 km/h 的真空管道磁浮交通试验线以及相关配套设施。2021 年 1 月，世界首台高温超导磁浮试验样车在成都西南交通大学下线，如图 8-17 所示。

图 8-16 西南交通大学的真空管道高温超导磁浮环形试验线

图 8-17 世界首台高温超导磁浮工程化样车及试验线

近年来，中国航天科工集团有限公司、中车长春轨道客车股份有限公司、同济大学、西南交通大学等开展了超高速低真空管道高温超导 EDS 磁浮交通技术研究，中国工程院还启动了重大咨询研究项目"低真空管道超高速磁悬浮铁路战略研究"，组织国内相关领域优势资源，对低真空磁悬浮管道交通方式开展战略性、综合性和前瞻性研究。2021 年 5 月，我国首个全尺寸真空管梁试验平台建成（图 8-18），全长 22 km、设计速度 1000 km/h 的高速飞车试验线动工建设。

图 8-18 全尺寸真空管梁试验平台

四、存在问题和发展趋势

经过半个多世纪的发展，目前国内外中低速常导磁浮交通已有 6 条运营和在建商业线，但高速常导磁浮交通仅有上海磁浮 1 条示范运营线，其他悬浮制式的磁浮交通仍未实现商业化应用。究其原因，一方面，磁浮列车的机电一体化程度很高，电力电子、自动控制、信息通信技术的融合发展水平较大程度地影响了磁浮列车及系统集成技术的发展；另一方面，由于超导理论发展滞后于工程实践，超导材料及其制备技术、超低温制冷技术仍有待突破，这些都制约了超导 EDS 磁浮和高温超导钉扎磁浮技术的快速发展。在现阶段，可以认为阻碍常导 EMS 磁浮交通发展的主要因素是系统的经济性；影响超导 EDS 磁浮交通发展的主要因素是：作为一个已达到工程化应用程度的新交通系统，尚未得到实际应用的验证；超高速低真空管道磁浮交通则还处于技术原理验证和系统方案设计阶段，要达到工程实际化水平还有很长的路要走。

（一）中低速磁浮交通发展面临的问题

常导 EMS 磁浮列车的最独特之处是其支撑列车重量和列车转弯导向的原理。常导 EMS 磁浮列车依靠电磁吸力悬浮支承列车，实现列车的非接触运行。悬浮控制系统通过检测间隙变化和振动加速度，进行主动控制，并调整电流使悬浮力发生变化，使悬浮间隙始终保持在 8～10 mm 的额定间隙，通过弯道时的导向力由导向磁铁或者悬浮磁铁悬浮力的横向分力提供。

常导 EMS 磁浮列车的第二个独有特点是悬浮架结构。该结构要适应直线电机、悬浮电磁铁、车体支撑弹簧、制动装置以及必备安全装置的安装；要在机械结构上保证通过曲线时，车体不会对电磁导向力形成过大的约束，但又必须具备一定的复位能力，从原理上说这两者的要求是矛盾的，即较强的车体复位能力必定会削弱电磁导向力。该结构还必须使一个悬浮架上的 4 个悬浮控制力在调整时尽可能不会相互影响。因此，常导 EMS 磁浮列车的悬浮架必须具备一定的机械解耦能力。

常导 EMS 磁浮列车的第三个独有特点是车辆与轨道及高架桥梁的耦合关系。磁浮列车悬浮架包住悬浮轨道运行，由于其噪声低，因此尽可能采用高架桥结构以降低建设成本。由于桥梁具有变形挠度，而悬浮控制又需要将悬浮间隙通过主动控制保持在额定值，因此，磁浮车轨桥耦合振动问题有别于传统铁道车辆的车轨桥耦合振动问题[29-31]。由于需要不断调整悬浮间隙，悬浮控制对车辆和桥梁都是一种外部能量输入激励，使它们的振动状态发生变化，而这些变化又会对悬浮间隙产生影响，因此车辆、桥梁和控制子系统共同组成了一个自激振动系统[32,33]。当上述自激振动系统对外部激励的响应能够迅速收敛时，就可实现稳定、安静的悬浮；当对外部激励的响应既不会扩大，也不会完全收敛，而是保持在一个振幅范围内达到动态平衡时，也可实现稳定但不安静的悬浮，因为持续的动态调整产生的一定程度的振动会产生噪声；而当对外部激励的响应不能收敛，而是由小到大不断扩大时，最终将不能保持稳定悬浮，发生偶尔打轨甚至悬浮崩溃现象[34-36]。

除了上述三个独特之处，常导 EMS 磁浮列车的直线电机推进原理、液压基础制动原理、列车供电原理、信号与运行控制原理等，均与其他制式轨道交通具有共性基础。因此，常导 EMS 磁浮交通要推向市场、产业要取得技术创新，需要重点关注与其独有特点直接相关的关键基础理论与技术研究。

常导 EMS 磁浮列车的三个独特之处可以归结为一个关键的基础问题，就是列车与轨道及桥梁的耦合振动问题，它既关系到列车的稳定、可靠运行，也关系到系统的造价[36]。在共性技术方面，我国高速、重载、地铁轻轨的飞速发展，为中低速磁浮交通系统的集成和商业化运用奠定了扎实的基础，已达到国际先进水平。

目前，在悬浮系统独有技术方面，我国各研究机构已有多年的研究积累，正是基于这些工作，才使得我国高速磁浮列车国产化取得众多工程化的系统研究成果，以及长沙磁浮快线和北京 S1 线商业示范线的工程建设成为可能。这也说明对该项关键技术的研究，特别是在系统集成方面已达到商业化应用的要求，在悬浮能力方面我国已达到国际先进水平。

目前，在悬浮架结构独有技术方面，国内外既有中低速磁浮列车基本上沿用了日本 HSST 磁浮系统的技术方案，局部略有变化；高速磁浮悬浮架结构基本沿用了德国 TR 磁浮列车技术方案。采用这两种技术方案的优点是经过了验证，均是成熟可用的技术方案，但仍有改善提升的空间。

在常导 EMS 磁浮列车与轨道及桥梁耦合振动方面，特别是磁浮列车与钢道岔梁[37-39]、库线框架梁[40]的耦合振动问题，国内外目前均未彻底解决。这意味着如果系统要保持稳定、可靠运行，对线路的要求会很高，不利于降低系统建设成本。

综上所述，我国中低速磁浮交通发展仍面临以下几方面的问题：①国内建成并投入运营的中低速磁浮交通系统所用技术大量沿用了日本 HSST 方式，如果规模化推广运用可能存在知识产权障碍；②现有中低速磁浮车辆走行部结构使得牵引电机的效率和功率因数偏低，根据日本的统计分析数据，列车速度为 110 km/h 时，牵引效率约为 0.75，功率因数约为 0.57，应用经济性还有进一步提升的潜力；③磁浮车轨桥强烈耦合振动时有发生，有必要优化改进悬浮架结构和悬浮控制算法，提高 EMS 磁浮列车适应不同线路结构的能力；④我国在电子元器件等基础件的技术水平与国外先进技术仍有一定差距；⑤传感器技术的耐用可靠性还有待进一步加强；⑥电气设备的轻量化水平还有提升的空间。

因此，在今后的发展中，我国中低速磁浮交通应当针对目前技术的不足，发挥技术创新的巨大作用加以解决。例如，在悬浮架结构方面，在充分借鉴成熟技术方案的同时，积极探索结构简单紧凑、动力作用水平更低的新型悬浮架，研制开发结构更加先进、性能更加卓越的中低速磁浮列车。又如，目前国内中低速磁浮轨道、道岔在沿用日本的技术方案的基础上，局部略有变化，但在轨道和道岔的制造、铺设、检测与维护方面，尚未形成我国自身的技术体系，在技术成熟性方面还有差距。轨道结构尚需进一步优化，轨道设备制造工艺、检测技术、维护标准亟待建立。磁浮线路工程结构虽借鉴了高速铁路、城市轨道交通工程结构的技术，但在结构类型、结构标准方面，尚未体现磁浮交通振动小、车辆荷载均布的特点，其技术水平也还有提升的空间。即便是磁浮线路的空间线形，其空间线形与磁浮列车运行轨迹的匹配规律也有待进一步探索。

（二）高速磁浮交通发展面临的问题

在悬浮、导向与推进技术原理上，高速 EMS 磁浮交通与中低速 EMS 磁浮交通是相似的，但高速运行对悬浮导向系统的动力学性能提出了更高的要求[41-43]。在影响高速轨道交通运行安全性的线路结构建设与维护技术、列车空气动力学、牵引供电技术、运行控制技术等方面，则与现代高速轮轨交通存在诸多共通之处。

我国高速磁浮交通通过引进消化吸收德国 TR 技术和自主创新研究，取得了多个技术创新研究成果。目前我国已经具备的高速磁浮工程化能力有：线路基础结构设计与建造，车厢及车内通用设备制造，道岔（低速）系统 100%国产化，供电/长定子/轨旁开关设备，以及超过 70%备件的国产化设计与制造。但是，在悬浮导向控制技术、运行控制/定位测速/状态诊断、牵引供电成套技术、系统集成等方面还没有完全自主化的工程能力。例如，受技术壁垒和测试条件限制，上海高速磁浮线部分控制类设备维护仍需依靠德方，涉及软件与数字接口的牵引变流及控制系统、运行控制系统、车辆定位测速设备、诊断计算机、悬浮传感器等设备仍需依靠外方提供备件。此外，上海磁浮线商业营运职能与国产化零部件验证要求存在现实矛盾，国产化试制件需要通过规定时间的上线运行验证性能，才能确认其安全性和可用性，而在安全性和可用性确认前，原则上不能安装在商业运营线上载客运行。

高速 EMS 磁浮交通发展面临的困境可归纳为以下几个方面。

（1）高速轮轨交通在新一轮技术革命浪潮中，不断吸收信息科学、材料科学、机械工程、电气工程、土木工程等学科新理论与新技术，显著提升了高速轮轨交通的技术竞争力。但是，高速磁浮交通技术在尚未大规模工程应用的前提下，其技术革新的步伐和力度减缓，同时也逐步流失了国内长距离市场的应用空间。

（2）高速磁浮交通作为新型战略性产业，国家战略和规划引领不够。传统轮轨铁路已经在世界范围内形成庞大的网络系统，作为一种与轮轨交通技术不兼容的新型轨道交通模式，高速磁浮交通必须准确定位细分市场，将其作为一种互补性交通工具，需要有针对性地挖掘其技术潜能，在国家层面规划其技术路线图与产业化发展战略。

（3）未全面掌握高速磁浮交通核心技术，线路造价高，关键部件技术、系统集成技术的工程试验验证不充分。以高速磁浮悬浮控制为例，低速或静悬状态下的磁浮车轨耦合共振的问题并未彻底解决，国产化高速磁浮列车高速运行时的悬浮稳定性没有得到工程验证，这些仍需要强化高速磁浮关键基础科学问题研究，加强核心技术攻关及其工程验证。

（4）亟须建设高速磁浮交通工程试验线。高速轨道交通技术都经历了理论研究—原理样车—运行试验—技术改进—商业运用的技术阶段。其中运行试验—技术改进常常持续相当长的时间，经过若干代型号的改进与更替，最终形成商用系统。工程化试验线是交通新技术从科学试验走向工程应用的必然阶段，对于车辆和线路轨道共同构成电机转子和定子的磁浮交通系统来说，工程试验线的应用尤为重要。我国目前已有的 1.5 km 高速磁浮试验线，由于线路太短，列车最高速度不超过 100 km/h，牵引供电系统和运行控制系统只能做部分功能性验证，无法完全验证高速时的各项性能。28 km 半实物仿真平台虽然可以仿真实现高速磁浮列车的各种运行模式，验证多车、多分区、双端供电、冗余控制等性能，但这种仿真环境下的实现，距离实际工程应用仍有一定的差距。因此，无论是现有的 1.5 km 高速磁浮试验线还是 28 km 半实物仿真平台，都无法提供真实的高速试验环境。所以，我国必须为 600 km/h 运行速度的高速磁浮列车创造试验条件，尽快启动高速磁浮工程试验线的建设。

（三）超高速真空管道磁浮交通面临的科学技术挑战

真空管道交通作为一种超高速轨道交通工具，具有诱人的应用前景，国内外也出现了多个系统概念设计方案，当前美国和欧洲各国均加快了超级高铁的研究步伐，但并未取得突破性进展。相比于欧美国家，我国更早关注并开展了真空管道磁浮交通的基础理论和试验研究，建成了世界上首个真空管道高温超导磁浮试验线。但是，近年来我国对超高速真空管道磁浮交通研究的支持力度不够，今后面临被欧美国家赶超的风险。因此，我国有必要加强超高速真空管道交通关键科学技术的研究。

在真空管道技术方面，面临着低成本管道系统的建设及防水、气体泄漏、防腐蚀等问题，需要研究具有良好保真空性能的隧道衬砌技术和真空管道系统的维护技术，尤其是需要研究大体积空间管道系统的抽真空设备，并综合考虑真空度对车体动力学的影响及抽真空及其维护成本等因素确定合理的管道真空指标，以及高速车进出真空管道的气闸站或相关技术。

在真空管道超高速车辆高效低能耗的悬浮方式及其姿态控制方面，可以基于我国高速磁悬浮列车的相关研究成果，选择低能耗、低成本的超导 EDS 制式或高温超导钉扎悬浮制式，但面临真空管道系统热平衡问题、超高速条件下超导体的物理和力学性能稳定性问题，以及高速车-轨-管道-气动力耦合作用问题等。此外，在超高速真空管道列车的无接触牵引与供电、运行控制、停车制动、灾变应急防护技术等方面均面临重大科技挑战。概括来讲，为了实现真空管道超高速运输，以下技术问题必须研究解决：

（1）确定低能耗、低成本的悬浮和导向方式；

（2）获得低能耗、高效率的驱动系统的解决方案；

（3）获得电力的无接触输运方式，模拟并优化电力输运方案；

（4）研究并解决管内高速列车运行产生的热能吸收，以及解决二氧化碳及其他有害气体的控制及吸收等问题；

（5）建立试验装置及模型，以研究高速列车在管道中的动态过程，研究解决不同真空度条件下高速列车、轨道、管道、桥梁之间的耦合动力学问题；

（6）研究出低成本、具有良好保真空性能的隧道受力结构及密封方案；

（7）在综合考虑车速以及避免激振效应的前提下，确定管道最低真空指标，并确定大体积空间管道系统的抽真空设备；

（8）研究出高速列车进出真空管道的气闸站，以便于高速车辆的维护保养；

（9）研究出生命救援及车辆内部紧急增压等系统，解决车辆故障停驶，以及车体泄漏时的生命维持及救援问题。

（四）中低速磁浮交通发展趋势

作为一种新式的轨道交通装备，中低速磁浮列车性能卓越，特别适合于城轨交通运输。磁浮列车完全悬浮于轨道上，没有了轮轨冲击和摩擦导致的强烈振动与噪声，具备低噪声、超安静、超低噪声污染的特点。这是磁浮列车应用于城轨交通的最大优点，它的出现将使城轨交通进入"静默"时代。磁浮系统牵引力不受轮轨间的黏着系数影响，使其爬坡能力强（达到70‰的水平），转弯半径小，更加适合在城市复杂线路运行，并大幅降低了线路建设拆迁成本。磁浮系统不存在与轨道接触摩擦的问题，也没有接触网供电的环节，因此几乎没有粉尘。磁浮系统采用电力驱动，在轨道沿线不会排放有害气体，无废气污染。

对于距离较近的城市间以及城郊间的市郊铁路交通，采用最高速度可达100 km/h的中低速磁浮列车也是不错的选择。尤其是在地形复杂的旅游区，爬坡能力强、转弯半径小、噪声低的磁浮列车是首选的轨道交通工具。

我国中低速磁浮交通已经完成了三条商业线的工程示范运营，正在建设两条磁浮旅游线。2021年7月长沙磁浮快线实现了140 km/h提速运营。这些示范线工程既服务于商业运营，又承担了新技术试验、新系统示范职责，为中低速磁浮交通的发展提供了机会。但是，我国地铁、轻轨、有轨电车等发展依然强劲，传统轨道交通挤压着中低速磁浮交通的发展空间。2006年，全国只有10条地铁线路运行，2013年末，全国地铁运营线路2073 km，2022年底，我国（不含港澳台地区）共有55个城市开通运营城市轨道交通线路308条，运营线路总长度超过1万km。"十三五"期间，我国累计新增城轨运营线路长度4351.7 km，年均增长率为17.1%，运营、建设、规划线路规模和投资跨越式增长，城轨交通持续保持快速发展趋势。因此，我国需要进一步加强城轨交通规划建设管理，倡导发展更高效、更环保、更智能的新型轨道交通。

为了提升中低速磁浮交通的技术竞争力与系统成熟度，我国至少需要在以下几方面开展创新研究。

1. 悬浮系统优化创新

中低速磁浮列车悬浮系统除了具有电磁吸力悬浮系统的普遍问题（即本质不稳定和非线性）外，悬浮系统还同时与外界机械系统（车辆等）、土木系统（轨道等）具有强耦合关系。悬浮系统不仅要克服自身的稳定问题，还需要解决与机械、土木系统的耦合问题。其中，车轨桥耦合问题是中低速磁浮列车悬浮系统在实际中需要解决的主要问题和常见问题，也是国内外研究的热点问题。

悬浮系统需要在负载和气隙大范围变化时保持稳定。在实际运行中，载客量变化时，单悬浮点的平均负载会发生变化，以中车株洲电力机车有限公司的磁浮列车为例，其空车约 25 t，加载量最大达到 9 t，单悬浮点平均负载变化 36%。此外，磁浮列车采用多点悬浮，负载分配会随着车辆姿态、偏载等因素发生变化，分布并不均匀，单悬浮点负载变化可能达到额定负载的数倍。除负载变化外，由于轨道铺设、线路曲线变化等问题，悬浮气隙也会发生变化甚至突变，这就要求悬浮系统不仅要在负载大范围变化时保持稳定，而且需要在气隙大范围变化时保持稳定，以保证系统在运行过程中不会出现失稳甚至失稳后不能重新收敛的情况。此外，悬浮系统受到的外部扰动种类多，扰动值大，变化速度快。系统受到的扰动有车辆负载变动、机械耦合振动、轨道不平顺、轨道振动、竖曲线、弯道、悬浮模块之间耦合振动、涡流产生电磁力损失、直线电机法向力、轨道接缝等。

磁浮车辆的平稳性指标要求高，悬浮气隙和加速度允许波动范围小，这些对悬浮系统提出了很高的要求。悬浮系统的波动范围要保证车辆的机械部分不能与轨道接触，通常气隙波动被限制在±2 mm，部分恶劣工况不超过±4 mm。悬浮系统的振动加速度会通过机械机构传递到车体，从而影响车辆运行时乘坐的舒适性，通常要求悬浮系统加速度的波动不大于±0.2 g。

综上可知，中低速磁浮列车悬浮系统除了要克服系统非线性和本质不稳定外，还要满足稳定范围大、抗干扰能力强、系统平稳波动小，以及克服与外界系统耦合等诸多要求。所以，高性能悬浮系统的研制存在困难，悬浮控制技术对低速磁浮交通来说不仅是关键技术也是瓶颈技术。

2. 悬浮架结构创新

中低速磁浮交通必须充分发挥自身转弯半径小、爬坡能力强的优点，以应对轻轨和地铁的激烈竞争，而车辆转弯半径与爬坡能力和悬浮架结构直接相关。此外，悬浮架结构的机械解耦性能对磁浮车轨桥耦合振动有显著影响。因此，优化中低速磁浮车辆悬浮架结构，进一步提升其转弯能力（美国对日本 HSST 磁浮系统进行详细的技术考察之后，提出应将最小转弯半径从 75 m 减小到 50 m），同时还要降低悬浮架左右磁铁模块构架的机械耦合，降低悬浮系统对车辆振动的敏感性。

3. 车辆轻量化研究

对车载设备的轻量化设计技术研究，不同的设备需要按照其功能进行不同的轻量化设计。对于车载电网设备和悬浮控制系统的设备，由其功能所决定的设备构成不能更改，因此，轻量化的设计研究将主要针对其设备的箱体、吊装结构等附件。在确保箱体结构强度、刚度、可靠性和电磁屏蔽等功能的前提下，可进行箱体结构、安装附件等结构件的轻量化设计研究，包括材料的替换等轻量化方法。对于车辆空压和液压制动系统，系统内各零部件的功能不同，可对空压和液压制动系统进行优化设计，在满足功能的前提下，优化各零部件、结构部件的尺寸参数，如各种功能的风缸、盘式制动钳等；同时可进行材料替换的试验性研究，采用轻型材料进行替换。

综上可知，针对车载设备的轻量化设计，关键在于针对不同功能的设备采用不同的优化设计方法；对于系统的优化设计，采用理论与实验相结合的方法，优化设计时必须整体考虑设备的结构优化、结构与功能之间的关系、控制系统对结构的要求等因素；同时在经济性研究的基础上，开展轻量化材料替换性研究的前瞻性试验工作。

4. 线路结构技术创新

中低速磁浮交通所采用的高架线路与目前的铁路及城市轻轨的线路具有共性技术，施工方法具有继承或借鉴作用。可以说，线路的土建工程具有良好的工程化基础，但在车轨桥耦合振动方面，中低速磁浮列车与线路的关系比传统轨道车辆更加复杂，这也是其独有的特点。

目前国内中低速磁浮轨道、道岔在沿用日本 HSST 磁浮技术方案的基础上，局部略有变化。但在轨道和道岔的制造、铺设、检测和维护方面，通过试验线和工程线的建设，虽已初步形成我国自身的技术体系，但技术成熟度方面还需要进一步完善，轨道结构尚需进一步优化，轨道设备制造工艺、检测技术、维护标准亟待建立。磁浮线路工程结构虽借鉴了高速铁路线路、城市轨道交通工程结构的技术，但在其结构类型、结构标准方面，尚未体现磁浮交通振动小、车辆荷载均布、车轨桥耦合作用影响的特点，其技术水平也还有提升空间。即便是磁浮线路的空间线形，其空间线形与磁浮列车运行轨迹的匹配规律也有待于进一步探索，比如竖向曲线的线形影响磁浮列车运动振动的规律尚未探明。

（五）高速磁浮交通发展趋势

常导 EMS 高速磁浮系统与中低速磁浮系统具有相同的悬浮原理，采用的技术手段也基本类似，只是由于对运行场合和目标速度的要求不同，车辆的结构、适应性各有差异。因此，中低速磁浮交通面临的悬浮控制系统优化、车辆轻量化等问题也是高速磁浮未来发展需要着重解决的问题。

作为一种与轮轨铁路竞争的高速轨道交通系统，高速磁浮交通系统必须具备以下特点：悬浮与导向系统结构简单，能自稳，可靠性高；悬浮与导向间隙大，对轨道要求低；运行速度不受限，可达 600 km/h 以上，并能与航空竞争；线路结构简单，综合造价低。目前的常导 EMS 高速磁浮系统技术较为成熟，但悬浮与导向系统不自稳，电气系统复杂，可靠性低，而且小间隙悬浮使得线路造价很高。日本超导 EDS 磁浮系统车辆结构简单，悬浮间隙大，但超导磁体制备及超低温维持技术难度大，需要配备机械式辅助支撑系统，轨道建造成本高。因此，常导 EMS 高速磁浮系统和超导 EDS 高速磁浮系统未来发展的趋势应该围绕各自现有的技术缺陷进行优化研究，从而提高自身技术竞争力。

对于常导 EMS 高速磁浮交通，今后的技术发展趋势主要有以下几个方面。

1. 电磁悬浮系统及悬浮架结构优化

EMS 高速磁浮列车悬浮间隙的大小直接决定了线路精度控制水平，最终决定了线路建造与维护成本。目前德国 TR 磁浮系统的额定悬浮间隙为 10 mm，今后可探索提高电磁悬浮间隙至 12～15 mm，研究电磁-永磁混合悬浮方式等，通过提高列车悬浮高度以降低线路几何控制精度。

德国 TR 磁浮车辆为降低车体对悬浮架在曲线上的几何约束，车辆二系悬挂采用了分离式摇振与摆杆结构，每悬浮架配备 4 个端置小容量空簧，这种结构有转向灵活的优点，但存在簧下空间狭窄、摆杆强度要求高的问题。因此，探索无吊杆、无摇振、空簧中置的新型悬浮架结构是有工程价值的。

此外，为减轻悬浮架重量，在部分部件上以轻质新材料替代铝镁合金，探索减少电磁铁重量的新技术，均可以提高高速磁浮车辆技术竞争力。

对于时速 600 km 的 EMS 磁浮交通系统，列车乘坐舒适性成为线路几何精度的主要控制因素，而现有土木建造与维护技术很难达到 1 mm 左右的控制精度，因此，今后开展高速磁浮车辆二系主动悬挂技术很有必要。

2. 低成本轨道梁及车轨桥耦合振动控制研究

常导磁浮车辆的运行稳定性问题可以分为静悬（慢速运行）稳定性和高速运行稳定性，两种情况下磁浮车辆和轨道发生强烈振动的原因不一样。其中，静悬或慢速运行稳定性是高、低速常导磁浮交通工程应用中都曾出现的问题。为了避免出现强烈的车轨桥耦合振动问题，同时提高磁浮列车高速运行的安全性和舒适性，上海高速磁浮线轨道梁的竖向挠度限值为 1/4000，这导致线路建造成本很高。因此，探索低成本磁浮轨道梁以降低线路成本是必要的。

降低磁浮轨道梁制造成本往往会减小轨道梁刚度和重量，这将增加磁浮车轨桥耦合振动过大的风险，故轨道梁技术创新与车轨桥耦合振动控制技术研究息息相关，两者必须同时开展，后者涉及悬浮控制算法优化、传感器布置优化以及悬浮架结构优化等。

3. 高速磁浮道岔结构创新

常导 EMS 高速磁浮车辆抱轨运行，其道岔结构形式与跨座式单轨交通道岔相似，道岔转辙时需要横向整体移动轨道梁。为了提高道岔竖向刚度和结构整体性，上海高速磁浮线采用了 5 跨钢结构连续道岔梁，主梁采用箱形截面，长度约 78 m，转辙开度为 3.6 m，侧向通过最大速度为 96 km/h，正向通过速度为 430 km/h。上海高速磁浮线试运行期间，列车静悬或低速过道岔时车岔耦合振动剧烈，甚至出现了悬浮失效，过大的振动不仅缩短了车载蓄电池和功率开关的使用寿命，而且降低了道岔梁结构的耐久性，后期在道岔梁上安装多组质量调谐阻尼器以后，磁浮车岔耦合振动才得以有效缓解，但提高了磁浮道岔制造安装成本。因此，今后需要开展高速磁浮道岔结构创新，本质上避免车岔耦合振动过大，同时还需要探索侧向通过速度 200 km/h 以上的高速道岔技术，以满足正线道岔应用需求。

超导 EDS 磁浮交通概念由美国布鲁克海文国家实验室的詹姆斯·鲍威尔（James Powell）等在 1966 年最早提出并申请专利，但过去 50 余年主要在日本得到长足发展,目前 L0 系低温超导磁浮系统业已进入商业化应用。同时,日本还研制了以高温超导磁体替代低温超导磁体的试验车,并在山梨试验线上进行了测试评估。近年来,中国、韩国也开始研发高温超导 EDS 磁浮列车及线路技术。从国内外近年来的研究工作来看,今后超导 EDS 磁浮交通的主要发展趋势有以下几个方面。

1) 高温超导磁体技术研发

日本超导磁浮列车的超导磁体使用了铌钛合金(临界温度为 8~10 K),需要使用昂贵的液氦来冷却,液氮充当保温剂,低温系统结构相对复杂。2005 年,MLX01-901 试验车换装 Bi2223 高温超导磁体(临界温度为 105~110 K),避免了铌钛线材要求的复杂昂贵液态氦和液态氮的制冷系统。但是,Bi 系高温超导磁体的热稳定性、临界电流密度、造价均高于铌钛低温超导磁体,因此,日本中央新干线仍将采用低温超导磁浮列车。近年来,随着二代 REBCO 超导带材制备技术的日趋成熟,日本开展了 REBCO 超导磁铁的研发,并进行了多项室内试验研究,韩国、中国也开始高温超导 EDS 磁浮列车技术研究,高温超导磁体技术成为第二代超导磁浮列车研发的重点和热点。

2) 悬浮导向驱动线圈一体化技术研发

日本超导 EDS 磁浮交通轨道线圈从早期的三层线圈进化为两层线圈,目前正在探索悬浮导向线圈与驱动线圈一体化集成技术,以尽量降低线路建造成本。另外,如何改进优化悬浮导向线圈以降低超导 EDS 磁浮列车的起浮速度,甚至实现零速起浮,从而少使用或不使用辅助支撑轮,简化车辆悬浮架结构,是今后超导 EDS 磁浮交通技术发展的前沿方向。

3) 超导 EDS 磁浮列车减振技术研究

超导电动悬浮的阻尼极小甚至出现负阻尼现象,而且空心的悬浮导向线圈为断续铺设结构,轨道上的感应磁场沿纵向为脉动磁场,这导致高速运行时超导 EDS 磁浮列车的振动较大,难以达到高舒适性要求。因此,需要开发磁浮车辆一二系减振技术,降低车体振动以提高列车乘坐舒适性,减少超导磁体振动导致的失超风险。

(六)超高速真空管道磁浮交通发展趋势

超高速真空管道交通设想由来已久,近几年在美国、欧洲和中国取得了一些研究进展,但其未来应用场景是超高速客运、货运还是星际发射?采用何种悬浮制式?目前还存在争议。今后一段时间内,超高速真空管道磁浮交通发展仍会集中在系统方案探索和关键技术的选型与验证方面。

1. 真空管道车辆悬浮导向技术

相较于开放大气环境下的交通系统，超高速、低真空的管道运输对车辆悬浮方式提出了更为苛刻的要求，悬浮工作间隙大、发热量小是管内车辆悬浮制式选取的主要控制性因素。常导 EMS 悬浮制式悬浮间隙仅为 8～12 mm，电磁铁发热量大，一般认为不适用于管道交通。高温超导钉扎悬浮制式可实现全程无接触运行，自稳定悬浮和导向，无固有磁阻力，低真空环境下发热量小，但 20 mm 的悬浮间隙对线路平顺性要求仍然很高，且轨道上要求铺设永磁材料，建设成本相对较高。超导电动悬浮制式可实现大间隙（100 mm）悬浮目标，线路轨道工程相对易实现，低真空环境下发热量少，但车上需要搭载制冷系统，且车载超导磁体系统技术难度较大，低速运行时需要支撑轮。

从安全性、功能性、舒适性、经济性角度来看，低真空管道高速磁浮系统选用高温超导电动制式可能更为合适，而高温超导钉扎悬浮制式可以作为候选悬浮制式。目前，日本 L0 系超导磁浮列车采用了成熟的低温超导磁体，高温超导 EDS 磁浮列车技术还未取得突破性进展。另外，我国已研制出高温超导钉扎型磁浮工程样车，且高温超导钉扎悬浮技术研究处于国际领先。因此，针对低真空管道磁浮交通特殊的应用需求，及早布局真空管道车辆悬浮导向技术研发，有助于我国占据未来超高速管道磁浮交通的竞争高地。

2. 低真空管道载运工具

应用场景决定了低真空管道载运工具的功能需求和结构形式。欧美低真空管道交通主要考虑超高速私人旅行和星际发射，载运车辆类似于太空舱，也称之为胶囊舱，通过加大编组、缩短发车时间满足大运量运输需求，旅行成本高昂。我国低真空管道交通研发秉承了大运量轨道交通理念，管道载运工具几何尺寸接近高铁车辆，符合我国人口众多、交通需求量大的实际国情。

走行部结构设计是低真空管道载运工具研发的重要环节，可借鉴常导 EMS 或超导 EDS 磁浮车辆的走行机构技术，着力提高走行部的承载能力、曲线通过能力以及模块化水平和高冗余性，满足超高速运行条件下管道列车的高安全性和高舒适性要求。在低真空管道载运工具车身结构设计方法方面，从系统的角度出发，需要将结构轻量化技术、新型材料与工艺技术、先进连接技术、减振降噪技术和耐撞性技术、抗负压能力等诸多方面贯穿于管道载运工具总体设计、零部件设计、制造工艺、试验鉴定的研制全过程之中，提出面向服役性能的列车高强轻量化综合设计方法与评价体系。将材料设计、结构设计、工艺设计有效结合，充分利用复合材料结构性能的可设计性、复合结构的多功能性等特点，使车体结构在满足强度、刚度的要求下兼顾振动特性、耐撞性、隔声降噪等性能。

3. 低真空管道交通线路结构

低真空环境不仅对管道结构材料有特殊性要求，而且要求管内支承结构具有高耐久、少维护甚至零维护特点。需要对比分析桥管合一、桥管分离技术方案对轨道结构使用性能的影响，包括对轨道结构受力及变形与振动、轨道及管道连接可靠性、密封结构可靠性等的影响。

道岔系统的优劣对超高速低真空管道磁浮交通发展有着重要的影响，需要探索转辙快、维护少、占地小的磁浮道岔技术，研究和对比升降式、平移式以及升降旋转式等道岔结构实现方案。

4. 大气隙直线电机高速牵引技术

研究与管道磁浮车辆悬浮系统兼容性良好的大气隙直线推进技术，扩展低真空管道磁浮列车的速度范围，包括与走行部装置匹配的超高速直线电气牵引技术，直线推进力/法向力特性与垂向悬浮、侧向稳定性的耦合技术，与驱动系统配套的供电和控制技术，以满足不同应用场合的需求。

5. 真空管道技术

研究基于人机工程学的真空管道磁浮轨道技术、线路基础结构与真空管道磁浮轨道匹配设计技术、高架真空管道结构设计及其抗疲劳性能设计。研究隔离舱、舱压调节和供气技术，研究座舱大气温/湿度控制技术、二氧化碳和微量有害气体排除技术、废物收集处理技术，研究座舱压力应急安全保障技术和火安全保障技术。

第三节 重点研究方向与前沿科技问题

一、重点研究方向

磁浮交通在技术原理上较传统轨道交通具有优势，但作为一种尚未广泛使用的新型轨道交通，系统安全性、可靠性、经济性还未经受严格的工程考验。为了加快磁浮交通技术的推广应用，需要围绕提升磁浮交通系统核心竞争力、提高系统运行稳定性、完善工程化集成技术、降低系统造价等方面开展今后的研究工作。在今后 5～10 年，建议重点在以下几个方面开展磁浮交通技术深化研究。

（一）常导磁浮车辆系统、电磁控制系统与轨道系统适应性研究

高速及中低速 EMS 磁浮交通工程应用面临的突出问题是系统振动过大和悬浮失稳问题，仍需要提高 EMS 磁浮车辆适应不同线路结构的能力，提升电磁悬浮稳定性和车辆曲线通过性能，抑制车轨桥强烈的自激振动。研究内容涉及主动控制电磁悬浮系统的力学性能研究、磁转向架运动学及动力学原理与特性、磁浮车轨耦合振动机理研究等，研究成果可以支撑磁浮车辆悬浮控制器优化设计、转向架结构创新、轨道结构参数优化设计。

（二）磁浮交通运能提升技术研究

受电磁铁悬浮能力的限制，磁浮交通车辆载重低于传统轮轨车辆，为提升磁浮交通高效、节能、绿色、环保等关键指标值，强化磁浮交通的综合优势，需要提高磁浮车辆承载能力和磁浮列车电机推进效率。具体的研究内容包括磁铁结构及磁场性能优化、直线电机技术创新以及磁浮车辆轻量化（电子电气设备、轻量化总体合理设计、承载）研究等。

（三）低成本磁浮交通线路技术研究

EMS 常导磁浮列车对线路精度要求高，EDS 或 HTS 磁浮交通需要在线路上安装线圈绕组或永磁导轨，所以不同制式磁浮交通的线路建造成本都比较高，这影响了磁浮交通的进一步推广应用。因此，需要从轨道土工材料、结构形式、制造安装方法等方面综合研究降低磁浮轨道工程造价的方法。

（四）超高速低真空管道磁浮交通基础理论与技术研究

超高速真空管道磁浮系统是未来轨道交通技术竞争的热点。因此，需要突破大载重稳定悬浮技术、大功率直线推进技术、真空维持技术、封闭真空环境中热平衡技术、高精度轨道建造技术等核心技术；需要研究掌握超高速运动场中电磁场特性及电磁力特性、真空环境中金属材料和土工材料的力学性能、超高速真空管道磁浮系统多物理场耦合动力作用特性等；需要规划建设超高速真空管道磁浮交通基础试验平台，掌握超高速真空管道磁浮交通系统集成测试与验证技术，探索真空管道磁浮交通牵引供电、通信信号、运行控制、灾害预防、应急救援、站场过渡等一系列在传统交通工具中不曾遇到的技术问题。

二、前沿科技问题

（一）高速及超高速磁浮列车-电磁悬浮系统-轨道桥梁系统-空气流场耦合动力学行为与控制技术

轨道交通运行速度越高，车辆自身及其与导轨、周围环境之间的动力学问题越突出，严重的动力学问题直接影响高速列车运行的安全性与舒适性，可能诱发重大的安全事故，最终影响其工程应用前景。高速及超高速磁浮车辆与其运行环境之间存在高度的非线性动力耦合，其动力学行为分析必须考虑车辆机械系统、电磁系统、土木结构、空气流场，甚至是车辆二系主动悬挂控制系统之间的耦合作用。因此，需要掌握高速及超高速车轨桥耦合系统动力学响应规律及其控制技术，用于指导车辆及其承载基础的结构与动力学参数优化设计，确保高速及超高列车具有高稳定性、高舒适性和优良的曲线通过性能。

（二）磁悬浮方式及悬浮架结构创新设计理论与方法

现有 EMS、EDS、HTS 磁悬浮方式各有其优缺点，今后仍需要以大悬浮间隙、高承载能力、高自稳定性、高可靠性为目标创新发展新型磁悬浮方式，如电磁铁-永磁混合悬浮、高温超导-永磁混合悬浮等。悬浮架在提高旅客乘坐舒适性、列车高速运行稳定性及曲线通过能力方面极为重要，对 EMS 磁浮系统而言，悬浮架的机械解耦能力还对悬浮稳定性有重要影响。针对现有日本 HSST 系列车辆悬浮架、德国 TR 系列车辆悬浮架、日本 L0 系超导磁浮车辆悬浮架结构的不足，开发低动力作用悬浮架，可进一步提升磁浮交通技术优势和市场竞争力。

（三）低成本长寿命磁浮道岔设计与制造

磁浮交通车辆与轨道紧密联系成为集成的非接触驱动和支撑系统，结构简单、性能可靠、快速转换的道岔系统对磁浮交通工程应用推广至关重要。目前 EMS 磁浮交通道岔梁存在振动剧烈问题，超导 EDS 磁浮道岔结构、高温超导 HTS 磁浮道岔结构在国内外的研究和实践极少，需要以低成本、低动力作用、高可靠、转换快捷为目标开展磁浮道岔技术创新研究。

（四）中低速及高速磁浮交通系统运营维护理论与方法

我国已进入中低速及高速磁浮交通应用推广阶段，结合上海高速磁浮示范线、长沙磁浮快线和北京 S1 线工程项目建设与运营的需要，初步形成了高速磁浮交通技术标准体系。目前，需要加大磁浮交通运营维护理论与方法研究，用于支撑中低速磁浮、高速磁浮交通运营维护标准研究。

（五）超高速真空管道交通的基础科学问题

超高速真空管道交通的发展首先要解决极端条件下影响列车运营环境和运行行为的关键基础科学问题，至少包括：真空管道内的空气动力学效应及减缓方法，封闭真空管道内热环境、压力环境和空气质量环境控制技术，高速运动场中电磁场特性，真空条件下电磁材料、金属材料、橡胶材料、混凝土材料的物理力学特性等。

本章参考文献

[1] 刘华清，李志业，任恩恩，等. 德国磁悬浮列车 Transrapid[M]. 成都：电子科技大学出版社，1995.

[2] 赵春发. 磁悬浮车辆系统动力学研究[M]. 成都：西南交通大学，2002.

[3] 吴祥明. 磁浮列车[M]. 上海：上海科学技术出版社，2003.

[4] Lee H W, Kim K C, Lee J. Review of maglev train technologies[J]. IEEE Transactions on Magnetics，2006，42（7）：1917-1925.

[5] 魏庆朝，孔永健，时瑾. 磁浮铁路系统与技术（第二版）[M]. 北京：中国科学技术出

版社，2010.

[6] Uno M. Chuo Shinkansen project using superconducting maglev system[J]. Japan Railway & Transport Review，2016，68：14-25.

[7] 谢海林. 中低速磁浮交通系统工程化应用——长沙磁浮快线[M]. 北京：中国铁道出版社，2018.

[8] 熊嘉阳，邓自刚. 高速磁悬浮轨道交通研究进展[J]. 交通运输工程学报，2021，21（1）：177-198.

[9] Wang J S，Wang S Y，Zeng Y W，et al. The first man-loading high temperature maglev test vehicle in the world[J]. Physica C：Superconducting and Its Applications，2002，378（1）：809-814.

[10] 王家素，王素玉. 高温超导磁悬浮列车研究综述[J]. 电气工程学报，2015，10（11）：1-10.

[11] Deng Z，Zhang W，Zheng J，et al. A high-temperature superconducting maglev ring test line developed in Chengdu，China[J]. IEEE Transactions on Applied Superconductivity，2016，26（6）：1-8.

[12] Sinha P. Electromagnetic Suspension Dynamics & Control[M]. London：Peter Peregrinus Ltd.，1987.

[13] 江浩，连级三. 单磁铁悬浮系统的动态模型与控制[J]. 西南交通大学学报，1992，27（1）：59-67.

[14] 徐飞，罗世辉，邓自刚. 磁悬浮轨道交通关键技术及全速度域应用研究[J]. 铁道学报，2019，41（3）：40-49.

[15] Fujiwara S. Characteristics of EDS magnetic levitation having ground coils for levitation arranged on the side wall[J]. IEEE Transactions on Industry Applications，1988，108（5）：439-446.

[16] Montgomery D B. Overview of the 2004 magplane design[C]. Maglev'2004 Proceedings of the 18th International Conference on Magnetically Levitated Systems and Linear Drives，Shanghai，2004：106-113.

[17] 国家综合立体交通网规划纲要[M]. 北京：人民出版社，2021.

[18] 沈志云. 关于我国发展真空管道高速交通的思考[J]. 西南交通大学学报，2005，40（2）：133-137.

[19] Kemper H. Schewebebahn mit räderlosen Fahrzeugen，die mittels magnetischer Felder an eisernen Fahrschienen schwebend entlang geführt warden：German[P]. 644302，1937.

[20] Yasuda Y, Fujino M, Tanka M, et al. The first HSST maglev commercial train in Japan[C]. Maglev'2004 Proceedings of the 18th International Conference on Magnetically Levitated Systems and Linear Drives, Shanghai, 2004: 76-85.

[21] Shin B C, Park D Y, Baik S H, et al. Incheon International Airport Maglev Line [M]//The International Maglev Board. MAGLEV 2016: 2 Maglev Solutions for People, Cities, and Regions, 2016: 44-53.

[22] 百度百科. 北京地铁 S1 线[EB/OL]. https://baike.baidu.com/item/北京地铁 S1 线[2021-07-24]

[23] Dickhart W W. The Transrapid maglev system-an update[C]. Future Transportation Technology Conference and Exposition, Costa Mesa, California, SAE Technical Paper 921583, 1992.

[24] Tum M, Huhn G, Harbeke C. Design and development of the Transrapid TR09[C]. Maglev'2006, The 19th International Conference on Magnetically Levitated Systems & Linear Drives, Dresden, 2006.

[25] Cassat A, Bourquin V, Mossi M, et al. SWISSMETRO-project development status[C]. International Symposium on Seed-up and Service Technology for Railway and Maglev Systems 2003 (STECH'03), Tokyo, 2003.

[26] Musk E. Hyperloop alpha[EB/OL]. https://www.tesla.com/sites/default/files/blog_attachments/hyperloop_alpha3.pdf [2013-08-12].

[27] 刘本林, 赵勇. 速车系统概论[M]. 成都: 西南交通大学出版社, 2009.

[28] 周大进, 马家庆, 赵立峰, 等. 真空管道 HTS 磁浮列车实验系统环形加速器设计[J]. 真空科学与技术学报, 2015, 35 (4): 391-398.

[29] Zhao C F, Zhai W M. Maglev vehicle/guideway vertical random response and ride quality[J]. Vehicle System Dynamics, 2002, 38 (3): 185-210.

[30] Wang D X, Li X Z, Wang Y W, et al. Dynamic interaction of the low-to-medium speed maglev train and bridges with different deflection ratios: experimental and numerical analyses[J]. Advances in Structural Engineering, 2020, 23 (11): 2399-2413.

[31] Li M, Luo S H, Ma W H, et al. Experimental study on dynamic performance of medium and low speed maglev train-track-bridge system[J]. International Journal of Rail Transportation, 2021, 9 (3): 232-255.

[32] 李云钢, 常文森, 龙志强. EMS 磁浮列车的轨道共振和悬浮控制系统设计[J]. 国防科技大学学报, 1999, 21 (2): 93-96.

[33] Zhou D F, Hansen C H, Li J. Suppression of maglev vehicle–girder self-excited vibration using a virtual tuned mass damper[J]. Journal of Sound and Vibration, 2011, 330: 883-901.

[34] 翟婉明, 赵春发. 磁浮车辆/轨道系统动力学（Ⅰ）——磁/轨相互作用及其稳定性[J]. 机械工程学报, 2005, 41（7）: 1-10.

[35] 赵春发, 翟婉明. 磁浮车辆/轨道系统动力学（Ⅱ）——建模与仿真[J]. 机械工程学报, 2005, 41（8）: 163-175.

[36] 翟婉明, 赵春发. 现代轨道交通工程科技前沿与挑战[J]. 西南交通大学学报, 2016, 51（2）: 209-226.

[37] Fichtner K, Pichlmeier F. The Transrapid guideway switch—test and verification[C]. Maglev' 2004 Proceedings of the 18th International Conference on Magnetically Levitated Systems and Linear Drives, Shanghai, 2004: 624-631.

[38] Zhao C, Gu X, Xiao Z. Dynamic analysis of maglev train and switch beam coupled system [C]//Zhai W M. Advance in Environmental Vibration, 5th International Symposium on Environmental Vibration, Chengdu, 2011: 528-533.

[39] 柴小鹏, 汪正兴, 王波, 等. 磁浮工程道岔梁的TLMD减振技术研究[J]. 世界桥梁, 2017, 45（2）: 60-65.

[40] 李莉, 孟光. 慢起慢落时磁浮车辆与钢轨道框架耦合共振分析[J]. 振动与冲击, 2006, 25（6）: 46-48.

[41] Feng Y, Zhao C, Liang X, et al. Influence of bolster-hanger length on the dynamic performance of high-speed EMS maglev vehicles[J]. Vehicle System Dynamics, 2022, 60（11）: 3743-3764.

[42] 丁叁叁, 姚拴宝, 陈大伟. 2020. 高速磁浮列车气动升力特性[J]. 机械工程学报, 2020, 56（8）: 228-234.

[43] 侯磊, 高定刚, 郑树彬, 等. 基于全尺寸试验的高速磁浮列车不同速度下乘坐舒适性[J]. 科学技术与工程, 2021, 21（19）: 8197-8203.

关键词索引

A

安全保障　16, 20, 23, 69, 90, 92, 112, 115, 117, 132, 141, 148, 150, 155, 168, 172, 175, 212, 213, 215, 223, 227, 235, 237, 239, 243, 245, 248, 249, 298

安全限界　45

B

标准化　47, 49, 64, 80, 91, 97, 162, 163, 164, 169, 170, 210, 218, 219, 224, 225, 235, 236, 243, 249, 273

C

参数变化范围　33

超高速列车　60, 136, 137, 138, 152

超高速铁路　28, 137, 138, 146, 152

超级高铁　19, 280, 282, 283, 290

车车通信　247

车轨耦合振动　19, 299

车辆稳定性　33

车辆与线路结构优化匹配　44

车辆状态修　48, 58

车轮磨耗　34

车网交互　70, 76, 77, 78, 79, 80

城轨建设　213

城轨运营　211, 291

城市轨道交通　1, 2, 4, 5, 6, 7, 9, 11, 13, 15, 16, 20, 21, 24, 25, 39, 40, 41, 42, 43, 44, 45, 48, 49, 50, 53, 54, 58, 59, 63, 85, 97, 101, 129, 132, 140, 145, 153, 159, 162, 163, 169, 174, 175, 177, 180, 188, 191, 193, 194, 195, 196, 197, 198, 199, 200, 201, 202, 203, 204, 205, 206,

207, 208, 209, 210, 211, 212, 213, 214, 215, 216, 217, 218, 219, 220, 221, 222, 223, 224, 225, 226, 227, 228, 229, 230, 231, 233, 234, 235, 236, 237, 238, 239, 240, 241, 242, 243, 244, 245, 246, 248, 249, 251, 252, 267, 274, 288, 291, 294

储能技术　12, 80, 82, 84, 85, 86, 87, 88, 112

传动系统　9, 11, 12, 21, 56, 57, 63, 68, 69, 76, 82, 103, 117, 124, 125, 126, 219, 235, 238

创新平台　3, 97, 216, 220, 236, 237, 252

磁浮道岔　295, 298, 301

磁浮交通　1, 7, 9, 16, 17, 18, 19, 21, 42, 43, 105, 194, 230, 256, 257, 258, 259, 261, 262, 263, 264, 265, 266, 267, 268, 269, 270, 271, 272, 273, 274, 275, 276, 277, 278, 279, 280, 284, 285, 286, 287, 288, 289, 290, 291, 292, 293, 294, 295, 296, 297, 298, 299, 300, 301

磁浮系统　17, 18, 194, 196, 198, 206, 256, 257, 262, 263, 268, 269, 272, 273, 274, 275, 277, 278, 279, 287, 291, 293, 294, 296, 297, 300

D

大数据　10, 11, 14, 44, 54, 59, 69, 79, 89, 90, 94, 96, 97, 115, 118, 121, 125, 151, 152, 165, 166, 167, 171, 177, 178, 186, 188, 189, 190, 191, 211, 214, 239, 244, 248, 252

单轨系统　194, 196, 198, 228, 229, 232

地铁系统　40, 194, 195, 198, 280

低温超导　86, 267, 276, 296, 297

电磁悬浮　16, 19, 256, 271, 294, 299, 300

电磁暂态　114

电动悬浮　16, 19, 256, 267, 296, 297

调度控制一体化　172

钉扎悬浮　256, 267, 290, 297

动力学参数　33, 247, 300

F

防灾减灾　145, 151, 155, 182, 220

非接触式供电　12, 98, 99, 100, 105, 121

G

高速磁浮列车　18, 256, 260, 261, 262, 264, 266, 267, 273, 274, 276, 279, 287, 289, 294, 300

高速列车　2, 9, 10, 16, 24, 25, 26, 27, 28, 30, 32, 33, 34, 35, 45, 46, 47, 50, 51, 54, 55, 56, 60, 61, 62, 83, 87, 89, 100, 121, 123, 132, 136,

138, 142, 146, 147, 154, 179, 182, 186, 217, 218, 259, 262, 264, 265, 290, 291, 300

高速列车谱系化　10, 47, 51

高速列车自动驾驶　172

高速铁路　2, 10, 12, 13, 15, 20, 26, 27, 28, 30, 31, 32, 33, 43, 45, 46, 50, 55, 60, 61, 69, 72, 73, 82, 83, 86, 89, 90, 91, 92, 97, 98, 101, 105, 112, 114, 119, 120, 121, 122, 123, 124, 125, 129, 131, 132, 134, 135, 137, 138, 142, 146, 147, 149, 151, 152, 153, 156, 159, 160, 161, 165, 166, 169, 172, 174, 175, 176, 180, 181, 182, 184, 185, 186, 187, 188, 189, 190, 216, 237, 238, 245, 256, 261, 262, 265, 266, 274, 281, 288, 293

高温超导　16, 18, 19, 20, 86, 256, 258, 267, 276, 279, 284, 285, 286, 290, 296, 297, 300, 301

高效物流　181

工程材料　13, 61, 130, 134, 135, 145, 149

弓网受流　70, 75, 76, 79, 93, 94, 114, 238, 255, 259, 260

弓网优配　114

供电工程与接触网　8

故障测距　69, 70, 73, 74, 79

轨道交通车辆工程　9, 24

轨道交通基础结构　9, 13, 21, 129, 145, 148, 150, 155, 156

轨道交通通信　8, 9, 14, 21, 159, 161, 162, 164, 165, 168, 171

轨道交通信号　246

轨道交通运输　3, 5, 9, 15, 16, 21, 24, 25, 40, 156, 159, 174, 175, 176, 177, 178, 179, 180, 182, 183, 184, 185, 186, 188, 251

轨道梁　19, 196, 278, 295

H

寒区冻害　13, 130, 133, 145, 148

互联互通　15, 32, 49, 53, 65, 97, 162, 164, 165, 168, 172, 173, 174, 176, 181, 182, 185, 206, 210, 218, 222, 227, 233, 234, 242, 244, 246, 247, 248, 265

J

机车　5, 11, 12, 17, 20, 29, 30, 35, 36, 37, 38, 39, 40, 47, 50, 51, 52, 57, 58, 62, 63, 70, 72, 74, 75, 76, 77, 78, 79, 80, 82, 83, 84, 85, 86, 88, 92, 93, 97, 98, 101, 102, 105, 106, 108, 110, 111, 112, 116, 121, 124, 145, 160, 161, 182, 198, 204, 217, 219, 230, 231, 232, 234, 259, 270, 292

机电设备　8, 204

技术创新　1, 3, 7, 8, 21, 29, 50, 53, 69, 97, 120, 138, 181, 210, 212, 216, 228, 236, 237, 244, 277, 282, 287, 288, 293, 295, 299, 301

技术特点　26, 28, 132, 160, 195, 201, 218, 256

技术优势　17, 255, 259, 301

艰险山区　69, 112, 113, 117, 149, 151, 153, 155

健康监测　49, 144, 155, 156, 244

交通运输　1, 3, 4, 5, 6, 7, 9, 15, 16, 27, 68, 129, 172, 173, 175, 194, 200, 224, 228, 244, 251, 269, 291

接触网波动理论　114

节能增效　69, 80, 86, 112, 115, 119

K

可持续发展　3, 5, 6, 13, 15, 16, 25, 26, 53, 80, 101, 102, 113, 145, 149, 181, 182, 193, 200, 209, 210, 238, 240, 245, 252

空气动力学　34, 47, 60, 64, 259, 288, 301

跨海工程　154

L

列车晚点　186

列车系统动力学　37, 38, 54

列车运行控制　14, 159, 160, 166, 169, 204, 218, 234, 245, 246

列控联锁一体化　169

路基与轨道　152, 153, 155

轮轨关系匹配　48, 61

轮轨磨损　44, 48, 53, 58, 63, 64

轮轨匹配　33, 53, 61, 147

旅客运输　20, 177, 179, 180, 186, 197

绿色环保　11, 39, 46, 53, 64, 203

N

能耗分析　80, 82, 87, 88

能量流动　82, 88, 115

能源互联网　12, 80, 81, 82, 87, 115, 123

Q

牵引供电　9, 11, 21, 68, 69, 70, 73, 74, 75, 76, 77, 78, 79, 80, 82, 83, 84, 86, 87, 88, 89, 90, 91, 92, 95, 96, 98, 99, 100, 101, 102, 103, 105, 106, 107, 108, 109, 111, 112, 113, 114, 115, 116, 117, 118, 119, 120, 121, 122, 123, 124, 125, 126, 129, 210, 213, 215, 230, 247, 277, 288, 289, 300

前沿科技　21, 54, 60, 69, 98, 113, 150, 155, 168, 171, 184, 188, 242, 245, 246, 247, 299, 300

轻轨系统　85, 194, 195, 198, 231, 263

轻量化　26, 28, 34, 43, 46, 50, 51, 52, 53, 57, 59, 62, 64, 106, 117, 183, 216, 217, 220, 230, 247, 278, 288, 293, 294, 298, 299

全自动无人驾驶　160, 222

S

市域快速轨道系统　1, 194, 197, 198

T

铁道工程　7, 9, 235

铁路货运　11, 20, 36, 37, 51, 53, 179, 181, 185

铁路交通　7, 19, 220, 283, 291

通信信号　6, 7, 8, 14, 129, 159, 165, 171, 202, 210, 213, 215, 222, 238, 244, 247, 300

X

下一代列控系统　162, 168

新型材料　13, 35, 214, 298

新型轨道交通　3, 16, 151, 183, 255, 289, 291, 299

信息化　14, 15, 58, 63, 90, 104, 148, 151, 156, 180, 181, 182, 183, 184, 185, 187, 189, 204, 211, 214, 220, 222, 242, 244, 248, 249, 251, 264

悬浮控制　19, 257, 271, 273, 286, 288, 289, 292, 293, 294, 295, 299

Y

一体化　1, 13, 14, 16, 18, 52, 58, 109, 112, 115, 117, 118, 123, 136, 144, 149, 156, 165, 166, 169, 170, 171, 172, 173, 174, 175, 176, 179, 180, 182, 183, 185, 189, 190, 208, 209, 222, 223, 239, 243, 245, 246, 248, 251, 286, 296

移动闭塞　52, 162, 163, 169, 170, 171, 172, 222

应急管理　15, 183, 206, 208, 212, 213, 214, 227, 228, 243, 249

应急响应　175, 178

有轨电车　1, 5, 7, 11, 12, 24, 39, 40, 41, 42, 43, 54, 59, 64, 174, 194, 195, 196, 198, 199, 202, 206, 214, 229, 230, 236, 262, 291

运输组织　15, 20, 161, 172, 177, 178, 179, 180, 182, 184, 185, 186, 187, 188, 189, 190, 223, 235, 245, 246, 248, 252

运营维护　54, 55, 90, 141, 153, 156, 167, 169, 171, 220, 239, 242, 246, 258, 263, 267, 301

运营效率　54, 144, 175, 177, 188

运载工具　9, 24, 214, 247

Z

在线监测与诊断　114
真空管道运输　19, 281
振动噪声　44, 45, 56, 238, 262
直线电机　18, 195, 196, 216, 230, 234, 236, 261, 271, 280, 281, 286, 287, 292, 298, 299
智慧运维　90, 206, 211, 212, 214, 244, 247, 249, 252
智能供电调度　12, 90, 94, 95, 116
智能化　10, 11, 12, 14, 15, 19, 20, 44, 50, 51, 52, 53, 59, 68, 69, 80, 89, 90, 91, 94, 95, 96, 97, 113, 115, 118, 120, 122, 125, 135, 144, 145, 148, 155, 156, 160, 164, 165, 166, 167, 168, 170, 171, 173, 179, 180, 181, 182, 184, 187, 189, 214, 217, 219, 222, 224, 235, 242, 244, 247, 248, 251, 252
智能检测　150, 154, 171, 248
智能运维　44, 54, 59, 64, 92, 96, 115, 232, 244, 246, 252
中低速磁浮列车　43, 263, 268, 270, 287, 288, 291, 292, 293
重载列车　2, 9, 10, 16, 20, 24, 25, 35, 36, 37, 38, 39, 47, 48, 52, 56, 57, 62, 72, 139, 147
重载铁路　3, 10, 13, 20, 35, 36, 37, 38, 51, 56, 57, 58, 62, 63, 72, 129, 131, 136, 139, 140, 146, 147, 149, 152, 256
转向架动力学　43
资助机制　21
自动导向轨道系统　1, 39, 41, 43, 64, 194, 197, 206
综合服务水平　177
综合交通网　181, 207
纵向动力学　37, 38, 57, 63

其　他

5G-R　170